"十二五"普通高等教育本科国家级规划教材
电子信息科学与工程类专业规划教材

单片机原理及应用
——基于 Proteus 和 Keil C
（第4版）

林　立　张俊亮　编著

电子工业出版社

Publishing House of Electronics Industry

北京·BEIJING

内 容 简 介

本书以 MCS-51 系列单片机 80C51 为例介绍单片机的工作原理、基本应用与开发技术。主要内容包括单片机基础知识、内外系统结构、汇编与 C51 语言、中断与定时/计数器、串口通信、系统接口、应用系统设计等。

本书在单片机传统教学体系的基础上进行了较大改进，以 C51 编程语言作为贯穿全书各章节的主线，并将单片机仿真软件 Proteus 和 C51 编译软件 Keil 的用法与之紧密衔接。为方便读者学习，每章都有小结和习题，书末附有与教学进度相呼应的 8 个实验指导及相关阅读材料。

本书可作为高等工科院校机械类、电气与电子信息类、计算机类各专业 48～64 学时要求的教材，也可作为从事嵌入式应用系统设计、生产从业人员的岗位培训教材及自学参考书。

未经许可，不得以任何方式复制或抄袭本书之部分或全部内容。
版权所有，侵权必究。

图书在版编目（CIP）数据

单片机原理及应用：基于 Proteus 和 Keil C/林立，张俊亮编著. —4 版. —北京：电子工业出版社，2018.1
电子信息科学与工程类专业规划教材
ISBN 978-7-121-33247-0

Ⅰ.①单… Ⅱ.①林…②张… Ⅲ.①单片微型计算机－高等学校－教材 Ⅳ.①TP368.1

中国版本图书馆 CIP 数据核字(2017)第 307985 号

责任编辑：凌　毅
印　　刷：北京京师印务有限公司
装　　订：北京京师印务有限公司
出版发行：电子工业出版社
　　　　　北京市海淀区万寿路 173 信箱　邮编 100036
开　　本：787×1092　1/16　印张：19.5　字数：525 千字
版　　次：2009 年 7 月第 1 版
　　　　　2018 年 1 月第 4 版
印　　次：2019 年 5 月第 4 次印刷
定　　价：45.00 元

凡所购买电子工业出版社图书有缺损问题，请向购买书店调换。若书店售缺，请与本社发行部联系，联系及邮购电话：(010)88254888，88258888。

质量投诉请发邮件至 zlts@phei.com.cn，盗版侵权举报请发邮件至 dbqq@phei.com.cn。

本书咨询联系方式：(010)88254528，lingyi@phei.com.cn。

第 4 版前言

本书于 2009 年出版，2012 年出版第 2 版，2014 年出版第 3 版。每次出版后都得到了广大读者的好评与支持，被许多学校选为教材用书。2014 年本书入选"十二五"普通高等教育本科国家级规划教材，还被评为全国电子信息类优秀教材一等奖。目前本书已重印 20 余次，成为常年畅销教科书。不少读者和任课教师对本书寄予厚望，以各种方式提出了许多宝贵意见。正因如此，作者更加感到责任重大，决心及时修正本书存在的问题，用更完善的教材回馈读者。

1. 改版解决的问题

（1）关于教材配套习题问题

本书以往的习题内容与教材内容在衔接上不够密切，教学辅助环节的作用发挥不够理想，这是前 3 版中一直存在的老问题，也是许多教师和读者反馈意见较为集中的地方。为此，本书对这块内容进行了较大改进，具体做法如下：

根据教材内容重新编排和编写了课后习题，加强了习题与教材内容的呼应性，其中许多新增习题都是针对本书教学知识点设计的，也有许多是针对书中应用实例的要点编写的。每章习题都设有单项选择和问答思考两种题型，各有 20 余题可供选做。考虑到读者自学需要，单项选择题附有标准答案，问答思考题附有参考提示（答案和提示都放在本书的课程网站里供选用）。

（2）关于立体化教学资源问题

为配合第 4 版教材内容，我们对已有课程网站进行了全面升级，采用了新的网页结构，添加了新的课件内容，尤其是新增了与电脑版并行的手机版课程网站。读者只需使用相同网址 http://www.51mcu.cn，系统就能区分上网设备并自动切换到相应版本网站，以获得最佳浏览效果。目前，课程网站可提供多种立体化教学资源，包括 PPT 讲义、仿真实例课件、阅读材料、实验指南、教学小结、仿真视频、习题及答案、单片机学习软件等内容（其中，课件下载仅能通过电脑登录课程网站进行）。华信教育资源网 www.hxedu.com.cn 也有本书部分配套课件可供读者注册后下载。

我们还在第 4 版中加入了课程网站二维码信息。通过手机扫描本书封面二维码，读者就能快捷地打开课程网站页面；扫描书中二维码，则可以打开相应课程仿真视频页面，实现随时随地查阅教学资料的要求。

衷心希望上述改进能为读者带来更好的学习效果。

2. 本书主要特色

（1）从工程实用性角度出发，将 C51 定位为单片机教材的基本编程语言，汇编语言只作简单介绍，从而解决了以往汇编语言学习后仍难以开展工程应用的问题。为降低 C51 作为基本编程语言的教学难度，本教材采取了 4 项优化措施：一是将与标准 C 语言差别最大的 C51 数据结构内容作为重点内容介绍；二是将中断函数等难点内容分散到单片机相关原理章节中介绍；三是结合应用实例进行编程原理介绍；四是借助软件仿真调试进行实践操作介绍。这些改进措施降低了 C51 语言学习难度，教与学的效果都有显著改善。

（2）将单片机仿真软件 Proteus 和 Keil 的内容引入教材并与传统知识有机融合，使得单片机教材难教、难学的问题得到显著改善。通过仿真调试和运行，不仅可加深对语法的理解，也可使枯燥抽象的编程学习变得生动有趣。

（3）教材中全部电路图都采用仿真软件绘制，确保清晰规范，所有教学实例程序都通过了编译调试，确保零差错。

（4）特别设计了一组与教学内容配套的仿真实验大纲和相应阅读材料。仿真实验以其功能全、效率高、成本低等特点开始取代沿用多年的实物实验。仿真实验不受实际仪器的限制，可根据教学需要随意设计实验，没有课堂学时限制，无须考虑元器件损坏问题，可大胆进行电路设计、软件编程和系统开发训练，在虚拟环境下提高实践动手能力。

（5）设有与教材内容相呼应的课后习题，许多习题都是针对本书教学知识点设计的，也有许多是针对书中应用实例的要点编写的。每章习题都设有单项选择和问答思考两种题型（习题答案和提示放在本书的课程教学网站里，供读者参考）。

（6）配套教学网站（http://www.51mcu.cn）可提供与教材配套的 PPT 讲义、实例课件、仿真视频、要点复习、实验指南、阅读材料、习题解答等电子材料。

此次再版工作由林立和张俊亮共同完成。本书再版期间，汪洋和林一树承担了全书的习题设计与解答工作，田堃和林泽群承担了教材配套网站的设计开发，李杨芳负责全书仿真实例的更新与校核。本书再版过程中又一次得到了电子工业出版社的大力支持和帮助，特别是高等教育分社的凌毅编辑，对本书的再版做了大量细致的工作，在此谨致以诚挚的谢意。

再版后的教材一定还有许多不妥之处，书中漏误在所难免，殷切地期望读者给予批评指正（请发邮件至 cmee0@163.com）。

作者
2017 年 11 月

目　录

第1章　单片机基础知识概述 ………………1
1.1　单片机概述 ……………………………1
1.1.1　单片机及其发展概况 ……………1
1.1.2　单片机的特点和应用 ……………2
1.1.3　单片机的发展趋势 ………………3
1.1.4　MCS-51单片机的学习 ……………3
1.2　单片机学习的预备知识 ………………3
1.2.1　数制及其转换 ……………………4
1.2.2　有符号数的表示方法 ……………5
1.2.3　位、字节和字 ……………………6
1.2.4　BCD码 ……………………………6
1.2.5　ASCII码 ……………………………7
1.2.6　基本逻辑门电路 …………………7
1.3　Proteus应用简介 ………………………8
1.3.1　ISIS模块应用举例 ………………9
1.3.2　ARES模块应用举例 ……………12
本章小结 ………………………………………15
思考与练习题1 ………………………………16
第2章　MCS-51单片机的结构及原理 ……18
2.1　MCS-51单片机的结构 ………………18
2.1.1　MCS-51单片机的内部结构 ……18
2.1.2　MCS-51外部引脚及功能 ………20
2.2　MCS-51的存储器结构 ………………22
2.2.1　存储器划分方法 …………………22
2.2.2　程序存储器 ………………………23
2.2.3　数据存储器 ………………………24
2.3　单片机的复位、时钟与时序 …………26
2.3.1　复位与复位电路 …………………26
2.3.2　时钟电路 …………………………27
2.3.3　单片机时序 ………………………28
2.4　并行I/O口 ……………………………30
2.4.1　P1口 ………………………………32
2.4.2　P3口 ………………………………33
2.4.3　P0口 ………………………………33
2.4.4　P2口 ………………………………34
本章小结 ………………………………………35
思考与练习题2 ………………………………35
第3章　单片机的汇编语言与程序设计 ……38
3.1　汇编语言概述 …………………………38
3.1.1　汇编语言指令格式 ………………38
3.1.2　描述操作数的简记符号 …………39
3.2　MCS-51指令系统简介 ………………40
3.2.1　数据传送与交换类指令 …………40
3.2.2　算术运算类指令 …………………43
3.2.3　逻辑运算及移位类指令 …………46
3.2.4　控制转移类指令 …………………49
3.2.5　寻址方法 …………………………52
3.2.6　伪指令 ……………………………53
3.3　汇编语言的编程方法 …………………53
3.3.1　汇编语言程序设计步骤 …………53
3.3.2　汇编程序应用举例 ………………54
本章小结 ………………………………………57
思考与练习题3 ………………………………57
第4章　单片机的C51语言 …………………60
4.1　C51的程序结构 ………………………60
4.1.1　C51语言概述 ……………………60
4.1.2　C51的程序结构 …………………60
4.2　C51的数据结构 ………………………62
4.2.1　C51的变量 ………………………62
4.2.2　C51的指针 ………………………67
4.3　C51与汇编语言的混合编程 …………68
4.3.1　在C51中调用汇编程序 …………68
4.3.2　在C51中嵌入汇编代码 …………70
4.4　C51仿真开发环境 ……………………71
4.4.1　Keil的编译环境μVision3 ………71
4.4.2　基于Proteus和Keil C的程序
　　　　开发过程 …………………………72

4.5 C51 应用编程初步 ………………… 74
    4.5.1 I/O 端口的简单应用 ………… 74
    4.5.2 I/O 端口的进阶实践 ………… 83
本章小结 …………………………………… 88
思考与练习题 4 …………………………… 89

第 5 章 单片机的中断系统 ……………… 92
5.1 中断的概念 ……………………………… 92
5.2 中断控制系统 …………………………… 95
    5.2.1 中断系统的结构 ……………… 95
    5.2.2 中断控制 ……………………… 96
5.3 中断处理过程 …………………………… 100
5.4 中断的编程和应用举例 ………………… 101
    5.4.1 中断程序设计举例 …………… 101
    5.4.2 扩充外部中断源 ……………… 108
本章小结 …………………………………… 109
思考与练习题 5 …………………………… 110

第 6 章 单片机的定时/计数器 …………… 113
6.1 定时/计数器的结构与工作
    原理 ……………………………………… 113
    6.1.1 定时/计数器的基本原理 …… 113
    6.1.2 定时/计数器的结构 ………… 114
6.2 定时/计数器的控制 …………………… 115
    6.2.1 TMOD 寄存器 ………………… 115
    6.2.2 TCON 寄存器 ………………… 116
6.3 定时/计数器的工作方式 ……………… 117
    6.3.1 方式 1 ………………………… 117
    6.3.2 方式 2 ………………………… 120
    6.3.3 方式 0 ………………………… 123
    6.3.4 方式 3 ………………………… 124
6.4 定时/计数器的编程和应用 …………… 125
本章小结 …………………………………… 133
思考与练习题 6 …………………………… 133

第 7 章 单片机的串行口及应用 ………… 136
7.1 串行通信概述 …………………………… 136
7.2 MCS-51 的串行口控制器 ……………… 138
    7.2.1 串行口内部结构 ……………… 138
    7.2.2 串行口控制寄存器 …………… 139
7.3 串行工作方式 0 及其应用 ……………… 140
7.4 串行工作方式 1 及其应用 ……………… 143

7.5 串行工作方式 2 及其应用 ……………… 146
7.6 串行工作方式 3 及其应用 ……………… 149
本章小结 …………………………………… 154
思考与练习题 7 …………………………… 155

第 8 章 单片机接口技术 …………………… 158
8.1 单片机的系统总线 ……………………… 158
    8.1.1 三总线结构 …………………… 158
    8.1.2 地址锁存原理及实现 ………… 159
8.2 简单并行 I/O 口扩展 …………………… 161
    8.2.1 访问扩展端口的软件方法 …… 161
    8.2.2 简单并行输出接口的扩展 …… 163
    8.2.3 简单并行输入接口的扩展 …… 165
8.3 可编程并行 I/O 口扩展 ………………… 167
    8.3.1 8255A 的内部结构、引脚
           及地址 ………………………… 167
    8.3.2 8255A 的控制字 ……………… 169
8.4 D/A 转换与 DAC0832 应用 …………… 172
    8.4.1 DAC0832 的工作原理 ……… 173
    8.4.2 DAC0832 与单片机的接口
           及编程 ………………………… 174
8.5 A/D 转换与 ADC0809 应用 …………… 179
    8.5.1 逐次逼近式模数转换器的
           工作原理 ……………………… 179
    8.5.2 ADC0809 与单片机的接口
           及编程 ………………………… 180
8.6 开关量功率接口技术 …………………… 183
    8.6.1 开关量功率驱动接口 ………… 183
    8.6.2 开关量功率驱动接口应用
           举例 …………………………… 186
本章小结 …………………………………… 190
思考与练习题 8 …………………………… 191

第 9 章 单片机应用系统的设计与
          开发 ……………………………… 194
9.1 单片机系统的设计开发过程 …………… 194
    9.1.1 单片机典型应用系统 ………… 194
    9.1.2 单片机应用系统的开发
           过程 …………………………… 195
9.2 单片机系统的可靠性技术 ……………… 200
    9.2.1 硬件抗干扰技术概述 ………… 200

9.2.2 软件抗干扰技术概述 ……………… 201
9.3 单片机系统设计开发应用
    举例——智能仪器 …………………… 202
    9.3.1 功能概述 …………………………… 202
    9.3.2 硬件电路设计 ……………………… 203
    9.3.3 软件系统设计 ……………………… 203
    9.3.4 仿真开发过程 ……………………… 207
9.4 单片机串行扩展单元介绍 …………… 214
    9.4.1 串行 A/D 转换芯片 MAX124X
          及应用 ………………………………… 214
    9.4.2 串行 D/A 转换芯片 LTC145X
          及应用 ………………………………… 217
    9.4.3 串行 E^{2}PROM 存储器 AT24CXX
          及应用 ………………………………… 221
    9.4.4 字符型液晶显示模块 LM1602
          及应用 ………………………………… 226
    9.4.5 串行日历时钟芯片 DS1302
          及应用 ………………………………… 229
本章小结 ………………………………………… 238
思考与练习题 9 ………………………………… 238

附录 A 实验指导 ……………………………… 242
    实验 1 计数显示器 …………………… 242
    【阅读材料 1】ISIS 模块的电路绘图
                  与仿真运行方法 ……… 243
    实验 2 指示灯/开关控制器 ………… 253
    【阅读材料 2】ISIS 模块的汇编程序
                  创建与调试方法 ……… 254
    实验 3 指示灯循环控制 ……………… 257
    【阅读材料 3】在 μVision3 中创建
                  C51 程序的方法 ……… 259
    实验 4 指示灯/数码管的中断控制 … 267
    【阅读材料 4】C51 程序调试方法 …… 268
    实验 5 电子秒表显示器 ……………… 273
    【阅读材料 5】μVision3 与 ISIS 的
                  联合仿真 ……………… 275
    实验 6 双机通信及 PCB 设计 ……… 278
    【阅读材料 6】基于 ARES 模块的
                  PCB 设计方法 ………… 280
    实验 7 直流数字电压表设计 ………… 293
    【阅读材料 7】ISIS 中的虚拟信号
                  发生器 ………………… 295
    实验 8 步进电机控制设计 …………… 300
    【阅读材料 8】步进电机控制方法 …… 301

参考文献 ………………………………………… 303

第1章　单片机基础知识概述

内容概述：

本章主要介绍单片机的定义、发展历史，单片机分类方法、应用领域及发展趋势，单片机中数的表示和运算方法，基本逻辑门电路，以及与单片机系统仿真工具 Proteus 相关的内容。

教学目标：
- 了解单片机的概念及特点；
- 掌握单片机中数的表示和运算方法及基本逻辑门电路；
- 初步了解 Proteus 软件的功能。

1.1　单片机概述

1.1.1　单片机及其发展概况

1. 什么是单片机

单片机（Single-Chip-Microcomputer）又称为单片微计算机，它的结构特点是将微型计算机的基本功能部件（如中央处理器（CPU）、存储器、输入接口、输出接口、定时/计数器及终端系统等）全部集成在一个半导体芯片上。

虽然单片机只是一个芯片，但无论从组成还是从逻辑功能上来看，都具有微机系统的特性。与通用微型计算机相比，单片机体积小巧，可以嵌入到应用系统中作为指挥决策中心，使应用系统实现智能化。

2. 单片机的发展

1976 年，Intel 公司推出 MCS-48 系列单片机，以体积小、功能全、价格低等优点，得到了广泛的应用，成为单片机发展过程中的一个重要标志。

由于 MCS-48 系列成功，单片机系列及单片机应用技术迅速发展。到目前为止，世界各地厂商已经相继研制出大约 50 个系列 300 多个品种的单片机产品。代表产品有 Intel 公司的 MCS-51 系列单片机（8 位机）、Motorala 公司的 MC6801 系列机、Zilog 公司的 Z-8 系列机等。单片机应用领域不断扩大，除了在工业控制、智能仪表、通信、家用电器等领域应用外，在智能化、高档电子玩具产品中也大量采用单片机作为核心控制部件。

在 8 位单片机的基础上，又推出超 8 位单片机，其功能进一步加强。同时 16 位单片机也相继产生，其代表产品有 Intel 公司的 MCS-96 系列。

然而，由于各应用领域大量需要的仍是 8 位单片机，因此各大公司纷纷推出高性能、大容量、多功能的新型 8 位单片机。

目前，单片机正朝着高性能和多品种发展，但由于 MCS-51 系列 8 位单片机仍能满足绝大多数应用领域的需要，可以肯定，以 MCS-51 系列为主的 8 位单片机，在当前及以后的相当一段时间内仍将占据单片机应用的主导地位。

1.1.2 单片机的特点和应用

一块单片机芯片就是一台具有一定规模的微型计算机，再加上必要的外围器件，就可以构成一个完整的计算机硬件系统。单片机的应用正在使传统的控制技术发生巨大的变化，它是对传统控制技术的一场革命。

1. 单片机的特点

① 集成度高，体积小，抗干扰能力强，可靠性高。单片机把各功能部件集成在一块芯片内且内部采用总线结构，从而减少了各芯片之间的连线，大大提高了单片机的可靠性与抗干扰能力。

② 开发性能好，开发周期短，控制功能强。在开发过程中利用汇编或 C 语言进行编程，缩短了开发周期，同时，单片机的逻辑控制功能及运行速度均高于同一档次的微型计算机，这满足工业控制的要求。

③ 低功耗、低电压，具有掉电保护功能，广泛应用于各类智能仪器仪表中。

④ 通用性和灵活性好。系统扩展和配置较典型、规范，容易构成各种规模的应用系统。

⑤ 具有良好的性能价格比。

2. 单片机的应用领域

单片机是一种集成度很高的微型计算机，在一块小芯片内就集成了一台计算机所具备的功能。与巨大体积和高成本的通用计算机相比，单片机以其体积小、结构紧凑、高可靠性以及高抗干扰能力和高性能价格比等特点，广泛应用于人们生产生活的各个领域，成为现代电子系统中最重要的智能化工具。它主要应用于以下领域：

① 工业自动化控制。如工业过程控制、过程监测、工业控制器及机电一体化控制系统等。这些系统除一些小型工控机之外，许多都是以单片机为核心的单机或多机网络系统，如工业机器人的控制系统是由中央控制器、感觉系统、行走系统、抓取系统等结点构成的多机网络系统。在这种集机械、微电子和计算机技术为一体的综合技术中，单片机发挥着非常重要的作用。

② 智能仪器仪表。单片机广泛应用于各种仪器仪表中，使仪器仪表智能化，并可以提高测量的自动化程度和精度，大大促进仪器仪表向数字化、智能化、多功能化、综合化和柔性化方向发展，提高其性能价格比。

③ 通信设备。单片机具有很强的多机通信能力，如多机系统（各种网络）中的各计算机之间的通信联系、计算机与其外围设备（键盘、打印机、传真机及复印机等）之间的协作都有单片机的参与。另外，随着 Internet 技术的发展，对于一些将单片机作为测控核心的智能装置或家用电器，如果将它们与 Internet 连接起来，进行网络通信，则既能充分利用现有的 Internet 技术和资源，又能使人们远程获得这些电子设备的信息并控制它们的运行。

④ 汽车电子与航空航天电子系统。通常这些系统中的集中显示系统、动力监测控制系统、自动驾驶系统、通信系统及运行监视器（黑匣子）等，都是将单片机嵌入其中实现系统功能。

⑤ 家用电器。单片机应用到消费类产品之中，能大大提高它们的性价比，提高产品在市场上的竞争力。目前家用电器几乎都是单片机控制的产品，例如，空调、冰箱、洗衣机、微波炉、彩电、音响、家庭报警器及电子玩具等。

单片机的应用从根本上改变了传统控制系统的设计思想和设计方法。过去必须用模拟电路、数字电路及继电器控制电路实现的大部分功能，现在已能用单片机并通过软件方法实现。由于软件技术的飞速发展和各种软件系列产品的大量涌现，可以极大地简化硬件电路。这种以软件取代硬件并能提高系统性能的控制技术，称为微控制技术。微控制技术标志着一种全新概念的出现，是对传统控制技术的一次革命。

1.1.3 单片机的发展趋势

自单片机问世以来，经过 30 多年的发展，已从最初的 4 位机发展到 32 位机，同时体积更小，集成度更高，功能更强大。如今，单片机正朝多功能、多选择、高速度、低功耗、低价格以及大存储容量、强 I/O 功能及结构兼容方向发展。预计，今后单片机会在以下几个方面快速发展：

① 高集成度。单片机会将各种功能的 I/O 口和一些典型的外围电路集成在芯片内，使其功能更加强大。

② 高性能。单片机从单 CPU 向多 CPU 方向发展，因而具有了并行处理的能力，如 Rockwell 公司的单片机 6500/21 和 R65C29 采用了双 CPU 结构，其中每一个 CPU 都是增强型的 6502。为了提高速度和执行效率，在单片机中开始使用 RISC、流水线和 DSP 等设计技术，因而具有极高的运算速度。这类单片机的运算速度要比标准的单片机高出 10 倍以上，适合于进行数字信号处理，如德州仪器公司的 TMS320 系列信号处理单片机和 NEC 公司的 μPD-7720 系列单片机等。

③ 低功耗。目前，市场上有一半以上的单片机产品已 CHMOS 化，这类单片机具有功耗小的优点，许多单片机已可以在 2.2V 电压下运行，有的能在 1.2V 或 0.9V 电压下工作，功耗为 μW 级。

④ 高性价比。随着单片机的应用越来越广泛，各单片机厂家会进一步改进单片机的性能，从而增强产品的竞争力。同时，价格也是各厂家竞争的一个重要方面。所以，更高性价比的单片机会逐渐进入市场。

1.1.4 MCS-51 单片机的学习

单片机问世至今已有 30 余年了，在各个领域都发挥了极其重要的作用。单片机与应用系统相结合极大地提高了应用系统的功能和性能。实践表明，单片机技术开发的主力军是有具体工程背景的专业人员，而非计算机专业人员。单片机技术门槛较低，是一种适合大众掌握的先进技术。学习单片机只需要具备基本的电子基础和初中以上文化程度，因而在我国许多本科院校、职业高中、大专学校、职业技术学校都设有"单片机原理及应用"的课程。

在单片机的学习中应特别强调的是理论与实践相结合的学习方法，然而实验器材的限制常常很难使每个学习者都得到充分的练习机会。近年来出现的单片机仿真设计软件 Proteus 正在克服这种限制。Proteus 不仅可以作为单片机应用的重要开发工具，也可以充当一种非常高效的辅助教学手段。用户只需在 PC 上即可获得接近全真环境下的单片机技能培训，为学习者提供了极大的便利。

为此，本书在编排上特别采用了将 Proteus 仿真设计方法与 51 单片机传统内容有机结合起来的做法，以使读者能真正掌握单片机的实用开发技术，并收到事半功倍的效果。

1.2 单片机学习的预备知识

与通用数字计算机一样，单片机也采用二进制数工作原理，学习者也需具备必要的数制转换和逻辑门关系等基础知识。为此，本节仅从单片机学习需要的角度出发，对二进制数和逻辑门关系进行简单介绍，以便为未具备这一条件的读者补充预备知识。如果读者已经掌握了这方面的知识，可跳过本节直接进行下节的学习。

1.2.1 数制及其转换

1. 数制

计算机中常用的表达整数的数制有以下几种。

（1）十进制数，N_D

符号集：0、1、2、3、4、5、6、7、8、9；规则：逢十进一；十进制数的后缀为 D，可省略；十进制数可用加权展开式表示。例如：

$$1234 = 1\times 10^3 + 2\times 10^2 + 3\times 10^1 + 4\times 10^0$$

其中，10 为基数，10 的幂次方称为十进制数的加权数，其一般表达式为：

$$N_D = d_{n-1}\cdot 10^{n-1} + d_{n-2}\cdot 10^{n-2} + \cdots + d_1\cdot 10^1 + d_0\cdot 10^0$$

（2）二进制数，N_B

符号集：0、1；规则：逢二进一；二进制数的后缀为 B 且不可省略；二进制数可用加权展开式表示。例如：

$$1101B = 1\times 2^3 + 1\times 2^2 + 0\times 2^1 + 1\times 2^0$$

其中，2 为基数，2 的幂次方称为二进制数的加权数，其一般表达式为：

$$N_B = b_{n-1}\cdot 2^{n-1} + b_{n-2}\cdot 2^{n-2} + \cdots + b_1\cdot 2^1 + b_0\cdot 2^0$$

（3）十六进制数，N_H

符号集：0~9、A~F；规则：逢十六进一；十六进制数的后缀为 H 且不可省略；十六进制数可用加权展开式表示。例如：

$$DFC8H = 13\times 16^3 + 15\times 16^2 + 12\times 16^1 + 8\times 16^0$$

其中，16 为基数，16 的幂次方称为十六进制数的加权数，其一般表达式为：

$$N_H = h_{n-1}\cdot 16^{n-1} + h_{n-2}\cdot 16^{n-2} + \cdots + h_1\cdot 16^1 + h_0\cdot 16^0$$

注意：C51 编程语言中是用前缀 0x 表示十六进制数的（习惯上用小写字母）。例如，普通十六进制数 DFC8H，在 C51 语言中是用 0xdfc8 表示的。

2. 数制之间的转换

（1）二、十六进制数转换成十进制数

方法是按进制的加权展开式展开，然后按照十进制数运算求和。例如：

$$1011B = 1\times 2^3 + 1\times 2^1 + 1\times 2^0 = 11$$

$$DFC8H = 13\times 16^3 + 15\times 16^2 + 12\times 16^1 + 8\times 16^0 = 57288$$

（2）二进制数与十六进制数之间的转换

因为 $2^4 = 16$，所以从低位起，从右到左，每 4 位（最后一组不足时左边添 0 凑齐 4 位）二进制数对应一位十六进制数。例如：

$$3AF2H = \underbrace{0011}_{3}\ \underbrace{1010}_{A}\ \underbrace{1111}_{F}\ \underbrace{0010}_{2} = 11\ 1010\ 1111\ 0010B$$

$$1111101B = \underbrace{0111}_{7}\ \underbrace{1101}_{D} = 7DH$$

因为二进制数与十六进制数之间的转换特别简单，且十六进制数书写时要简单得多，所以在教科书中及进行汇编语言编程时，都会用十六进制数来代替二进制数进行书写。

（3）十进制整数转换成二、十六进制整数

转换规则："除基取余"。十进制整数不断除以转换进制基数，直至商为 0。每除一次取一个余数，从低位排向高位。例如：

```
39 转换成二进制数              208 转换成十六进制数
39=100111B                   208=D0H
  2|39   1（b₀）  ↑           16|208    余 0     ↑
  2|19   1（b₁）              16|13     余13=D
  2|9    1（b₂）                0
  2|4    0（b₃）
  2|2    0（b₄）
  2|1    1（b₅）
    0
```

1.2.2 有符号数的表示方法

实用数据有正数和负数之分,在计算机里是用一位二进制数来区分的,即以 0 代表符号"+",以 1 代表符号"-"。通常这位数放在二进制数里的最高位,称为符号位,符号位后面为数值部分。这种二进制形式的数称为有符号数。

有符号数对应的真实数值称为真值。因为符号位占了一位,故它的形式值不一定等于其真值。例如,有符号数 0111 1011B（形式值为 123）的真值为+123,但有符号数 1111 1011B（形式值为 251）的真值却为-123。

有符号数具有原码、反码和补码 3 种表示法。

① 原码。原码是有符号数的原始表示法,即最高位为符号位,"0"表示正,"1"表示负,其余位为数值部分。8 位二进制原码的表示范围为 1111 1111B～0111 1111B（-127～+127）。其中,原码 0000 0000B 与 1000 0000B 的数值部分相同但符号位相反,它们分别表示+0 和-0。

② 反码。正数的反码与其原码相同；负数的反码为：符号位不变,原码的数值部分各位取反。例如,原码 0000 0100B 的反码仍为 0000 0100B,而原码 1000 0100B 的反码为 1111 1011B。+0 和-0 的反码分别为 0000 0000B 和 1111 1111B。

③ 补码。正数的补码与其原码相同；负数的补码为：符号位不变,原码的数值部分各位取反,末位加 1（即反码加 1）。例如,原码 0000 0100B 的补码仍为 0000 0100B,而原码 1000 0100B 的补码为 1111 1100B。

负数的补码还可通过"模"计算得到,即负数 X 的补码等于模与 X 绝对值的差值：

$$[X]_{补}=模-|X|$$

其中,"模"是指一个计量系统的计数范围,是计量器产生"溢出"的量。例如,时钟的计量范围是 0～11,模为 12,所以 4 点与 8 点互为补码关系。同理,8 位二进制数的模为 2^8=256,因而-4 的补码为：

$$[-4]_{补}=256-4=252=1111\ 1100B$$

根据补码计算规则,+0 和-0 的补码都为 0000 0000B。为了充分利用计算资源,人为规定：+0 的补码代表 0,-0 的补码代表-128。故 8 位二进制补码的表示范围是 1000 0000B～0111 1111B（-128～+127）。

总之,正数的原码、反码和补码都是相同的,而负数的原码、反码和补码各有不同。

当有符号用补码表示时,可以把减法运算转换为加法运算。例如：

$$123-125=[123]_{补}+[-125]_{补}$$

用补码计算：01111011B + 10000011B =11111110B → 10000010B（-2）

补码运算的结果仍为补码,故结果还需再求补才能得到原码结果。

由于减法可转为加法运算,CPU 中便无须设置硬件减法器,从而可简化其硬件结构。

若上述二进制数中的最高位不是作为符号位,而是作为数值位,则称其为无符号数。8 位无符号二进制数的表示范围为 0000 0000B～1111 1111B(0～255)。

1.2.3 位、字节和字

① 位(bit):音译为"比特",表示二进制数中的 1 位,是计算机内部数据存储的最小单位。1 个二进制位只可以表示 0 和 1 两种状态。

② 字节(Byte):音译为"拜特",1 字节由 8 个二进制位构成(1Byte =8bit)。字节是计算机数据处理的基本单位,使用时需要注意:

● 可以用大写字母 B 作为汉字"字节"的代用词,例如,"256 字节"可以表示为"256B"。但要注意不可与二进制数的表示相混淆。例如,不应将二进制数"1010B"理解为"1010 字节"。

● 千字节的表示为"KB",1KB=1024B。例如,64KB =1024B×64 =65536B。

● 有时还会用到半字节(nibble)概念,半字节是 4 位一组的数据类型,它由 4 个二进制位构成。例如,在 BCD 码中常用半字节表示 1 位十进制数。

③ 字(Word):计算机一次存取、加工和传送的数据长度称为字,不同计算机的字的长度是不同的。例如,80286 微机的字由 2 字节组成,字长为 16。80486 微机的字由 4 字节组成,字长为 32。MCS-51 单片机的字由双字节组成,字长为 8。

1.2.4 BCD 码

计算机中的数据处理都是以二进制数运算法则进行的。但由于二进制数对操作人员来说不直观,易出错,因此在计算机的输入、输出环节,最好能以十进制数形式进行操作。由于十进制数共有 0～9 十个数码,因此,至少需要 4 位二进制码来表示 1 位十进制数。这种以二进制数表示的十进制数称为 BCD 码(Binary-Coded Decimal),亦称"二进码十进数"或"二/十进制代码"。

由于 4 位二进制码共有 2^4=16 种组合关系,如果任选 10 种来表示 10 个十进制数码,则编码方案将有数千种之多。目前最常用的是按 8421 规则组合的 BCD 码(见表 1.1)。

表 1.1 8421BCD 码

十进制数	BCD 码	二进制数
0	0000B	0000B
1	0001B	0001B
2	0010B	0010B
3	0011B	0011B
4	0100B	0100B
5	0101B	0101B
6	0110B	0110B
7	0111B	0111B
8	1000B	1000B
9	1001B	1001B
10	无意义	1010B
11	无意义	1011B
12	无意义	1100B
13	无意义	1101B
14	无意义	1110B
15	无意义	1111B

可以看出,8421 BCD 码和 4 位自然二进制数相似,由高到低各位的权值分别为 8、4、2、1,但它只选用了 4 位二进制码中的前 10 组代码,即用 0000B～1001B 分别代表它所对应的十进制数,余下的 6 组代码不用。

由于用 4 位二进制代码表示十进制的 1 位数,故 1 字节可以表示 2 个十进制数,这种 BCD 码称为压缩的 BCD 码,如 1000 0111 表示十进制数的 87。

也可以用 1 字节只表示 1 位十进制数,这种 BCD 码称为非压缩的 BCD 码,如 0000 0111 表示十进制数的 7。

1.2.5 ASCII 码

由于计算机中使用的是二进制数,因此计算机中使用的字母、字符也要用特定的二进制数表示。目前普遍采用的是 ASCII 码(American Standard Code for Information Interchange)。它采用 7 位二进制编码表示 128 个字符,其中包括数码 0～9 及英文字母等可打印的字符,如表 1.2 所示。在计算机中一个字节可以表示一个英文字母。如从表 1.2 中可以查到"6"的 ASCII 码为"36H";"R"的 ASCII 码为"52H"。

目前也有国际标准的汉字计算机编码表——汉码表,但由于单个的汉字太多,因此要用两字节才能表示一个汉字。

表 1.2 ASCII 码表

行	列 位 654 3210	0 000	1 001	2 010	3 011	4 100	5 101	6 110	7 111
0	0000	NUL	DLE	SPACE	0	@	P	`	p
1	0001	SOH	DC1	!	1	A	Q	a	q
2	0010	STX	DC2	"	2	B	R	b	r
3	0011	ETX	DC3	#	3	C	S	c	s
4	0100	EOT	DC4	$	4	D	T	d	t
5	0101	END	NAK	%	5	E	U	e	u
6	0110	ACK	SYN	&	6	F	V	f	v
7	0111	BEL	ETB	'	7	G	W	g	w
8	1000	BS	CAN	(	8	H	X	h	x
9	1001	HT	EM	)	9	I	Y	i	y
A	1010	LF	SUB	*	:	J	Z	j	z
B	1011	VT	FSC	+	;	K	[	k	{
C	1100	FF	FS	,	<	L	\	l	|
D	1101	CR	GS	-	=	M	]	m	}
E	1110	SO	RS	.	>	N	^	n	~
F	1111	SI	US	/	?	O	_	o	DEL

1.2.6 基本逻辑门电路

计算机是由若干逻辑门电路组成的,所以计算机对于人们给出的二进制数识别、运算要靠基本逻辑门电路来实现。在逻辑门电路中,输入和输出只有两种状态:高电平和低电平。我们用 1 和 0 分别来表示逻辑门电路中的高、低电平。

常用基本逻辑门电路的有关信息汇总于表 1.3 中。

表 1.3 基本逻辑门电路的有关信息

名称	与 门	或 门	非 门	异 或 门	与 非 门	或 非 门
逻辑功能	逻辑乘运算的多端输入、单端输出	逻辑加运算的多端输入、单端输出	逻辑非运算的单端输入、单端输出	逻辑异或运算的多端输入、单端输出	逻辑与非运算多端输入、单端输出	逻辑或非运算的多端输入、单端输出
逻辑表达式	$A \cdot B = F$	$A + B = F$	$\overline{A} = F$	$A \oplus B = F$	$\overline{A \cdot B} = F$	$\overline{A + B} = F$

续表

名称	与门			或门			非门		异或门			与非门			或非门		
真值表	A 0 0 1 1	B 0 1 0 1	F 0 0 0 1	A 0 0 1 1	B 0 1 0 1	F 0 1 1 1	A 0 1	F 1 0	A 0 0 1 1	B 0 1 0 1	F 0 1 1 0	A 0 0 1 1	B 0 1 0 1	F 1 1 1 0	A 0 0 1 1	B 0 1 0 1	F 1 0 0 0
口诀	全1为1 其余为0			全0为0 其余为1			单端运算 永远取反		相同为0 相异为1			全1为0 其余为1			全0为1 其余为0		
国标逻辑符号	A&F (B)			A≥1F (B)			A─1─F		A=1F (B)			A&F○ (B)			A≥1F○ (B)		
国际流行符号																	
常用门电路	74LS08 74LS11			74LS32			74LS06 74LS07		74LS86 74LS136			74LS00 74LS10			74LS02 74LS27		

1.3 Proteus 应用简介

Proteus 是英国 Labcenter 公司开发的电路及单片机系统设计与仿真软件。Proteus 可以实现数字电路、模拟电路及微控制器系统与外设的混合电路系统的电路仿真、软件仿真、系统协同仿真和 PCB 设计等功能。Proteus 是目前唯一能对多种微处理器进行实时仿真、调试与测试的 EDA 工具,真正实现了在没有目标原型时就可对系统进行调试、测试和验证。Proteus 软件大大提高了企业的产品开发效率,降低了开发风险。由于 Proteus 软件逼真的协同仿真功能,它也特别适合作为配合单片机课堂教学和实验的学习工具。

Proteus 软件提供了 30 多个元器件库、7000 余种元器件。元器件涉及电阻、电容、二极管、三极管、变压器、继电器、各种放大器、各种激励源、各种微控制器、各种门电路和各种终端等。Proteus 软件中还提供有交直流电压表、逻辑分析仪、示波器、定时/计数器和信号发生器等虚拟测试信号工具。

Proteus 主要由两个设计平台组成:

① ISIS(Intelligent Schematic Input System)——原理图设计与仿真平台,它用于电路原理图的设计以及交互式仿真;

② ARES(Advanced Routing and Editing Software)——高级布线和编辑软件平台,它用于印制电路板的设计,并产生光绘输出文件。

本节通过一个 MCS-51 单片机具体应用实例介绍在 Proteus 平台上进行设计与开发的主要过程,该软件的具体用法在本书附录 A 中将结合实验内容详细介绍。

1.3.1 ISIS 模块应用举例

图 1.1 是一个基于 80C51 单片机的计数显示器电路原理图,其功能是可对按键 BUT 的按压次数进行计数,并将结果显示在两位数码显示管上。下面介绍利用 ISIS 进行电路设计与程序调试的主要步骤。

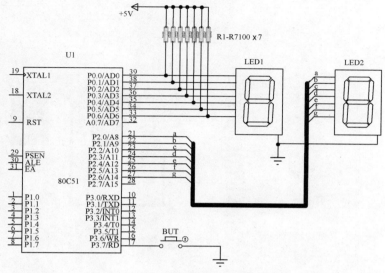

图 1.1 计数显示器电路图

(1) 启动 ISIS

启动 ISIS 后可打开如图 1.2 所示的 ISIS 工作界面。

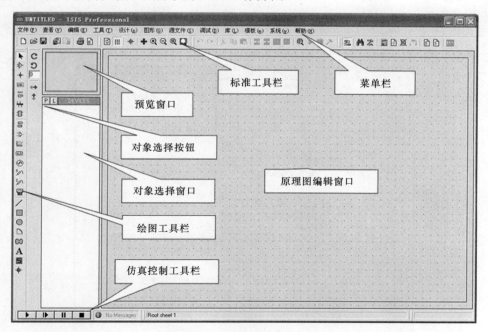

图 1.2 ISIS 工作界面

可以看出,ISIS 的工作界面完全是 Windows 软件风格,主要包括标题栏、菜单栏、工具栏、状态栏、仿真控制工具栏、对象选择窗口、原理图编辑窗口和预览窗口等。

（2）绘制电路原理图

从 ISIS 的元器件库中选择所需的元器件，并放置在原理图编辑窗口中。利用 ISIS 的布线功能在元器件之间连线，可形成如图 1.3 所示的电路原理图，以*.DSN 格式保存设计文件。

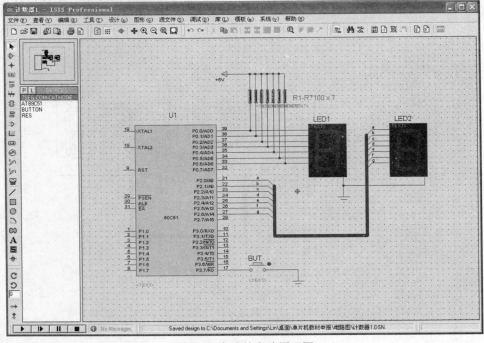

图 1.3　完成的电路原理图

（3）输入单片机汇编程序

利用 ISIS 的源文件编辑功能输入汇编语言源程序，并以*.ASM 格式保存源程序文件，如图 1.4 所示。

```
Count   EQU     30H                     ;定义计数变量地址
Button  BIT     P3.7                    ;定义按钮输入端地址
        ORG     0
START:  MOV     Count,#01H              ;计数器赋初值
NEXT:   MOV     A,Count
        MOV     B,#10
        DIV     AB
        MOV     DPTR,#TABLE             ;查找显示字模
        MOVC    A,@A+DPTR
        MOV     P0,A                    ;显示值送LED的十位
        MOV     A,B
        MOVC    A,@A+DPTR
        MOV     P2,A                    ;显示值送LED的个位
        JB      Button,$                ;判断按钮是否被按下
        JNB     Button,$                ;判断按钮是否被抬起
        INC     Count
        MOV     A,Count
        CJNE    A,#100,NEXT             ;判断计数值是否超过99
        LJMP    START                   ;周而复始
TABLE:  DB      3FH,06H,5BH,4FH,66H     ;LED显示字模
        DB      6DH,7DH,07H,7FH,6FH
        END
```

图 1.4　完成的汇编语言源程序

（4）进行源代码调试

利用 ISIS 的代码调试功能对保存的源程序进行语法和逻辑错误检查，直至程序编译和调试成功，以*.HEX 格式保存可执行文件。图 1.5 为调试过程中用到的调试工具窗口。

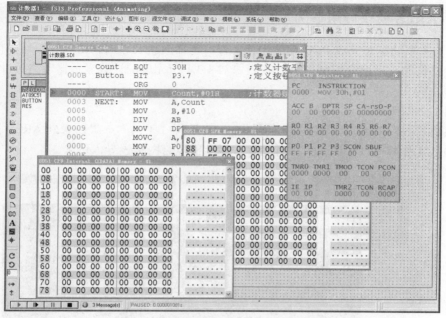

图 1.5　源代码调试过程

（5）仿真运行

将形成的*.HEX 文件加载到电路的单片机属性里，启动仿真运行功能即可观察到具有真实运行效果的仿真结果，如图 1.6 所示。单击图中按键 BUT，数码管的显示值可以实时发生变化，其效果如同在真实电路板上实验一样。

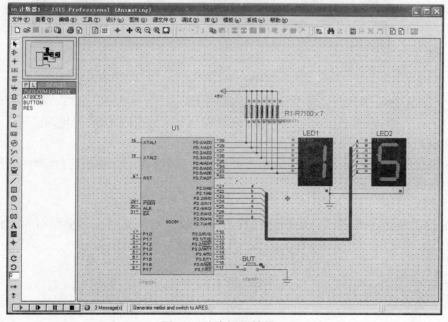

图 1.6　仿真运行效果

计数器
仿真视频

· 11 ·

至此，一个单片机应用系统的典型设计与调试过程便告结束。一般来讲，随着单片机应用系统复杂程度的增加，电路设计与程序调试的工作量会明显增加，要求设计者必须具有足够的基础知识和工作经验，因此单片机学习需要采用理论与实践相结合的方法。

1.3.2 ARES 模块应用举例

ARES 的主要功能是完成 PCB 相关设计工作，包括网络表导入、元器件布局、布线、覆铜及输出光绘文件等。下面介绍利用 ARES 模块对 1.3.1 节完成的计数显示器电路进行 PCB 设计的主要步骤。

（1）启动 ARES

在计数显示器的 ISIS 工作界面上（见图 1.3），选择"工具"→"网表到 ARES"菜单项即可启动 ARES 工作界面（见图 1.7），并将计数显示器电路网络表导入进来。

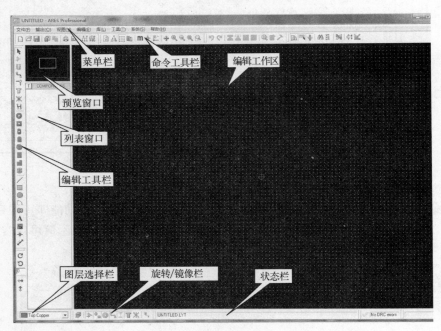

图 1.7 ARES 工作界面

可以看出，ARES 的编辑界面也是 Windows 软件风格，主要包括预览窗口、菜单栏、命令工具栏、编辑工具栏、列表窗口、图层选择栏、旋转/镜像栏、编辑工作区和状态栏等。

（2）元器件布局

利用 ARES 提供的手工布局或自动布局功能可以将计数显示器原理图中的元器件安置在代表电路板大小的框线内，如图 1.8 所示。

（3）元器件布线

利用 ARES 提供的手工布线或自动布线功能可以完成元器件间的正、反面布线工作（见图 1.9）。

（4）覆铜

对于布线之间的空白区域可分别进行顶层和底层覆铜，以便增大各处对地电容，减小地线阻抗，降低压降，提高抗干扰能力。双面覆铜后的效果如图 1.10 所示。

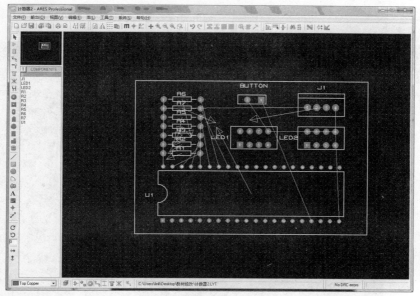

图 1.8　元器件布局图

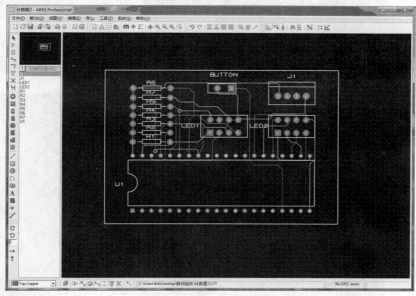

图 1.9　元器件布线图

（5）三维效果图

从 Proteus 7 开始，ARES 支持 PCB 三维预览功能，这样用户就能提前看到焊接元器件后的电路板整体效果图了（见图 1.11）。

（6）CAD/CAM 输出

设计完成后，可以形成*.LYT 格式的一组 Gerber 光绘文件，如图 1.12 所示。

至此 PCB 设计结束。接着进行印制电路板加工→元器件焊接→程序下载→实验测试，一个基于单片机的计数显示器产品设计工作便告结束。由此可以看出，利用 Proteus 这个强大的开发工具，可以一气呵成实现从概念到产品的完整开发过程。

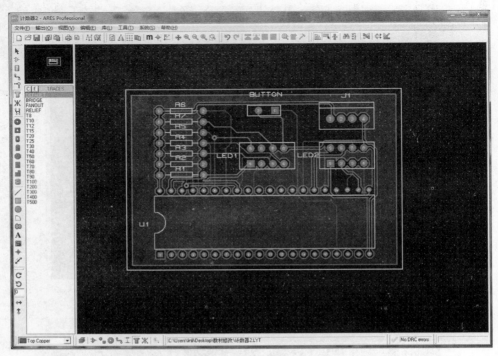

(a)顶层覆铜图

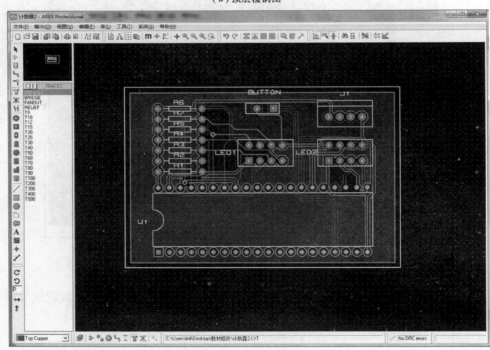

(b)底层覆铜图

图 1.10　顶层和底层覆铜图

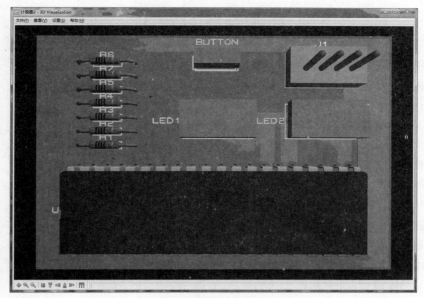

图 1.11 三维效果图

图 1.12 Gerber 光绘文件

本 章 小 结

1. 单片机是将通用微计算机的基本功能部件集成在一块芯片上构成的一种专用微计算机系统。

2. 单片机的发展趋势是高集成度、高性能、高性价比、低功耗，51 内核单片机仍然是目前主流机型。

3. 不同数制转换和基本逻辑门电路是学习单片机的重要基础知识。

4. Proteus 和 Keil C 是学习单片机编程的两个重要软件工具。

思考与练习题 1

1.1 单项选择题

（1）单片机又称为单片微计算机，最初的英文缩写是_____。
　　A. MCP　　　　　　B. CPU　　　　　　C. DPJ　　　　　　D. SCM

（2）Intel 公司的 MCS-51 系列单片机是_____的单片机。
　　A. 1 位　　　　　　B. 4 位　　　　　　C. 8 位　　　　　　D. 16 位

（3）单片机的特点里没有包括在内的是_____。
　　A. 集成度高　　　　B. 功耗低　　　　　C. 密封性强　　　　D. 性价比高

（4）单片机的发展趋势中没有包括的是_____。
　　A. 高性能　　　　　B. 高价格　　　　　C. 低功耗　　　　　D. 高性价比

（5）十进制数 56 的二进制数是_____。
　　A. 00111000B　　　B. 01011100B　　　C. 11000111B　　　D. 01010000B

（6）十六进制数 93 的二进制数是_____。
　　A. 10010011B　　　B. 00100011B　　　C. 11000011B　　　D. 01110011B

（7）二进制数 11000011 的十六进制数是_____。
　　A. B3H　　　　　　B. C3H　　　　　　C. D3H　　　　　　D. E3H

（8）二进制数 11001011 的十进制无符号数是_____。
　　A. 213　　　　　　B. 203　　　　　　C. 223　　　　　　D. 233

（9）二进制数 11001011 的十进制有符号数是_____。
　　A. 73　　　　　　　B. -75　　　　　　C. -93　　　　　　D. 75

（10）十进制数 29 的 8421BCD 压缩码是_____。
　　A. 00101001B　　　B. 10101001B　　　C. 11100001B　　　D. 10011100B

（11）十进制数-36 在 8 位微机中的反码和补码是_____。
　　A. 00100100B、11011100B　　　　　　B. 00100100B、11011011B
　　C. 10100100B、11011011B　　　　　　D. 11011011B、11011100B

（12）十进制数+27 在 8 位微机中的反码和补码分别是_____。
　　A. 00011011B、11100100B　　　　　　B. 11100100B、11100101B
　　C. 00011011B、00011011B　　　　　　D. 00011011B、11100101B

（13）字符 9 的 ASCII 码是_____。
　　A. 0011001B　　　B. 0101001B　　　C. 1001001B　　　D. 0111001B

（14）ASCII 码 1111111B 的对应字符是_____。
　　A. SPACE　　　　　B. P　　　　　　　C. DEL　　　　　　D. {

（15）或逻辑的表达式是_____。
　　A. A·B=F　　　　　B. A+B=F　　　　　C. A⊕B=F　　　　　D. (A·B)=F

（16）异或逻辑的表达式是_____。
　　A. A·B=F　　　　　B. A+B=F　　　　　C. A⊕B=F　　　　　D. (A·B)=F

（17）二进制数 10101010B 与 00000000B 的"与"、"或"和"异或"结果是_____。
　　A. 10101010B、10101010B、00000000B　　　B. 00000000B、10101010B、10101010B
　　C. 00000000B、10101010B、00000000B　　　D. 10101010B、00000000B、10101010B

（18）二进制数 11101110B 与 01110111B 的"与"、"或"和"异或"结果是_____。

A. 01100110B、10011001B、11111111B B. 11111111B、10011001B、01100110B

C. 01100110B、01110111B、10011001B D. 01100110B、11111111B、10011001B

（19）下列集成门电路中具有与门功能的是_____。
   A. 74LS32   B. 74LS06   C. 74LS10   D. 74LS08

（20）下列集成门电路中具有非门功能的是_____。
   A. 74LS32   B. 74LS06   C. 74LS10   D. 74LS08

（21）Proteus 软件由以下两个设计平台组成_____。
   A. ISIS 和 PPT   B. ARES 和 CAD   C. ISIS 和 ARES   D. ISIS 和 CAD

（22）ISIS 模块的主要功能是_____。
   A. 电路原理图设计与仿真   B. 高级布线和编辑
   C. 图像处理   D. C51 源程序调试

（23）ARES 模块的主要功能是_____。
   A. 电路原理图设计与仿真   B. 高级布线和编辑
   C. 图像处理   D. C51 源程序调试

（24）家用电器如冰箱、空调、洗衣机中使用的单片机主要是利用了它的_____能力。
   A. 高速运算   B. 海量存储   C. 远程通信   D. 测量控制

1.2 问答思考题

（1）什么是单片机？单片机与通用微机相比有何特点？

（2）单片机的发展有哪几个阶段？它今后的发展趋势是什么？

（3）举例说明单片机的主要应用领域。

（4）在众多单片机类型中，8 位单片机为何不会过时，还占据着单片机应用的主导地位？

（5）掌握单片机原理及应用技术要注意哪些学习方法？

（6）单片机技术开发的主力军为何是有工程专业背景的技术人员而非计算机专业人员？

（7）学习单片机原理及应用技术需要哪些必要的基础知识？

（8）二进制数的位与字节是什么关系？51 单片机的字长是多少？

（9）简述数字逻辑中的与、或、非、异或的运算规律。

（10）Proteus 仿真软件为何对学习单片机原理及应用具有重要价值？

（11）Proteus ISIS 的工作界面中包含哪几个窗口？菜单栏中包含哪几个选项？

（12）利用 ISIS 模块开发单片机系统需要经过哪几个主要步骤？

（13）何谓 PCB？利用 Proteus ARES 模块进行 PCB 设计需要经过哪几个主要步骤？

第2章 MCS-51 单片机的结构及原理

内容概述：

本章主要介绍 MCS-51 单片机的内部结构与外部引脚功能，程序存储器、数据存储器和特殊功能寄存器，单片机的 4 个通用 I/O 口的结构与功能，以及时钟电路、复位电路、掉电保护电路、CPU 的时序等。

教学目标：

- 掌握 MCS-51 单片机的内部结构与外部引脚功能；
- 掌握 MCS-51 单片机的存储器结构及工作原理；
- 掌握 MCS-51 单片机的 4 个通用 I/O 口的结构与功能。

2.1 MCS-51 单片机的结构

MCS-51 系列单片机分为 51 和 52 两个子系列，包括 80C51、87C51、80C52、87C52 等典型产品型号。它们的结构基本相同，主要差别仅在于片内存储器、计数器、中断源的配置有所不同，其中 52 子系列在存储器容量、计数器和中断源数量方面都高于 51 子系列。考虑到产品的代表性，本书将均以 80C51 为例进行介绍。

2.1.1 MCS-51 单片机的内部结构

MCS-51 单片机的内部结构包含了作为微型计算机所必需的基本功能部件，如 CPU、RAM、ROM、定时/计数器和可编程并行 I/O 口、可编程串行口等。这些功能部件通常都挂靠在单片机内部总线上，通过内部总线传送数据信息和控制信息。其内部基本结构如图 2.1 所示。

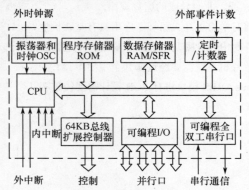

图 2.1 MCS-51 单片机内部基本结构

80C51 单片机的内部资源主要包括：

- 1 个 8 位中央处理器（CPU）；
- 1 个片内振荡器和时钟电路；
- 4KB 片内程序存储器(ROM)；
- 256 字节的片内 RAM；

- 2 个 16 位定时/计数器；
- 可寻址 64KB 外部程序存储器和 64KB 数据存储空间的控制电路；
- 4 个 8 位双向 I/O 口；
- 1 个全双工串行口；
- 5 个中断源。

单片机内部资源中最核心的部分是 CPU，它是单片机的大脑和心脏。CPU 的主要功能是产生各种控制信号，控制存储器、输入/输出端口的数据传送、数据运算、逻辑运算等处理。CPU 从功能上可分为运算器和控制器两部分，下面分别介绍这两部分的组成及功能。

1. 控制器

控制器的作用是对取自程序存储器中的指令进行译码，在规定的时刻发出各种操作所需的控制信号，完成指令所规定的功能。

控制器由程序计数器 PC、指令寄存器、指令译码器、数据指针寄存器以及定时控制与条件转移逻辑电路等组成。

（1）程序计数器 PC（Program Counter）

PC 是一个 16 位的专用寄存器，其中存放着下一条要执行指令的首地址，即 PC 内容决定着程序的运行轨迹。当 CPU 要取指令时，PC 的内容就会出现在地址总线上；取出指令后，PC 内容可自动加 1，以保证程序按顺序执行。此外，PC 内容也可以通过指令修改，从而实现程序的跳转运行。

系统复位后，PC 的内容会被自动赋为 0000H，这表明复位后 CPU 将从程序存储器的 0000H 地址处的指令开始运行。

（2）指令寄存器 IR（Instruction Register）

指令寄存器是一个 8 位寄存器，用于暂存待执行的指令，等待译码。

（3）指令译码器 ID（Instruction Decoder）

指令译码器是对指令寄存器中的指令进行译码，将指令转变为执行此指令所需的电信号。根据译码器输出的信号，再经过定时控制电路产生执行该指令所需的各种控制信号。

（4）数据指针 DPTR（Data Pointer）

DPTR 是一个 16 位的专用地址指针寄存器，由两个 8 位寄存器 DPH 和 DPL 拼装而成，其中 DPH 为 DPTR 的高 8 位，DPL 为 DPTR 的低 8 位。DPTR 既可以作为一个 16 位寄存器来使用，也可作为两个独立的 8 位寄存器来使用。

DPTR 可以用来存放片内 ROM 的地址，也可以用来存放片外 RAM 和片外 ROM 的地址，与相关指令配合实现对最高 64KB 片外 RAM 和全部 ROM 的访问。

2. 运算器

运算器由算术逻辑部件 ALU、累加器 ACC、程序状态字寄存器 PSW 及运算调整电路等组成。为了提高数据处理速度，片内还增加了一个通用寄存器 B 和一些专用寄存器与位处理逻辑电路。

（1）累加器 ACC（Accumulator）

ACC 是一个 8 位寄存器，简称为 A，通过暂存器与 ALU 相连。它是 CPU 工作中使用最频繁的寄存器，用来存放一个操作数或中间结果。

（2）算术逻辑部件 ALU（Arithmetic Logic Unit）

ALU 由加法器和其他逻辑电路组成，用于对数据进行四则运算和逻辑运算等功能。ALU 的两个操作数，一个由 A 通过暂存器 2 输入，另一个由暂存器 1 输入，运算结果的状态传送给 PSW。

（3）程序状态字寄存器 PSW（Program State Word）

PSW 是一个 8 位专用寄存器，用于存放程序运行过程中的各种状态信息。PSW 中的各位信息通常是在指令执行过程中自动形成的，但也可以由传送指令加以改变。PSW 各位的定义如下：

PSW7	PSW6	PSW5	PSW4	PSW3	PSW2	PSW1	PSW0
CY	AC	F0	RS1	RS0	OV	F1	P
位7	位6	位5	位4	位3	位2	位1	位0

① CY（PSW7）进位标志，在进行加或减运算时，如果操作结果最高位有进位或借位时，CY 由硬件置 1，否则清 0。在进行位操作时，CY 的作用相当于 CPU 中的累加器 A，因而又可以被认为是位累加器。

② AC（PSW6）辅助进位标志，在进行加或减运算时，如果操作结果的低 4 位数向高 4 位产生进位或借位时，AC 由硬件置 1，否则清 0。AC 位可用于 BCD 码调整时的判断位。

③ F0（PSW5）用户标志位，由用户置位或复位，可作为用户自行定义的一个状态标记。

④ RS1、RS0（PSW4、PSW3）工作寄存器组指针，用于选择 CPU 当前工作的寄存器组。可由用户程序改变 RS1、RS0 的组合，以切换当前选用的寄存器组。RS1、RS0 与寄存器组的对应关系详见表 2.1。

⑤ OV（PSW2）溢出标志，可以指示运算过程中是否发生了溢出，由硬件自动形成。若在执行有符号数加、减运算指令过程中，累加器 A 中的运算结果超出了 8 位数能表示的范围，即 −128～+127，则 OV 标志自动置 1，否则清 0。因此，根据 OV 状态可以判断累加器 A 中的结果是否正确。

OV 的状态可以利用异或逻辑表达式算出：

$$OV = C6y \oplus C7y$$

式中，C6y 和 C7y 分别是位 6 和位 7 的进位或借位状态，有进位或借位时为 1，反之为 0。

【例 2.1】对于两个有符号数+84 和+105，执行加法运算后，求其溢出标志 OV。

【解】为便于分析，采用如下竖式计算法

```
     0 1 0 1 0 1 0 0    (+84)
   + 0 1 1 0 1 0 0 1    (+105)
   ─────────────────
  CY=0 1 0 1 1 1 1 0 1   (+189)
```

可见，由于 C6y=1（位 6 有进位），C7y=0（CY=0，位 7 无进位），故 OV=1⊕0=1，说明产生了溢出。由于两个正数相加结果不可能为负，因此从位 7 为 1 也可直观看出计算结果是错误的。

⑥ F1（PSW1）用户标志位，同 F0。

⑦ P（PSW0）奇偶标志位，该位跟踪累加器 A 中含"1"个数的奇偶性。如果 A 中有奇数个"1"，则 P 硬件置 1，否则清 0。凡是改变累加器 A 中内容的指令均会影响 P 标志位。

此标志位对串行通信中的数据传输有重要的意义，在串行通信中常采用奇偶校验的办法来校验数据传输的可靠性。

2.1.2 MCS–51 外部引脚及功能

MCS-51 系列单片机的封装方式与制造工艺有关，采用 HMOS 制造工艺的 51 单片机一般采用 40 只引脚的双列直插封装（DIP），如图 2.2 所示。

采用 CHMOS 制造工艺的 MCS-51 单片机除了采用 DIP 封装方式外，还采用 44 只引脚方形封装方式，其中 4 只是无用的，如图 2.3 所示。

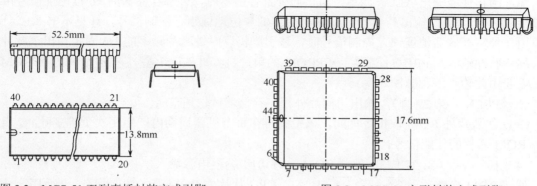

图 2.2　MCS-51 双列直插封装方式引脚　　　　图 2.3　MCS-51 方形封装方式引脚

80C51 单片机采用 40 引脚双列直插式封装形式，其引脚分布如图 2.4 所示。

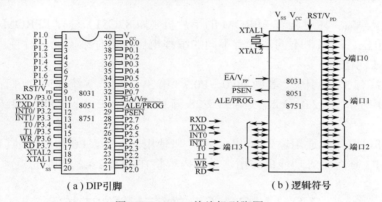

（a）DIP引脚　　　　　　　　　　（b）逻辑符号

图 2.4　80C51 单片机引脚图

80C51 单片机的 40 只引脚按功能划分，可分为以下 3 类：
- 电源及晶振引脚（4 只）——V_{CC}、V_{SS}、XTAL1、XTAL2；
- 控制引脚（4 只）——$\overline{PSEN}$、ALE/$\overline{PROG}$、$\overline{EA}$/V_{PP}、RST/V_{PD}；
- 并行 I/O 口引脚（32 只）——P0.0～P0.7、P1.0～P1.7、P2.0～P2.7、P3.0～P3.7。

1. 电源及晶振引脚

（1）电源引脚

V_{CC}（第 40 脚）：+5V 电源引脚

V_{SS}（第 20 脚）：接地引脚

（2）外接晶振引脚

XTAL1（第 19 脚）和 XTAL2（第 18 脚）：外接晶振的两个引脚，具体使用方法详见本书 2.3.2 节。

2. 控制引脚

（1）RST/V_{PD}（第 9 脚），复位/备用电源引脚

复位端 RST：单片机上电后，其内部各寄存器都处于随机状态。若在该引脚上输入满足复位时间要求的高电平，将使单片机复位。单片机的复位方法与电路，详见本书 2.3.1 节。

备用电源端 V_{PD}：在主电源掉电期间，可利用该引脚处外接的+5V 备用电源为单片机片内

RAM 供电，保证片内 RAM 信息不丢失，以便电压恢复正常后单片机能正常工作。

（2）ALE/$\overline{\text{PROG}}$（第 30 脚），地址锁存使能输出/编程脉冲输入

地址锁存使能输出 ALE：当单片机访问外部存储器时，外部存储器的 16 位地址信号由 P0 口输出低 8 位，P2 口输出高 8 位，ALE 可用作低 8 位地址锁存控制信号，详见本书 8.1.2 节。当不用作外部存储器地址锁存控制信号时，该引脚仍以时钟脉冲频率的 1/6 固定输出正脉冲。

编程脉冲输入端 $\overline{\text{PROG}}$：对含有 EPROM 的单片机（如 87C51 型），在进行片内 EPROM 编程时需要由此输入编程脉冲。

（3）$\overline{\text{PSEN}}$（第 29 脚），输出访问片外程序存储器读选通信号

CPU 在从片外 ROM 取指令期间，该引脚将在每个机器周期内产生两次负跳变脉冲，用作片外 ROM 芯片的使能信号。

（4）$\overline{\text{EA}}$/V_{PP}（第 31 脚），外部 ROM 允许访问/编程电源输入

外部 ROM 允许访问 $\overline{\text{EA}}$：当 $\overline{\text{EA}}$=1 时，CPU 从片内 ROM 开始读取指令。当程序计数器 PC 的值超过 4KB 地址范围时，将自动转向执行片外 ROM 的指令。当 $\overline{\text{EA}}$=0 时，CPU 仅访问片外 ROM。

编程电源输入 V_{PP}：在对含有 EPROM 的单片机（如 87C51）进行 EPROM 编程时，此引脚应接+12V 编程电压。注意，不同芯片有不同的编程电压，应仔细阅读芯片使用说明。

3. 并行 I/O 口引脚

并行 I/O 口共有 32 只引脚，其中 P0.0～P0.7（第 39～32 脚）统称为 P0 口；P1.0～P1.7（第 1～8 脚）统称为 P1 口；P2.0～P2.7（第 21～28 脚）统称为 P2 口；P3.0～P3.7（第 10～17 脚）统称为 P3 口。

P0～P3 口都可以作为通用输入/输出（I/O）口使用。此外，P0 和 P2 还具有单片机地址/数据总线口作用，P3 具有第二功能口作用，具体内容将在本书 2.4.2 节讲述。

2.2 MCS-51 的存储器结构

2.2.1 存储器划分方法

计算机的存储器地址空间有两种结构形式：普林斯顿结构和哈佛结构。图 2.5 所示是具有 64KB 地址的两种结构。

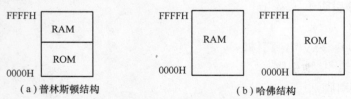

图 2.5 计算机存储器地址的两种结构形式

普林斯顿结构，也称冯·诺伊曼结构，是一种将程序指令存储器和数据存储器合并在一起的存储器结构，即 ROM 和 RAM 位于同一存储空间的不同物理位置处（见图 2.5（a））。由于指令和数据具有相同的宽度，CPU 可以使用相同指令访问 ROM 和 RAM。8086、奔腾、ARM7 等微处理器都采用这种结构。

哈佛结构是一种将程序指令存储器和数据存储器分开设置的存储器结构，即 ROM 和 RAM 位于不同的存储空间（见图 2.5（b））。ROM 和 RAM 中的存储单元可以有相同的地址，CPU 需

采用不同的访问指令加以区别。哈佛结构有利于减轻程序运行时的访存瓶颈，51系列单片机、AVR系列、Z8系列等微处理器都采用这种结构。

MCS-51单片机存储器空间结构如图2.6所示。

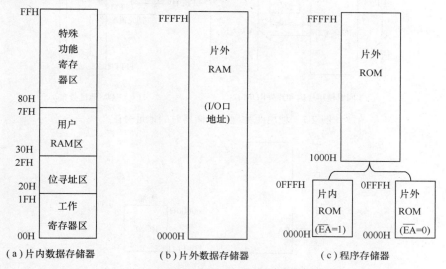

图2.6　MCS-51单片机存储器空间结构

从物理地址上看，MCS-51系列单片机共有4个存储空间，即片内程序存储器（简称片内ROM）、片外程序存储器（简称片外ROM）、片内数据存储器（简称片内RAM）、片外数据存储器（简称片外RAM）。

由于片内、片外程序存储器是统一编址的，因此从逻辑地址来看，MCS-51系列单片机只有3个存储器空间：程序存储器、片内数据存储器和片外数据存储器。

为区别不同存储空间的存储单元，需要使用不同的编程指令。其中MOV指令用于访问片内数据存储器，MOVC指令用于访问片内、片外程序存储器，MOVX指令用于访问片外数据存储器（具体用法将在第3章中详细介绍）。

由图2.6可以看出，MCS-51单片机的片内ROM地址空间为0000H～0FFFH（共4KB），片外ROM地址空间为0000H～FFFFH（共64KB）。片内RAM地址空间为00H～FFH（共256B），片外RAM地址空间为0000H～FFFFH（共64KB）。

2.2.2　程序存储器

程序存储器主要用于存放程序代码及程序中用到的常数。在程序调试运行成功后，由编程器将程序写入程序存储器中。保存在ROM里的程序不会因单片机掉电而丢失。

利用单片机$\overline{EA}$（外部ROM允许访问）引脚的不同电位，可对片内和片外两种程序存储器的低4KB（0000H～0FFFH）地址进行选择（见图2.7）。

当$\overline{EA}$引脚接高电平（图2.7（a）中的开关接A点）时，小于等于4KB的地址是在片内ROM中，大于4KB的地址在片外ROM中（如图2.7（b）中折线所示），即由两者共同构成64KB空间。

当$\overline{EA}$引脚接低电平（图2.7（a）中的开关接B点）时，片内ROM被禁用，全部64KB地址都在片外ROM中（如图2.7（b）中直线所示）。

如果用户使用80C51型单片机且程序长度不超过4KB，则无须扩展片外ROM，仅使用片内ROM即可，但必须使$\overline{EA}$引脚接V_{CC}或使其悬空（默认为高电平状态），如图2.8所示。

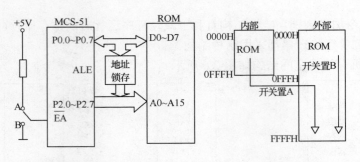

(a)同时使用片内和片外ROM　　　　(b)ROM地址分布

图 2.7　使用两种程序存储器时的地址分配

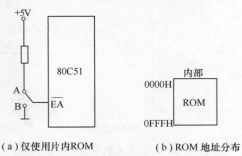

(a)仅使用片内ROM　　　　(b)ROM 地址分布

图 2.8　仅使用片内程序存储器的地址分配

在 80C51 单片机的程序存储器中,有 6 个特殊地址单元是专为复位和中断功能而设计的。其中,0000H 为程序的首地址,单片机复位后程序将从这个单元开始运行。一般在该单元中存放一条跳转指令跳转到用户设计的主程序。

其余 5 个特殊单元分别对应 5 个中断源的中断服务程序的入口地址:

① 0003H 为外部中断 0 入口地址;

② 000BH 为定时器 0 溢出中断入口地址;

③ 0013H 为外部中断 1 入口地址;

④ 001BH 为定时器 1 溢出中断入口地址;

⑤ 0023H 为串行口中断入口地址。

具体介绍详见本书 5.2.1 节。

2.2.3　数据存储器

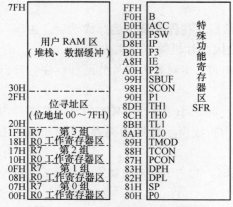

图 2.9　80C51 片内 RAM 的配置

数据存储器用于存放运算中间结果、标志位、待调试的程序等。数据存储器由 RAM 构成,一旦掉电,其数据将丢失。

数据存储器在物理上和逻辑上都占有两个地址空间:一个是片内 256B 的 RAM,另一个是片外最大可扩充 64KB 的 RAM。对于 80C51,片内 RAM 的配置如图 2.9 所示。

由图 2.9 可以看出,片内 RAM 分为高 128B、低 128B 两大部分,其中,低 128B 为普通 RAM,地址空间为 00H~7FH;高 128B 为特殊功能寄存器区,地址空间为 80H~FFH,其中仅有 21 字节是有定义的。

1. 低 128B RAM 区

在低 128B RAM 区中,地址 00H~1FH 共 32 个数据存储单元可作为工作寄存器使用。这 32 个单元又分为 4 组,每组 8 个单元,按序命名为通用寄存器 R0~R7。与使用存储单元地址编程相比,使用通用寄存器名编程具有更大的灵活性,并可提高程序代码效率。

虽然 51 单片机有 4 个工作寄存器组,但由于任一时刻 CPU 只能选用一组工作寄存器作为当前工作寄存器组,因此不会发生冲突,未选中的其他 3 组寄存器可作为一般数据存储器使用。当前工作寄存器组通过程序状态字寄存器 PSW 中的 RS1 和 RS0 标志位进行设置,CPU 复位后默认第 0 组为当前工作寄存器组。表 2.1 为工作寄存器的地址分配表。

表 2.1 工作寄存器的地址分配表

RS1	RS0	默认组号	R0	R1	R2	R3	R4	R5	R6	R7
0	0	0	00H	01H	02H	03H	04H	05H	06H	07H
0	1	1	08H	09H	0AH	0BH	0CH	0DH	0EH	0FH
1	0	2	10H	11H	12H	13H	14H	15H	16H	17H
1	1	3	18H	19H	1AH	1BH	1CH	1DH	1EH	1FH

在低 128B RAM 区中,地址为 20H~2FH 的 16 字节单元,既可以像普通 RAM 单元按字节地址进行存取,又可以按位进行存取,这 16 字节共有 128(16×8)个二进制位,每位都分配一个位地址,编址为 00H~7FH,如表 2.2 所示。

表 2.2 位寻址区与位地址

字节地址	位 地 址							
	位 7	位 6	位 5	位 4	位 3	位 2	位 1	位 0
20H	07H	06H	05H	04H	03H	02H	01H	00H
21H	0FH	0EH	0DH	0CH	0BH	0AH	09H	08H
22H	17H	16H	15H	14H	13H	12H	11H	10H
23H	1FH	1EH	1DH	1CH	1BH	1AH	11H	18H
24H	27H	26H	25H	24H	23H	22H	21H	20H
25H	2FH	2EH	2DH	2CH	2BH	2AH	29H	28H
26H	37H	36H	35H	34H	33H	32H	31H	30H
27H	3FH	3EH	3DH	3CH	3BH	3AH	39H	38H
28H	47H	46H	45H	44H	43H	42H	41H	40H
29H	4FH	4EH	4DH	4CH	4BH	4AH	49H	48H
2AH	57H	56H	55H	54H	53H	52H	51H	50H
2BH	5FH	5EH	5DH	5CH	5BH	5AH	59H	58H
2CH	67H	66H	65H	64H	63H	62H	61H	60H
2DH	6FH	6EH	6DH	6CH	6BH	6AH	69H	68H
2EH	77H	76H	75H	74H	73H	72H	71H	70H
2FH	7FH	7EH	7DH	7CH	7BH	7AH	79H	78H

在低 128B RAM 区中,地址为 30H~7FH 的 80 字节单元为用户 RAM 区,这个区只能按字节存取。在此区内用户可以设置堆栈区和存储中间数据。

2. 高 128B RAM 区

在 80H~FFH 的高 128B RAM 区中,离散地分布有 21 个特殊功能寄存器(又称为特殊功能寄存器区)。虽然其中的空闲单元占了很大比例,且对它们进行读/写操作是无意义的,但这些单元却是为单片机后来功能增加预留的空间。21 个特殊功能寄存器的名称、符号与地址分布见表 2.3,其中字节地址能被 8 整除的特殊功能寄存器还具有位地址。

表 2.3 SFR 的名称及其分布

序号	特殊功能寄存器名称	符号	字节地址	位地址							
1	P0 口锁存器	P0	80H	87H	86H	85H	84H	83H	82H	81H	80H
2	堆栈指针	SP	81H								
3	数据地址指针（低8位）	DPL	82H								
4	数据地址指针（高8位）	DPH	83H								
5	电源控制寄存器	PCON	87H								
6	定时/计数器控制寄存器	TCON	88H	8FH	8EH	8DH	8CH	8BH	8AH	89H	88H
7	定时/计数器方式控制寄存器	TMOD	89A								
8	定时/计数器 0（低8位）	TL0	8AH								
9	定时/计数器 0（高8位）	TH0	8BH								
10	定时/计数器 1（低8位）	TL1	8CH								
11	定时/计数器 1（高8位）	TH1	8DH								
12	P1 口锁存器	P1	90H	97H	96H	95H	94H	93H	92H	91H	90H
13	串行口控制寄存器	SCON	98H	9FH	9EH	9DH	9CH	9BH	9AH	99H	98H
14	串行口锁存器	SBUF	99H								
15	P2 口锁存器	P2	A0H	A7H	A6H	A5H	A4H	A3H	A2H	A1H	A0H
16	中断允许控制寄存器	IE	A8H	AFH	AEH	ADH	ACH	ABH	AAH	A9H	A8H
17	P3 口锁存器	P3	B0H	B7H	B6H	B5H	B4H	B3H	B2H	B1H	B0H
18	中断优先级控制寄存器	IP	B8H	BFH	BEH	BDH	BCH	BBH	BAH	B9H	B8H
19	程序状态字寄存器	PSW	D0H	D7H	D6H	D5H	D4H	D3H	D2H	D1H	D0H
20	累加器	A	E0H	E7H	E6H	E5H	E4H	E3H	E2H	E1H	E0H
21	B 寄存器	B	F0H	F7H	F6H	F5H	F4H	F3H	F2H	F1H	F0H

表 2.3 中的 A、B、PSW、DPL、DPH 等几个特殊功能寄存器已有所介绍，其余寄存器将在以后章节中结合应用进行介绍。

对于增强型 52 子系列单片机，在 51 子系列配置的基础上还新增了一个与特殊功能寄存器地址重叠的内部数据存储器空间，地址也为 80H～FFH，配置如图 2.10 所示。

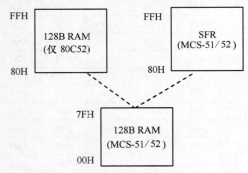

图 2.10　增强型 52 子系列单片机片内 RAM 的配置

对这一部分数据存储器的访问必须采用寄存器间接寻址方式，这将在本书 3.1.3 节中进行介绍。

2.3　单片机的复位、时钟与时序

2.3.1　复位与复位电路

单片机在开机时需要复位，以便使 CPU 及其他功能部件处于一个确定的初始状态，并从这个状态开始工作，单片机应用程序必须以此作为设计的前提。

另外，在单片机工作过程中，如果出现死机，也必须对单片机进行复位，使其重新开始工作。

单片机复位会对片内各寄存器的状态产生影响，复位时寄存器的初始值见表 2.4，表中的×表示可以是任意值。

表 2.4 复位时片内各寄存器的初始值

寄存器名称	复位默认值	寄存器名称	复位默认值
PC	0000H	TMOD	00H
A	00H	TCON	00H
PSW	00H	TH0	00H
B	00H	TL0	00H
SP	07H	TH1	00H
DPTR	0000H	TL1	00H
P0～P3	FFH	SCOM	00H
IP	×××00000B	SBUF	××××××××B
IE	0××00000B	PCOM	0×××0000B

由表 2.4 可以看出，单片机复位后，程序计数器 PC=0000H，即指向程序存储器 0000H 单元，使 CPU 从首地址重新开始执行程序。

产生单片机复位的条件是：在 RST 引脚端出现满足复位时间要求的高电平状态，该时间等于系统时钟振荡周期建立时间再加 2 个机器周期时间（一般不小于 10ms）。

单片机的复位可以由两种方式产生，即上电复位方式和按键复位方式。

上电复位是利用阻容充电电路实现的（见图 2.11（a）），在单片机上电的瞬间，RST 端的电位与 V_{CC} 相同。随着充电电流的减小，RST 端的电位将逐渐下降。只要选择合适的电容 C3 和电阻 R1，使其 RC 时间常数大于复位时间即可保证上电复位的发生。

按键复位方式是利用电阻分压电路实现的（见图 2.11（b）），当按键压下时，串联电阻 R2 上的分压可使 RST 端产生高电平，按键抬起时产生低电平。只要按键动作产生的复位脉冲宽度大于复位时间即可保证按键复位的发生。

实际应用中，常采用将上电复位和按键复位整合在一起的复合复位做法（见图 2.11（c））。

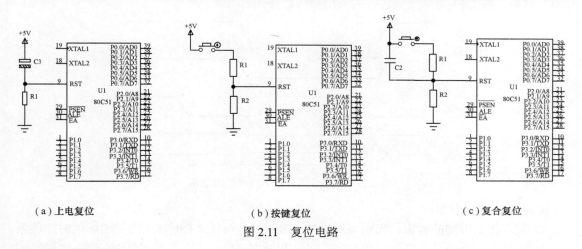

(a) 上电复位 　　　　　　　(b) 按键复位 　　　　　　　(c) 复合复位

图 2.11 复位电路

2.3.2 时钟电路

单片机执行指令的过程可分为取指令、分析指令和执行指令三个步骤，每个步骤又由许多微操作所组成,这些微操作必须在一个统一的时钟控制下才能按照正确的顺序执行。

单片机的时钟信号可以由两种方式产生,即内部时钟方式和外部时钟方式。

内部时钟方式是利用单片机芯片内部的振荡电路实现的,此时需通过单片机的 XTAL1 和 XTAL2 引脚外接定时元件。定时元件一般用晶体振荡器和电容组成并联谐振回路,如图 2.12(a)所示。电容 C1 和 C2 一般取 30pF 左右,主要作用是帮助振荡器起振,晶体的振荡频率范围在 1.2~13MHz。晶体振荡频率越高,则系统的时钟频率也越高,单片机运行速度也就越快。MCS-51 在通常应用情况下,时钟振荡频率为 6~12MHz。

在由多片单片机组成的系统中,为使各单片机之间的时钟信号严格同步,应当采用公用外部脉冲信号作为各单片机振荡脉冲。这时,外部脉冲信号要经 XTAL2 引脚注入,其连接如图 2.12(b)所示。

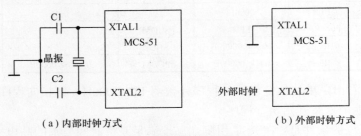

图 2.12 时钟引脚的接线方式

2.3.3 单片机时序

1. 时序的概念

时序是指按照时间顺序显示的对象(或引脚、事件、信息)序列关系。时序可以用状态方程、状态图、状态表和时序图 4 种方法表示,其中时序图最为常用。

时序图也称为波形图或序列图,有两个坐标轴:横坐标轴表示时间(忽略刻度及量纲),纵坐标轴表示不同对象的电平(公用一个横坐标轴)。浏览时序图的方法是:从上到下查看对象间的交互关系,分析那些随时间的流逝而发生的变化。时间轴从左往右的方向为时间正向轴,即时间在增长。图 2.13 为某集成芯片的典型操作时序图。

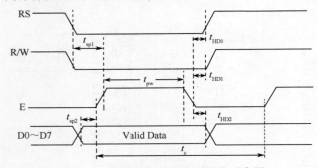

图 2.13 某集成芯片的典型操作时序图

由图 2.13 可以看出:

① 最左边是引脚的标识,表示该图反映了 RS、R/W、E、D0~D7 四类引脚的时序关系。
② 交叉线部分表示电平的变化,如高电平和低电平。
③ 封闭菱形部分表示数据有效范围(偶尔使用的 Valid Data 也能说明了这一点)。
④ 水平方向的尺寸线表示持续时间的长度。

从图 2.13 中可以解读出如下时序关系：RS 和 R/W 端首先变为低电平；随后 D0～D7 端出现有效数据；R/W 低电平 t_{sp1} 之后，E 端出现宽度为 t_{pw} 的正脉冲；E 脉冲结束并延时 t_{HD1} 后，RS 和 R/W 端恢复高电平；E 脉冲结束并延时 t_{HD2} 后，D0～D7 端的本次数据结束；随后 D0～D7 端出现新的数据，但下次 E 脉冲应在 t_c 时间后才能出现。根据这些信息便可以进行相应的软件编程了。

时序是用定时单位来描述的，MCS-51 的时序单位有 4 个，它们分别是节拍、状态、机器周期和指令周期，如图 2.14 所示。

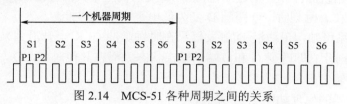

图 2.14　MCS-51 各种周期之间的关系

（1）时钟周期

晶振或外加振荡源的振荡周期称为时钟周期，又称为节拍，用 P 表示。时钟周期是 MCS-51 单片机中最小的时序单位。

（2）状态周期

1 个状态周期等于 2 个时钟周期，即由节拍 1 和节拍 2 组成，用 S 表示。

（3）机器周期

1 个机器周期等于 6 个状态周期（或 12 个节拍），即由 S1P1，S1P2，S2P1，S2P2，…，S6P1，S6P2 组成。

（4）指令周期

执行一条指令所需要的时间称为指令周期。1 个指令周期由 1～4 个机器周期组成（依具体指令而定），指令周期是 MCS-51 单片机中最大的时序单位。

例如，若晶振频率为 12MHz，则 MCS-51 单片机的 4 种时序周期的具体值为：

时钟周期=1/12（μs）

状态周期=1/6（μs）

机器周期=1（μs）

指令周期=1～4（μs）

2．单片机时序

单片机时序就是 CPU 在执行指令时所需控制信号的时间顺序。因此，CPU 实质上就是一个复杂的同步时序电路，这个时序电路是在时钟信号的推动下工作的。在执行指令时，CPU 首先要到存储器中取出需要执行指令的指令码，然后对指令进行译码，并由时序部件产生一系列控制信号去完成指令的执行。

从用途来看，CPU 发出的时序信号可分为两类：一类用于片内各功能部件的控制，这类信号很多，但用户在使用中感觉不到，也没必要了解其内容，故通常不作专门介绍；另一类用于片外存储器或 I/O 端口的控制，需要通过单片机的控制引脚送到片外单元，这部分时序对分析接口电路原理至关重要，将在第 8 章的单片机接口内容中介绍（参见第 8.2.1 节）。本节仅介绍 51 单片机原理学习中遇到的一种 CPU 时序逻辑电路——D 触发器。

D 触发器又称边沿 D 触发器（或维持-阻塞边沿 D 触发器），可分为正边沿 D 触发器和负边沿 D 触发器两种类型。

（1）正边沿 D 触发器

正边沿 D 触发器的原理如图 2.15 所示。图 2.15（a）为正边沿 D 触发器的电路符号，其中包括输入端 D、时钟端 CLK、输出端 Q 和输出端 $\overline{Q}$。图 2.15（b）为正边沿 D 触发器的波形图，解读后可得出 D、CLK 和 Q 的时序关系：

在 t_1 时刻前，CLK 和 D 都为低电平，Q 为高电平；在 t_1 时刻时，CLK 开始正脉冲，其正边沿使得 Q=D 变为低电平；在 $t_1 \sim t_2$ 之间，CLK 结束正脉冲，D 变化不会引起 Q 跟随；在 t_2 时刻时，CLK 又开始正脉冲，其正边沿使得 Q=D 变为高电平；同理，在 $t_2 \sim t_3$ 之间，D 变化不会引起 Q 跟随，而在 t_3 时刻时，Q 跟随 D 变为低电平，以此类推。

由这一时序关系可知，正边沿 D 触发器只在时钟脉冲 CLK 上升沿到来的时刻，才采样 D 端的输入信号，并据此立即改变 Q 和 $\overline{Q}$ 端的输出状态。而在其他时刻，D 与 Q 是信号隔离的。

（2）负边沿 D 触发器

负边沿 D 触发器的原理如图 2.16 所示。

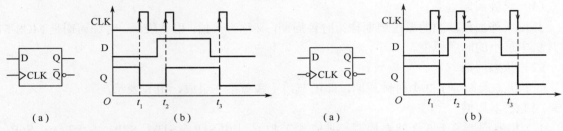

图 2.15　正边沿 D 触发器的原理　　　　图 2.16　负边沿 D 触发器的原理

图 2.16（a）为负边沿 D 触发器的电路符号，图 2.16（b）为负边沿 D 触发器的波形图，解读后可得出 D、CLK 和 Q 的时序关系：

负边沿 D 触发器只在时钟脉冲 CLK 下降沿到来的时刻，才采样 D 端的输入信号，并据此立即改变 Q 和 $\overline{Q}$ 端的输出状态。而在其他时刻，D 与 Q 是信号隔离的。

D 触发器仿真视频

D 触发器的这一功能被广泛用于数字信号的触发锁存器输出，我们将在随后的章节中多次用到 D 触发器。

2.4　并行 I/O 口

MCS-51 单片机有 4 个 8 位的并行 I/O 端口，分别记作 P0、P1、P2、P3。每个端口都包含一个同名的特殊功能寄存器、一个输出驱动器和输入缓冲器。对并行 I/O 口的控制是通过对同名的特殊功能寄存器的控制实现的。

P0～P3 口是单片机与外部联系的重要通道，图 2.17 所示为几种典型的应用电路。其中，图 2.17（a）为发光二极管、开关、按键与单片机组成的简单输入/输出单元；图 2.17（b）为数码管与单片机组成的数码显示单元；图 2.17（c）为通过 I/O 口实现的存储器扩展单元；图 2.17（d）为双机互连通信单元。可见，I/O 口是单片机中最重要的系统资源之一。

MCS-51 单片机的 4 个 I/O 口都是具有双向作用的端口，在结构上基本相同，但又存在差别，下面按照由易到难的顺序分别予以介绍。

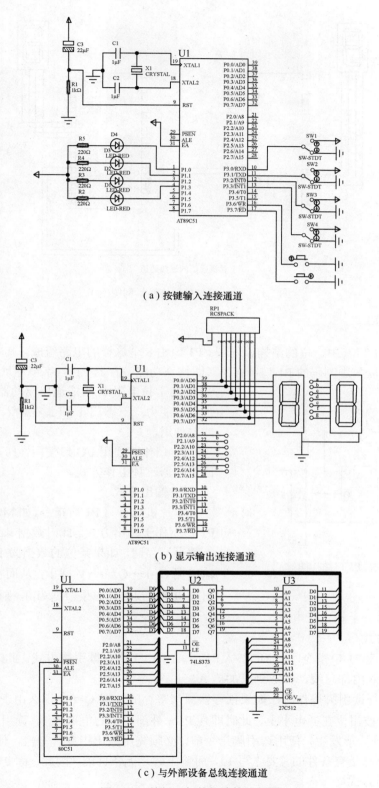

(a) 按键输入连接通道

(b) 显示输出连接通道

(c) 与外部设备总线连接通道

图 2.17 并行口与外部连接示例图

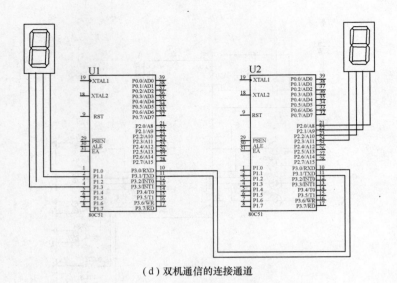

（d）双机通信的连接通道

图 2.17　并行口与外部连接示例图(续)

2.4.1　P1 口

图 2.18 是 P1 口其中一位的结构原理图。P1 口由 8 个这样的电路组成，其中 8 个 D 触发器构成了可存储 8 位二进制码的 P1 口锁存器（即特殊功能寄存器 P1），字节地址为 90H；场效应管 V 与上拉电阻 R 组成输出驱动器，以增大 P1 口带负载能力；三态门 1 和 2 在输入和输出时作为缓冲器使用。

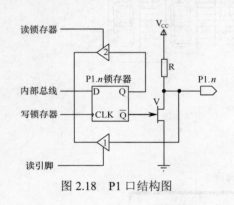

图 2.18　P1 口结构图

P1 口作为通用 I/O 口使用，具有输出、读引脚、读锁存器三种工作方式。

1. 输出方式

单片机执行写 P1 口指令，如 MOV P1,#data 时，P1 口工作于输出方式。此时数据 data 经内部总线送入锁存器存储。如果某位的数据为 1，则该位锁存器输出端 Q=1→$\overline{Q}$=0→V 截止，从而在引脚 P1.n 上输出高电平；反之，如果数据为 0，则 Q=0→$\overline{Q}$=1→V 导通，在引脚 P1.n 上输出低电平。

2. 读引脚方式

单片机执行读 P1 口指令，如 MOV A,P1 时，P1 口工作于读引脚方式。此时引脚 P1.n 上数据经三态门 1 进入内部总线，并送到累加器 A。

在单片机执行读引脚操作时，如果锁存器原来寄存的数据 Q=0，那么由于 $\overline{Q}$=1 将使 V 导通，引脚 P1.n 会被钳位在低电平上，此时即使 P1.n 外部电路的电平为 1，读引脚的结果也只能是 0。为避免这种情形发生，使用读引脚指令前，必须先用输出指令置 Q=1，使 V 截止。可见，P1 口作为输入口时是有条件的（要先写 1），而输出时是无条件的，因此，称 P1 口为准双向口。

3. 读锁存器方式

单片机执行"读-修改-写"类指令，如 ANL P1,A 时，P1 口工作于读锁存器方式。此时先通过三态门 2 将锁存器 Q 端数据读入 CPU，在 ALU 中进行运算，运算结果再送回端口。这里采用读 Q 端而不是读 P1.n 引脚，主要是由于引脚电平可能会受前次输出指令的影响而改变（取决于外电路）。

P1 口能驱动 4 个 LS TTL 负载。通常将 100μA 的电流定义为一个 LS TTL 负载的电流，所以 P1 口吸收或输出电流不大于 400μA。P1 口已有内部上拉电阻，无须再外接上拉电阻。

2.4.2　P3 口

图 2.19 是 P3 口其中一位的结构原理图。8 个 D 触发器构成了 P3 口锁存器（即特殊功能寄存器 P3），字节地址为 B0H。与 P1 口相比，P3 口结构中多了与非门 B 和缓冲器 T 两个元件，除通用 I/O 口功能外，还能实现第二功能口功能。

当"第二输出功能"端保持"1"状态时，与非门 B 对锁存器 Q 端是畅通的，P3.n 引脚的输出状态完全由锁存器 Q 端决定。此时，P3 口具有输出、读引脚和读锁存器 3 个通用 I/O 功能（与 P1 口完全相同）。

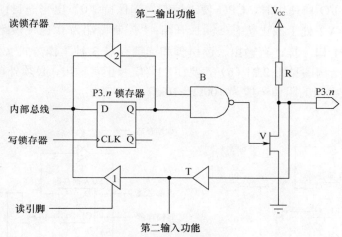

图 2.19　P3 口结构图

当锁存器 Q 端保持"1"状态时，与非门 B 对"第二输出功能"端是畅通的。此时 P3 口工作在第二功能口状态，即 P3.n 引脚的输出电平完全由"第二输出功能"端决定，而"第二输入功能"端得到的则是经由缓冲器 T 的 P3.n 引脚电平。

P3 口的第二功能定义见表 2.5，具体使用方法将在本书后续章节中陆续介绍。

表 2.5　P3 口第二功能定义

引脚	名称	第二功能定义
P3.0	RXD	串行通信数据接收端
P3.1	TXD	串行通信数据发送端
P3.2	$\overline{INT0}$	外部中断 0 请求端口
P3.3	$\overline{INT1}$	外部中断 1 请求端口
P3.4	T0	定时/计数器 0 外部计数输入端口
P3.5	T1	定时/计数器 1 外部计数输入端口
P3.6	$\overline{WR}$	片外数据存储器写选通
P3.7	$\overline{RD}$	片外数据存储器读选通

2.4.3　P0 口

图 2.20 是 P0 口其中一位的结构原理图。8 个 D 触发器构成了 P0 口锁存器（即特殊功能寄存器 P0），字节地址为 80H。P0 口的输出驱动电路由上拉场效应管 V2 和驱动场效应管 V1 组成。控制电路包括 1 个与门 A、1 个非门 X 和 1 个多路开关 MUX，其余组成与 P1 口相同。

P0 口既可以作为通用的 I/O 口进行数据的输入和输出，也可以作为单片机系统的地址/数据线使用。在 CPU 控制信号的作用下，多路转接电路 MUX 可以分别接通锁存器输出或地址/数据输出。

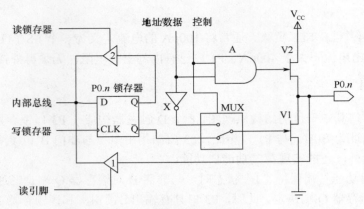

图 2.20 P0 口结构图

P0 口作为通用 I/O 口使用时，CPU 使"控制"端保持"0"电平→封锁与门 A（恒定输出 0）→上拉场效应管 V2 处于截止状态→漏极开路；"控制"端为 0 也使多路开关 MUX 与 $\overline{Q}$ 接通。此时 P0 口与 P1 口一样，有输出、读引脚和读锁存器 3 种工作方式（分析省略），但由于 V2 漏极开路（等效结构图见图 2.21（a）），要使"1"信号正常输出，必须外接一个上拉电阻（见图 2.21（b）），上拉电阻的阻值一般为 100Ω～10kΩ。

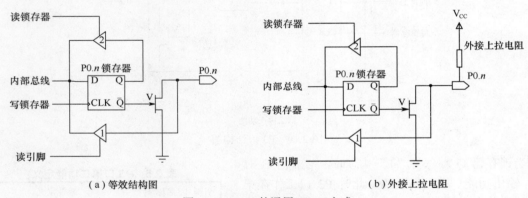

（a）等效结构图　　　　　　　　　　　　（b）外接上拉电阻

图 2.21 P0 口的通用 I/O 口方式

在 P0 口连接外部存储器时，CPU 使"控制"端保持"1"电平→打开与门 A（控制权交给"地址/数据"端）；"控制"端为 1 也使多路开关 MUX 与非门 X 接通。此时 P0 口工作在地址/数据分时复用方式，引脚 P0.n 的电平始终与"地址/数据"端的电平保持一致，这样就将地址或数据的信号输出了。在需要输入外部数据时，CPU 会自动向 P0.n 的锁存器写"1"，保证 P0.n 引脚的电平不会被误读，因而此时的 P0 口是真正的双向口。另外，P0 口在"地址/数据"方式下没有漏极开路问题，因此不必外接上拉电阻。

P0 口的输出级能以吸收电流的方式驱动 8 个 LS TTL 负载，即灌电流不大于 800μA。

2.4.4 P2 口

图 2.22 是 P2 口其中一位的结构原理图。8 个 D 触发器构成了 P2 口锁存器（即特殊功能寄存器 P2），字节地址为 A0H。与 P1 口相比，P2 口中多了一个多路开关 MUX，可以实现通用 I/O 口和地址输出两种功能。

当 P2 口用作通用 I/O 口时，在"控制"端的作用下，多路开关 MUX 转向锁存器 Q 端，构成一个准双向口，并具备输出、读引脚和读锁存器 3 种工作方式（分析省略）。

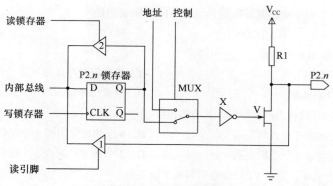

图 2.22 P2 口结构图

当单片机执行访问片外 RAM 或片外 ROM 指令时,程序计数器 PC 或数据指针 DPTR 的高 8 位地址需由 P2.n 引脚输出。此时,MUX 在 CPU 的控制下转向"地址"线的一端,使"地址"端信号与引脚 P2.n 电平同相变化。

P2 口的负载能力和 P1 口相同,能驱动 4 个 LS TTL 负载。

综上所述,P0~P3 口都可作为准双向通用 I/O 口提供给用户,其中 P1~P3 口无须外接上拉电阻,P0 口需要外接上拉电阻;在需要扩展片外存储器时,P2 口可作为其地址线接口,P0 口可作为其地址线/数据线复用接口,此时它是真正的双向口。

本 章 小 结

1. 单片机的 CPU 由控制器和运算器组成,在时钟电路和复位电路的支持下,按一定的时序工作。单片机的时序信号包括时钟周期、状态周期、机器周期和指令周期。

2. 51 单片机采用哈佛结构存储器,共有 3 个逻辑存储空间和 4 个物理存储空间。片内低 128 字节 RAM 中包含 4 个工作寄存器组、128 个位地址单元和 80 个字节地址单元;片内高 128 字节 RAM 中离散分布有 21 个特殊功能寄存器。

3. P0~P3 口都可作为准双向通用 I/O 口,其中只有 P0 口需要外接上拉电阻;在需要扩展片外设备时,P2 口可作为其地址线接口,P0 口可作为其地址线/数据线复用接口,此时它是真正的双向口。

思考与练习题 2

2.1 单项选择题

(1) 下列关于程序计数器 PC 的描述中_____是错误的。
  A. PC 不属于特殊功能寄存器　　　　B. PC 中的计数值可被编程指令修改
  C. PC 可寻址 64KB RAM 空间　　　　D. PC 中存放着下一条指令的首地址

(2) MCS-51 单片机的复位信号是_____有效。
  A. 下降沿　　　B. 上升沿　　　C. 低电平　　　D. 高电平

(3) _____不是 80C51 单片机的基本配置。
  A. 定时/计数器 T2　　B. 128B 片内 RAM　　C. 4KB 片内 ROM　　D. 全双工异步串行口

(4) 单片机中的 CPU 主要由_____两部分组成。
  A. 运算器和寄存器　　B. 运算器和控制器　　C. 运算器和译码器　　D. 运算器和计数器

(5) 在51单片机的下列特殊功能寄存器中，具有16位字长的是_____。
    A．PCON   B．TCON   C．SCON   D．DPTR
(6) 80C51单片机的ALE引脚是_____引脚。
    A．地址锁存使能输出端   B．外部程序存储器地址允许输入端
    C．串行通信口输出端   D．复位信号输入端
(7) 80C51单片机的存储器为哈佛结构，其内部包括_____。
    A．4个物理空间或3个逻辑空间   B．4个物理空间或4个逻辑空间
    C．3个物理空间或4个逻辑空间   D．3个物理空间或3个逻辑空间
(8) 在通用I/O口方式下，欲从P1口读取引脚电平前应当_____。
    A．先向P1口写0   B．先向P1口写1   C．先使中断标志清零   D．先开中断
(9) 程序状态字寄存器中反映进位（或借位）状态的标志位符号是_____。
    A．CY   B．F0   C．OV   D．AC
(10) 单片机中的程序计数器PC用来_____。
    A．存放指令   B．存放正在执行的指令地址
    C．存放下一条指令地址   D．存放上一条指令地址
(11) 单片机上电复位后，PC的内容和SP的内容为_____。
    A．0000H，00H   B．0000H，07H   C．0003H，07H   D．0800H，08H
(12) 80C51单片机要使用片内存储器，$\overline{EA}$引脚_____。
    A．必须接+5V   B．必须接地   C．必须悬空   D．没有限定
(13) PSW中的RS1和RS0用来_____。
    A．选择工作寄存器组号   B．指示复位
    C．选择定时器   D．选择中断方式
(14) 上电复位后，PSW的初始值为_____。
    A．1   B．07H   C．FFH   D．0
(15) 单片机80C51的XTAL1和XTAL2引脚是_____引脚。
    A．外接定时器   B．外接串行口   C．外接中断   D．外接晶振
(16) 80C51单片机的$V_{SS}(20)$引脚是_____引脚。
    A．主电源+5V   B．接地   C．备用电源   D．访问片外存储器
(17) 80C51单片机的P0～P3端口中具有第二功能的端口是_____。
    A．P0   B．P1   C．P2   D．P3
(18) 80C51单片机的$\overline{EA}$引脚接+5V时，程序计数器PC的有效地址范围在（假设系统没有外接ROM）_____。
    A．1000H～FFFFH B．0000H～FFFFH C．0001H～0FFFH D．0000H～0FFFH
(19) 当程序状态字寄存器PSW中的R0和R1分别为0和1时，系统选用的工作寄存器组为_____。
    A．组0   B．组1   C．组2   D．组3
(20) 80C51单片机的内部RAM中具有位地址的字节地址范围是_____。
    A．0～1FH   B．20H～2FH   C．30H～5FH   D．60H～7FH
(21) 若80C51单片机的机器周期为12μs，则其晶振频率为_____MHz。
    A．1   B．2   C．6   D．12
(22) 80C51单片机内部程序存储器容量为_____。
    A．16KB   B．8KB   C．4KB   D．2KB
(23) 80C51单片机的复位功能引脚是_____。

A. XTAL1 B. XTAL2 C. RST D. ALE

(24) 80C51 内部反映程序运行状态或运算结果特征的寄存器是_____。

A. PC B. PSW C. A D. DPTR

(25) PSW=18H 时，则当前工作寄存器是_____。

A. 第 0 组 B. 第 1 组 C. 第 2 组 D. 第 3 组

2.2 问答思考题

(1) 51 单片机内部结构由哪些基本部件组成？各有什么功能？

(2) 单片机的程序状态字寄存器 PSW 中各位的定义分别是什么？

(3) 51 单片机引脚按功能可分为哪几类？各类中包含的引脚名称是什么？

(4) 51 单片机在没接外部存储器时，ALE 引脚上输出的脉冲频率是多少？

(5) 计算机存储器地址空间有哪几种结构形式？51 单片机属于哪种结构形式？

(6) 如何认识 80C51 存储空间在物理结构上可划分为 4 个空间，而在逻辑上又可划分为 3 个空间？

(7) 80C51 片内低 128B RAM 区按功能可分为哪几个组成部分？各部分的主要特点是什么？

(8) 80C51 片内高 128B RAM 区与低 128B RAM 区相比有何特点？

(9) 80C52 片内高 128B RAM 区与 80C51 片内高 128B RAM 区相比有何特点？

(10) 什么是复位？单片机复位方式有哪几种？复位条件是什么？

(11) 什么是时钟周期和指令周期？当振荡频率为 12MHz 时，一个机器周期为多少微秒？

(12) 简述负边沿 D 触发器的输入端、时钟端和输出端之间的时序关系，解释 D 触发器的导通、隔离、锁存功能的实现原理。

(13) 如何理解单片机 I/O 端口与特殊功能寄存器 P0~P3 的关系？

(14) 如何理解通用 I/O 口的准双向性？怎样确保读引脚所获信息的正确性？

(15) 80C51 中哪个并行 I/O 口存在漏极开路问题？此时没有外接上拉电阻会有何问题？

(16) P0 端口中的地址/数据复用功能是如何实现的？

第3章 单片机的汇编语言与程序设计

内容概述：
本章从51单片机汇编指令的分类和指令功能入手，结合典型实例学习汇编语言程序的分析方法。在此基础上，学习利用Proteus仿真软件进行汇编程序编程、调试和仿真的方法。

教学目标：
- 了解51单片机汇编指令的分类、语法规则、功能及程序用法；
- 达到能编写简单汇编程序，或借助指令手册读懂汇编程序的程度；
- 配合教学实验，掌握Proteus软件绘图、编程和调试方法。

数字计算机能直接识别的是用二进制数0和1编码组成的指令，常称为机器码指令。为了解决机器码指令不便于书写、阅读、记忆和编写等问题，可以采用约定的英文助记符代替机器码进行编程。这种用助记符表示指令的计算机语言称为汇编语言，由汇编语言规则编写的程序称为汇编程序。

由于单片机不能直接执行汇编程序，必须通过汇编系统软件将其"翻译"成机器码，这个翻译过程称为编译过程。汇编语言属于面向机器的低级编程语言，不同计算机的汇编语言是不兼容的。本章介绍的是针对MCS-51单片机的汇编语言。

需要特别指出的是，本书的基本编程语言定位于C51语言，要求能熟练掌握灵活应用，而汇编语言仅要求借助指令手册能读懂汇编程序即可，因此本章的要求不同于以往教材。

3.1 汇编语言概述

3.1.1 汇编语言指令格式

一条汇编语言指令中最多包含4个区段，其一般格式如下：

〔标号：〕　操作码　〔操作数〕　〔；注释〕

上述格式中的六角括号区段是可以根据需要省略的部分（本书约定，今后六角括号内的选项都是可缺省的），因此最简单的汇编指令只有操作码区段。各区段之间要用规定的分隔符分开。

标号区段是当前指令行的符号地址，其值等于当前指令的机器码首字节在ROM中的存放地址，由汇编系统软件在编译时对其赋值。编程时可将标号作为其他指令中转移到本行的地址符号。标号由英文字母开头的1~6个字符组成，不区分大小写，以英文冒号结尾。

操作码区段是指令的操作行为，由操作码助记符表征。51单片机共有42个操作码助记符，各由2~5个英文字符组成，不区分大小写。

操作数区段是指令的操作对象。根据指令的不同功能，操作数可以是3个、2个、1个或无操作数。操作数大于1时，操作数之间要用英文逗号隔开。

注释区段是对指令的解释性说明，用以提高程序的可读性，可以用任何文字描述，以英文分号开始，无须结束符号。

以下举例进行说明：

- `START:MOV A,#12H` ;机器码为 7412H

该条指令的标号为"START"，操作码为"MOV"，操作数为"A,#12H"，注释内容为"机器码为 7412H"。START 对应于机器码"74"在 ROM 中的存放地址。

- `CJNE A,R0,START` ;若 A≠R0 转 START

该条指令的操作码是"CJNE"，操作数为"A,R0,START"，注释内容为"若 A≠R0 转 START"，其中 START 代表指令的转移地址，即要求转移到标号为 START 所在的指令行。本条指令的标号区段缺省，表明该行指令的地址不会作为其他指令的转移地址。

汇编语言中的标识符、十六进制地址和立即数在表达时容易混淆，故作如下规定：

标识符——标号或汇编符号统称为标识符，由英文字母开头的 1~6 个字符组成。例如 EAH，C6A 等；

16 进制地址——若存储单元地址的最高位值>9 时，应加前缀"0"以区别于标识符。例如 0EAH，5AH 等；

立即数——出现在指令中的常数叫做立即数，应加前缀"#"以区别于地址。例如#0EAH，#5AH 等。

3.1.2 描述操作数的简记符号

在单片机指令手册中，每条指令的操作数都以简记符号的形式表示，表 3.1 对这些简记符号及含义进行汇总说明。

表 3.1 用于描述指令操作数的简记符号一览表

1	#data	代表一个 8 位的立即数（常数）
2	#data16	代表一个 16 位的立即数（常数）
3	Rn	代表 R0~R7 中的某个工作寄存器（n=0~7）
4	Ri	代表 R0 或 R1 工作寄存器（i=0 或 1）
5	direct	代表 128B 范围内某个 RAM 的具体地址或 SFR 的名称
6	addr16	代表 64KB(2^{16})范围内某个 RAM 或 ROM 的具体地址
7	addr11	代表 2KB(2^{11})范围内某个 RAM 或 ROM 的具体地址
8	rel	代表-128~+127 字节范围内某个 RAM 或 ROM 地址的偏移量
9	bit	代表 RAM 或 SFR 中某个位单元的具体地址
10	/	代表将随后的位状态取反
11	$	代表当前指令的首地址
12	@	代表以寄存器中的数据作为单元地址

需要注意的是，表 3.1 中各简记符号都有明确的取值范围，不可越限使用。例如，Rn 中的 n 是 0~7，@Ri 中的 i 是 0~1，direct 中的地址是 0~127（SFR 的字节地址虽大于 127 但也属于 direct）。分析汇编程序时，只需将具体指令中的操作数还原成简记符号，然后根据 51 指令手册（详见表 3.2~表 3.5）找到相应指令，查出指令的功能，进而逐步理解整个程序的意图。

举例如下：

① 对于 MOV 20H,#34H 这条具体指令，分析时可以 direct 取代 20H，以#data 取代#34H，便可通过手册中查找 MOV direct,#data 指令原型的功能。

② 对于 MOV @R0,A 这条具体指令，分析时可以 Ri 取代 R0，便可通过手册中查找 MOV @Ri,A 指令原型的功能。

③ 对于 SJMP 30H 这条具体指令，分析时可以 rel 取代 30H，便可通过手册中查找 SJMP rel 指令原型的功能。

3.2 MCS-51 指令系统简介

指令是 CPU 用于指挥功能部件完成某一指定动作的指示和命令。一部 CPU 全部指令的集合称为指令系统。MCS-51 单片机指令系统共有 111 条指令，按照实现的基本功能可划分为 4 大类，即数据传送与交换类、算术运算类、逻辑运算及移位类和控制转移类（也有的教材将分散于上述 4 类之中的位操作类指令汇总作为第五大类指令）。

3.2.1 数据传送与交换类指令

数据传送与交换类指令（Data Transfer Instruction）可实现 RAM、SFR 和 ROM 之间的数据传送或交换。

数据传送类指令的基本通式为：<transfer> <dest>,<src>，它表示将源操作数（src）内容传送给目的操作数（dest），传送后源操作数中的内容不变。通式中的 transfer 具有 3 种具体形式：MOV、MOVX 和 MOVC，其意义稍后介绍。

数据传送与交换类指令共有 31 条，全部指令见表 3.2。

表 3.2 MCS-51 数据传送与交换类指令一览表

类型	助记符格式	执行的操作	指令说明	指令英文意思
片内 RAM 传送	MOV A,Rn	A←Rn	以累加器 A 为目的操作数的传送	Move byte variable
	MOV A,@Ri	A←(Ri)		
	MOV A,#data	A←data		
	MOV A,direct	A←direct		
	MOV Rn,A	Rn←A	以 Rn 为目的操作数的传送	Move byte variable
	MOV Rn,direct	Rn←direct		
	MOV Rn,#data	Rn←data		
	MOV direct,A	direct←A	以 direct 为目的操作数的传送	Move byte variable
	MOV direct,Rn	direct←Rn		
	MOV direct,direct	direct←direct		
	MOV direct,@Ri	direct←(Ri)		
	MOV direct,#data	direct←data		
	MOV @Ri,A	(Ri)←A	以 @Ri 为目的操作数的传送	Move byte variable
	MOV @Ri,direct	(Ri)←direct		
	MOV @Ri,#data	(Ri)←data		
	MOV DPTR,#data16	DPTR←data16	以 DPTR 为目的操作数的传送	Move data pointer
	MOV C,bit	C←bit	位地址传送	Move bit data
	MOV bit,C	bit←C		
片外 RAM 传送	MOVX A,@Ri	A←(Ri)	以累加器 A 为目的操作数的传送	Move external data
	MOVX A,@DPTR	A←(DPTR)		
	MOVX @Ri,A	(Ri)←A	以 @Ri 为目的操作数的传送	
	MOVX @DPTR,A	(DPTR)←A	以 @DPTR 为目的操作数的传送	
ROM 传送	MOVC A,@A+PC	A←(A+PC)	以累加器 A 为目的操作数的传送	Move code byte
	MOVC A,@A+DPTR	A←(A+DPTR)		

续表

类型	助记符格式	执行的操作	指令说明	指令英文意思
数据交换	XCH A,Rn	A⟷Rn	数据相互交换	Exchange Accumulator with byte variable
	XCH A,@Ri	A⟷(Ri)		
	XCH A,direct	A⟷direct		
	XCHD A,@Ri	$A_{0\sim3}$⟷$(Ri)_{0\sim3}$		
	SWAP A	$A_{0\sim3}$⟷$A_{4\sim7}$		Swap nibbles within the Accumulator
堆栈存取	PUSH direct	SP←SP+1 (SP)←direct	堆栈数据传送	Push onto stack
	POP direct	direct←(SP) SP←SP-1		Pop from stack

由表 3.2 可以看出，数据传送与交换类指令共使用 8 种操作码助记符，其中 MOV 用于访问片内 RAM，MOVX 用于访问片外 RAM，MOVC 用于访问程序存储器，XCH 和 XCHD 用于字节交换，SWAP 用于 A 内半字节交换，PUSH 和 POP 用于堆栈操作。

学习传送与交换类指令的关键在于掌握数据传送的目的和源，为此可以参考图 3.1 的快捷记忆法。

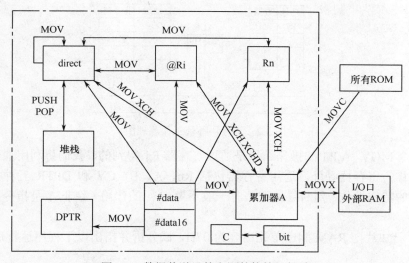

图 3.1　数据传送目的和源的快捷记忆法

图 3.1 的点画线方框表示片内 RAM 范围，单向箭头表示只能从源到目的的方向，双向箭头表示源和目的可以互换位置，箭头线旁边的文字是相应的操作码助记符。图中的基本规律小结如下：

① 立即数和 ROM 地址只能作为源操作数（单向箭头）；
② 内外 ROM 与 A 的数据传送只能用 MOVC 操作码助记符；
③ 片外 RAM 与 A 的数据传送只能用 MOVX 操作码助记符；
④ PUSH 和 POP 只能对 direct 进行操作；
⑤ 位数据传送只能在 C（即 Cy 标志位）与 bit 间进行。

以下通过具体实例说明传送类指令的使用方法。

【实例1】 试分析并指出以下程序段运行后，21H 单元的结果如何？

```
MOV  R1,#35H
MOV  A,R1
MOV  21H,A
```

【解】 分析思路如下：①根据表 3.1 先将上述 3 行指令中的具体操作数还原为操作数简记符；②根据表 3.2 查出相应指令的功能；③推算出各行指令的执行结果。分析过程可用表格形式归纳如下：

源程序	①还原简记符	②指令功能	③推算结果
MOV R1,#35H	MOV Rn,#data	Rn←#data	R1←#35H
MOV A,R1	MOV A,Rn	A←Rn	A←R1=#35H
MOV 21H,A	MOV direct,A	direct←A	21H←A=#35H

答案： 上述程序段执行后，21H 单元的结果为#35H。

这里需要对第二条指令 MOV A,R1（机器码 E9H）给予特别关注。这条指令的工作原理是：根据机器码 E9H 先找到片内 RAM 中 R1 里存放的 35H，然后将 35H 传送给 A（工作原理见图 3.2）。

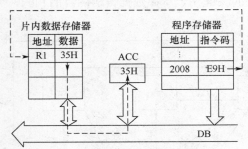

图 3.2 寄存器寻址工作原理图

可见，指令 MOV A,R1 的操作结果是通过寄存器 R1 得到的，我们将利用通用寄存器查找操作数的做法称为寄存器寻址。通用寄存器包括 Rn，A，B，CY 和 DPTR 五种类型，由于 A 在汇编指令中的特殊地位，判断寻址方法时一般不考虑 A 的作用（除非 A 是指令中唯一的操作数）。

【实例2】 已知片内 RAM 44H 单元内容为 07H，试分析并指出以下程序运行后，R1 的结果如何？

```
MOV  R0,#44H
MOV  A,@R0
MOV  R1,A
```

【解】 仿照上例的分析方法可进行如下分析过程：

源程序	①还原简记符	②指令功能	③推算结果
MOV R0,#44H	MOV Rn,#data	Rn←#data	R7←#44H
MOV A,@R0	MOV A,@Ri	A←(Ri)	A←44H=#07H
MOV 21H,A	MOV direct,A	direct←A	21H←A=#07H

答案： 上述程序段执行后，21H 单元的结果为#07H。

这里需要对第二条指令 MOV A,@R0（机器码 E6H）给予特别关注。这条指令的工作原理是：根据机器码 E6H 先找到片内 RAM 中 R0 里存放的内容 44H，然后以 44H 为 RAM 地址将其保存的内容 07H 传送给 A（工作原理见图 3.3）。

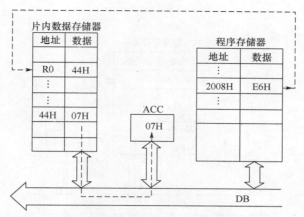

图 3.3 寄存器间接寻址工作原理图

可见,指令 MOV A,@R0 中的 R0 里存放的是操作数的地址,而不是操作数结果。这种利用寄存器作为地址指针间接查找操作数的做法称为寄存器间接寻址,可以进行间接寻址的寄存器称为间址寄存器,R0、R1 和 DPTR 是 51 单片机中仅有的 3 个间址寄存器。利用 R0 和 R1 可寻址 256B 地址空间,DPTR 可寻址 64KB 地址空间。

【实例3】已知 ROM 2040H 内容为 27H,试分析如下程序段并指出其功能。

```
MOV  DPTR,#2010H
MOV  A,#30H
MOVC A,@A+DPTR
MOV  30H,A
```

【解】仿照上例的分析方法可进行如下分析过程:

源程序	①还原简记符	②指令功能	③推算结果
MOV DPTR,#2010H	MOV DPTR,#data16	DPTR←#data16	DPTR←#2010H
MOV A,#30H	MOV A,#data	A←#data	A←#30H
MOVC A,@A+DPTR	MOVC A,@A+DPTR	A←(A+DPTR)	A←(2040H)=27H
MOV 30H,A	MOV direct,A	direct←A	30H←A=27H

答案:上述程序段的功能是,将 ROM 2040H 单元的内容送到片内 RAM 30H 单元中。

若事先将某些结果数据依次存放在 ROM 的某个连续单元(数据块)中,将数据块首地址送入 DPTR,待查序号(0~255)送入 A,则利用该程序段可实现数据查表功能。这里需要对第三条指令 MOVC A,@A+DPTR(机器码 93H)给予特别关注。这条指令的工作原理为:根据机器码 93H 先找出 A 中存放的内容 30H,再找出 DPTR 中存放的内容 2010H,然后以这两项内容之和 2040H 为 ROM 地址,将其存放的内容 27H 交给 A(工作原理见图 3.4)。

可见,MOVC A,@A+DPTR 指令也具有寄存器间接寻址的意味,但该操作数的地址却是利用 A 与 DPTR 两个寄存器内容之和间接取得的,可实现 A←(A+DPTR)的功能。利用两个寄存器内容之和进行间接查找操作数的做法称为变址寻址,其中 A 为变址寄存器,DPTR 为基址寄存器。除 DPTR 外,PC 也可作为基址寄存器,相应指令为 MOVC A,@A+PC,可实现 A←(A+PC)的功能。

3.2.2 算术运算类指令

算术运算类指令(Arithmetic Operations Instruction)共有 24 条,可实现加、减、乘、除 4 种基本运算功能。

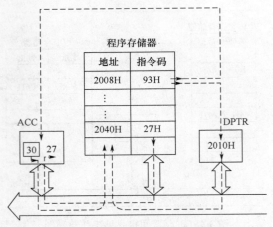

图 3.4 变址寻址工作原理图

特点：算术运算指令一般对程序状态字寄存器 PSW 中的 CY、AC、OV 和 P 四个标志位有影响，所有指令见表 3.3。

表 3.3 MCS-51 算术运算类指令一览表

类型	助记符格式	执行的操作	指令说明	指令英文意思
加法	ADD A,Rn	A←A+Rn	不带进位加法指令	Add
	ADD A,@Ri	A←A+(Ri)		
	ADD A,#data	A←A+data		
	ADD A,direct	A←A+direct		
	ADDC A,Rn	A←A+Rn+CY	带进位加法指令	Add with carry
	ADDC A,@Ri	A←A+(Ri)+CY		
	ADDC A,#data	A←A+data+CY		
	ADDC A,direct	A←A+direct+CY		
减法	SUBB A,Rn	A←A-Rn-CY	带借位减法指令	Subtract with borrow
	SUBB A,@Ri	A←A-(Ri)-CY		
	SUBB A,#data	A←A-data-CY		
	SUBB A,direct	A←A-direct-CY		
加1	INC A	A←A+1	加1指令	Increment
	INC Rn	Rn←Rn+1		
	INC @Ri	(Ri)←(Ri)+1		
	INC DPTR	DPTR←DPTR+1		
	INC direct	direct←direct+1		
减1	DEC A	A←A-1	减1指令	Decrement
	DEC Rn	Rn←Rn-1		
	DEC @Ri	(Ri)←(Ri)-1		
	DEC direct	direct←direct-1		
乘法	MUL AB	BA←A×B 高位存B，低位存A	乘法指令	Multiply
除法	DIV AB	A←A/B(商)，B←余数	除法指令	Divide
调整	DA A	若 AC=1 或 $A_{3\sim0}>9$，则 A←(A)+06H；若 CY=1 或 $A_{7\sim4}>9$，则 A←(A)+60H	十进制加法调整指令	Decimal-adjust Accumulator for Addition

由表 3.3 可以看出，算术运算指令共使用 8 种操作码助记符，其中 ADD 和 ADDC 用于加法运算，SUBB 用于减法运算，MUL 和 DIV 用于乘法和除法运算，INC 和 DEC 用增 1 和减 1，DA 用于十进制数加法调整。算术运算类指令快捷记忆法如图 3.5 所示。

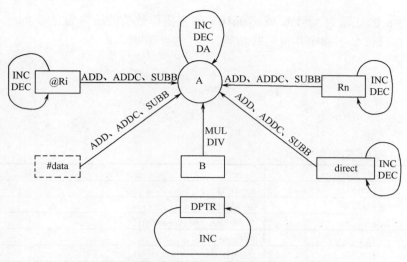

图 3.5　算术运算指令快捷记忆法

图 3.5 中的 7 个节点表示算术运算指令共涉及 7 类操作数，即@Ri、A、Rn、#data、B、direct 和 DPTR。图中单向箭头表示只能从源到目的方向，弧线箭头表示源和目的相同（唯一操作数），箭头线旁边的文字是相应的操作码。可以看出，除 INC 和 DEC 操作码外，算术运算都要以 A 为目标操作数，即 A 必须参与运算并存放运算结果。

【实例4】试解读如下程序并说明其实现的主要功能。

```
MOV  A,#34H
ADD  A,#0E7H
MOV  40H,A
MOV  A,#12H
ADDC A,#0FH
MOV  41H,A
```

【解】利用上节的指令分析方法，可将分析过程简化如下：

源程序	推算结果
MOV A,#34H	A←#34H
ADD A,#0E7H	A←#34H+#0E7H　A=#1BH, CY=1
MOV 40H,A	40H←A=#1BH
MOV A,#12H	A←#12H
ADDC A,#0FH	A←#12H+#0FH+CY　A=#22H, C=0
MOV 41H,A	41H←A=#22H

答案：上述程序段的功能是，实现两个 16 位数（1234H 与 0FE7H）的加法运算，并将结果 221BH 存入片内 RAM 40H～41H 单元。其做法是先对低 8 位相加，结果存入 40H 单元；再对高 8 位带进位相加，结果存入 41H 单元。

这里需要对第一条指令 MOV A,#34H（机器码 7434H）给予特别关注。这条指令的工作过程为：根据机器码 7434H 将指令中包含的立即数 34H 送到累加器 A 中（工作原理如图 3.6 所示）。

可见，这类指令的操作数就存在于指令自身之中，

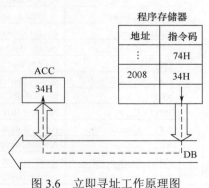

图 3.6　立即寻址工作原理图

这种以指令中存在的立即数（#data 或#data16）作为操作数的做法称为立即寻址。

【实例 5】 试解读如下程序并说明其功能。

```
MOV  A,#17H
MOV  B,#68H
MUL  AB
MOV  30H,A
MOV  31H,B
```

【解】 分析过程如下：

源程序	推算结果
MOV A,#17H	A←#17H
MOV B,#68H	B←#68H
MUL AB	A×B→BA B=#9, A=#58H
MOV 30H,A	30H←A=#58H
MOV 31H,B	31H←B=#9

答案：上述指令段的功能是，实现两个 8 位数（17H 与 68H）的乘法运算，并将乘积 958H 的高 8 位和低 8 位分别存入片内 RAM 31H 和 30H 单元。

3.2.3 逻辑运算及移位类指令

逻辑运算及移位类指令（Logical Operations Instruction）共有 34 条，可以实现二进制数的与、或、异或、求反、置 1、清零、移位等逻辑操作。

特点：逻辑运算指令中不以累加器 A 为目标寄存器的指令均不影响 PSW 中任何标志位，带进位的移位指令影响 CY 位，所有指令见表 3.4。

表 3.4 MCS-51 逻辑运算及移位类指令一览表

类型	助记符格式	执行的操作	指令说明	指令英文意思
与	ANL A,Rn	A←A∧Rn	字节逻辑与指令，通常用于将一字节中的指定位清零，其他位不变	Logical-AND for byte variables
	ANL A,@Ri	A←A∧(Ri)		
	ANL A,#data	A←A∧data		
	ANL A,direct	A←A∧direct		
	ANL direct, A	direct←direct∧A		
	ANL direct, #data	direct←direct∧data		
	ANL C,bit	C←C∧bit	位逻辑与指令	Logical-AND for bit variables
	ANL C,/bit	C←C∧/bit		
或	ORL A,Rn	A←A∨Rn	字节逻辑或指令，通常用于使一字节中的指定位置 1 而其余位不变	Logical-OR for byte variables
	ORL A,@Ri	A←A∨(Ri)		
	ORL A,#data	A←A∨data		
	ORL A,direct	A←A∨direct		
	ORL direct, A	direct←direct∨A		
	ORL direct,#data	direct←direct∨data		
	ORL C,bit	C←C∨bit	位逻辑或指令	Logical-OR for bit variables
	ORL C,/bit	C←C∨/bit		
异或	XRL A,Rn	A←A⊕Rn	逻辑异或指令，通常用于使一字节中的指定位不变而其余位取反	Logical-XOR for byte variables
	XRL A,@Ri	A←A⊕(Ri)		
	XRL A,#data	A←A⊕data		
	XRL A,direct	A←A⊕direct		
	XRL direct, A	direct←direct⊕A		
	XRL direct, #data	direct←direct⊕data		

续表

类型	助记符格式	执行的操作	指令说明	指令英文意思
求反	CPL A	A←/A	累加器取反指令	Complement Acc
	CPL C	C←/C	位取反指令	Complement bit
	CPL bit	bit←/bit		
置位	SETB C	C←1	位置 1 指令	Set bit
	SETB bit	bit←1		
清零	CLR A	A←0	累加器清零指令	Clear Acc
	CLR C	C←0	位清零指令	Clear bit
	CLR bit	bit←0		
循环移位	RL A	A 左移一位	循环左移指令	Rotate Acc left
	RLC A	A 带进位左移一位	带进位循环左移指令	Rotate Acc left through carry
	RR A	A 右移一位	循环右移指令	Rotate Acc right
	RRC A	A 带进位右移一位	带进位循环右移指令	Rotate Acc right through carry

由表 3.4 可以看出，逻辑运算与移位类指令共使用 10 种操作码助记符，其中 ANL、ORL 和 XRL 分别用于逻辑与、逻辑或和逻辑异或运算，CPL 用于求反运算，SETB 和 CLR 用于置位和清零运算，RL、RLC、RR 和 RRC 用于循环移位。逻辑运算指令快捷记忆法如图 3.7（a）所示。

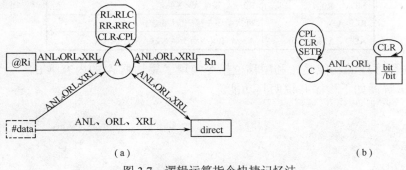

图 3.7 逻辑运算指令快捷记忆法

由图 3.5（a）可知，逻辑运算指令共涉及 5 种操作数，分别是@Ri，A，Rn，#data，direct。除 direct 与#data 的逻辑关系外，其余逻辑运算都与 A 有关，且几乎都以 A 为目的操作数。由图 3.7（b）可知，位运算都以 C 为目的操作数。

【实例 6】试解读如下程序并说明其功能

```
ANL  A,#0FH
ANL  P1,#0F0H
ORL  P1,A
```

【解】分析过程如下：

源程序	推算结果
ANL A,#0FH	A←A∧00001111B A=#0000xxxxB
ANL P1,#0F0H	P1←P1∧11110000B P1=#XXXX0000B
ORL P1,A	P1←P1∨A P1=#XXXXxxxxB

答案：上述程序段的功能是，把累加器 A 的低 4 位送入 P1 口的低 4 位，而 P1 口的高 4 位保持不变，即实现了 A 和 P1 的数据组合。

【实例7】试解读如下程序并说明其功能。

```
RL   A
MOV  R0,A
RL   A
ADD  A,R0
```

【解】循环移位指令的4种移位关系如图3.8所示。

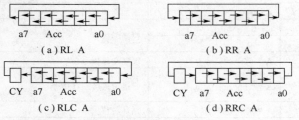

图3.8 循环移位指令示意图

可见，循环移位指令可以实现A单独或带C的闭环移位功能。本例中用到的RL A指令是不带C的循环左移，程序段分析过程如下：

源程序	推算结果
RL A	循环左移一位(相当于A×2)
MOV R0,A	R0←A(保存A×2的值)
RL A	再次循环左移一位(相当于A×4)
ADD A,R0	A←A+R0(相当于A×2+A×4)=A×6

答案：上述程序段的功能是，利用移位指令实现了累加器A的内容乘6。

【实例8】试解读如下程序并说明其功能。

```
MOV  A,40H
CPL  A
INC  A
MOV  40H,A
```

【解】分析过程如下：

源程序	推算结果
MOV A,40H	A←40H
CPL A	A←/A
INC A	A←A+1
MOV 40H,A	40H←A

答案：上述指令段的功能是，对片内RAM 40H单元中的内容取反加1（求补运算），结果仍送回40H单元。

这里需要对第四条指令 MOV 40H,A（机器码F540H）给予特别关注。这条指令的工作过程为：根据机器码F540H将A中存放的内容1BH存放到RAM的40H单元(工作原理如图3.9所示)。

可见，MOV 40H,A指令的操作数地址就存在于指令自身中，这种以指令中存在的片内RAM地址（direct）作为操作数地址的做法称为直接寻址。这里的direct既可以是片内RAM的低128字节地址，也可以是除A、B、C、DPTR外的其他SFR名称或SFR的字节地址。例如，指令MOV P0,A与指令MOV 80H,A的机器码完全相同（P0的字节地址为80H），都属于直接寻址。

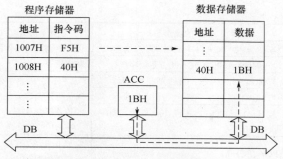

图 3.9 直接寻址工作原理图

3.2.4 控制转移类指令

控制转移（Control Flow Instruction）类指令的主要功能是通过改变程序计数器 PC 的内容，进而实现程序转移功能。该类指令共有 22 条，所有指令见表 3.5。

表 3.5 MCS-51 控制转移类指令一览表

类型	助记符格式	执行的操作	指令说明	指令英文意思
无条件转移	AJMP addr11	$PC_{10\sim 0} \leftarrow addr11$	绝对转移指令，2KB 内绝对寻址	Absolute jump
	SJMP rel	$PC \leftarrow PC+rel$	相对转移指令，$-80H\sim 7FH$ 短转移	Short jump
	LJMP addr16	$PC \leftarrow addr16$	长转移指令，64KB 内绝对寻址	Long jump
	JMP @A+DPTR	$PC \leftarrow A+DPTR$	间接寻址转移，64KB 内相对寻址	Jump indirect
子程序调用及返回	ACALL addr11	$PC\leftarrow PC+2, SP\leftarrow SP+1, SP\leftarrow PC_{0\sim 7}$ $SP\leftarrow SP+1, SP\leftarrow PC_{8\sim 15}, PC\leftarrow addr11$	绝对调用指令，调用范围同 AJMP	Absolute call
	LCALL addr16	$PC\leftarrow PC+3, SP\leftarrow SP+1, SP\leftarrow PC_{0\sim 7}$ $SP\leftarrow SP+1, SP\leftarrow PC_{8\sim 15}, PC\leftarrow addr16$	长调用指令，调用范围同 LJMP	Long call
	RET	$PC_{8\sim 15}\leftarrow (SP), SP\leftarrow SP-1$ $PC_{0\sim 7}\leftarrow (SP), SP\leftarrow SP-1$	子程序返回指令	Return from subroutine
	RETI	$PC_{8\sim 15}\leftarrow (SP), SP\leftarrow SP-1$ $PC_{0\sim 7}\leftarrow (SP), SP\leftarrow SP-1$	中断返回指令	Return from interrupt
条件转移	JZ rel	若 A=0，则 $PC\leftarrow PC+rel$，否则顺序进行	累加器 A 判零转移指令	Jump if Acc Zero
	JNZ rel	若 A≠0，则 $PC\leftarrow PC+rel$，否则顺序进行		Jump if Acc not Zero
	CJNE A,#data,rel	若 A≠data，则 $PC\leftarrow PC+rel$，否则顺序进行；若 A<data，则 CY=1，否则 CY=0	比较条件转移指令	Compare and jump if not equal
	CJNE A,direct,rel	若 A≠(direct)，则 $PC\leftarrow PC+rel$，否则顺序进行；若 A<(direct)，则 CY=1，否则 CY=0		
	CJNE Rn,#data,rel	若 Rn≠data，则 $PC\leftarrow PC+rel$，否则顺序进行；若 Rn<data，则 CY=1，否则 CY=0		
	CJNE @Ri,#data,rel	若@Ri≠data，则 $PC\leftarrow PC+rel$，否则顺序进行；若@Ri<data，则 CY=1，否则 CY=0		
	DJNZ Rn,rel	$Rn\leftarrow Rn-1$，若 Rn≠0，则 $PC\leftarrow PC+rel$，否则顺序进行	减 1 非零转移指令	Decrement and jump if not zero
	DJNZ direct,rel	$(direct)\leftarrow (direct)-1$，若(direct)≠0，则 $PC\leftarrow PC+rel$，否则顺序进行		

续表

类型	助记符格式	执行的操作	指令说明	指令英文意思
条件转移	JC rel	若CY=1,则PC←PC+rel,否则顺序执行	以CY内容为条件的转移指令	Jump if carry is set
	JNC rel	若CY≠1,则PC←PC+rel,否则顺序执行		Jump if carry is NOT set
	JB bit,rel	若bit=1,则PC←PC+rel,否则顺序执行	以位地址内容为条件的转移指令	Jump if bit set
	JNB bit,rel	若bit≠1,则PC←PC+rel,否则顺序执行		Jump if bit Not set
	JBC bit,rel	若bit=1,则PC←PC+rel, bit←0,否则顺序执行		Jump if bit is set and clear bit
空操作	NOP	PC←(PC)+1	空操作指令,消耗一个机器周期	No operation

由表 3.5 可以看出,控制转移类指令共有 22 条 4 小类指令,涉及 18 种操作码助记符,其中 LJMP、AJMP、SJMP、JMP 是无条件转移指令,JZ、JNZ、JC、JNC、JB、JNB、JBC、CJNE、DJNZ 是条件转移指令,LCALL、ACALL、RET、RETI 是子程序调用及返回指令,NOP 是空操作指令。条件转移指令快捷记忆法如图 3.10 所示。

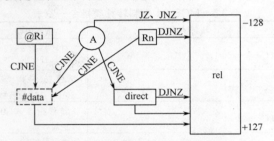

图 3.10 条件转移类指令快捷记忆法

其中,direct 和 Rn 都可实现"减一非零转移";@Ri、A、Rn 分别与#data,A 与 direct 都可实现"比较不等转移";A 可实现为零或非零转移。注意,所有条件转移都只能是在 rel 的范围内进行,即-128~+127。

无条件转移范围可用图 3.11 表示。

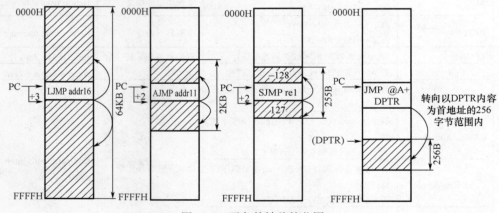

图 3.11 无条件转移的范围

可见,无条件转移指令中 LJMP、SJMP、AJMP 和 JMP 的最大转移范围分别是 65535,-128~127、2047 和 65535。

【实例9】编程实现如下功能:比较片内 RAM 的 30H 和 40H 单元中两个无符号数的大小,并将大数存入 50H,小数存入 51H,若两数相等,则使位单元 7FH 置 1。

【解】指令 CJNE 具有根据比较双方的关系进行跳转的功能,同时它还影响 C 标志位。本例正是利用了这一功能，先判断比较双方是否相等，随后再利用 C 判断不相等时的关系。参考程序及编译结果如下表所示：

ROM 地址	机器码			汇编源程序			
0000	E5	30			MOV	A,30H	
0002	B5	40	04		CJNE	A,40H,NOEQU	;若(30H)≠(40H)转 NOEQU
0005	D2	7F			SETB	7FH	;相等则使 7F 位置 1
0007	80	0E			SJMP	FINISH	
0009	40	07		NOEQU:	JC	SMALL	;若(30H)<(40H)转 SMALL
000B	F5	50			MOV	50H,A	;按(30H)>(40H)存数
000D	85	40	51		MOV	51H,40H	
0010	80	05			SJMP	FINISH	
0012	85	40	50	SMALL:	MOV	50H,40H	;按(30H)<(40H)存数
0015	F5	51			MOV	51H,A	
0017	80	FE		FINISH:	SJMP	FINISH	

由此可以看出汇编指令、ROM 地址和机器码的对应关系。这里需要对第四条指令 SJMP FINISH（机器码 800EH）给予特别关注。这条指令的工作原理为：根据机器码 800EH，由 PC 当前值 0009H 和指令中含有的偏移量 0EH（由汇编系统根据行号 FINISH 算出的 rel 值）得到 PC 修正后的目标地址 0017H（=0009H+0EH），从而引导程序转向 FINISH 语句行（工作原理如图 3.12 所示）。这种利用偏移量 rel 修正转移目标地址的做法称为相对寻址。

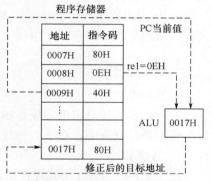

图 3.12　相对寻址工作原理图

【实例 10】编程实现如下功能：将存放在片内 RAM 20H 单元开始的 10 个数连续传送到片外 RAM 50H 单元开始的地址处。

【解】可以采用 DPTR 和 Ri 两种指针指向外部 RAM 的目标单元。但由于 Ri 是 8 位字长，因此需要借助 P2 作为高地址寄存器。具体编程思路可参考如下程序的注释部分。

```
        MOV   R0,#20H      ;数据块首地址指针 R0 赋值
        MOV   R1,#50H      ;数据块末地址指针 R1 赋值
        MOV   R3,#0AH      ;计数器初值
        MOV   P2,#0        ;高 8 位地址由 P2 提供
LAB:    MOV   A,@R0        ;利用 A 做中间交换单元
        MOVX  @R1,A        ;
        INC   R0           ;数据块首地址指针 R0 加 1 刷新
        INC   R1           ;数据块末地址指针 R1 加 1 刷新
        DJNZ  R3,LAB       ;R3 减 1，判断循环是否结束
```

【实例 11】试分析如下延时子程序可实现的延时量（设系统采用 12MHz 晶振）。

```
DEL50: MOV   R7,#200
DEL1:  MOV   R6,#125
DEL2:  DJNZ  R6,DEL2       ;循环 125 次
       DJNZ  R7,DEL1       ;循环 200 次
       RET
```

【解】对于 MCS-51 单片机，采用 12MHz 晶振时对应的机器周期为 1μs。查产品手册可知，指令 DJNZ 需要占用机时为 2μs，MOV 为 1μs，则改子程序的总延时量应为：

$$(2\times125+1+2)\times200+1=50.601\text{ms}$$

该子程序的软件延时量约为 50ms。

【实例 12】 编程将 A 中的并行数据转换为串行数据,并通过 P1.0 口输出,要求数据输出时高位在先。

【解】 利用带进位循环和循环控制指令可实现并/传转换,编程如下:

```
        MOV  R2,#8      ;计数器初值
        CLR  C          ;CY 清零
NEXT:   RLC  A          ;数据移位至 CY 中
        MOV  P1.0,C     ;从 P1.0 输出串行数据
        DJNZ R2,NEXT    ;若转换未完,继续
```

这里需要对第二条指令 CLR C(机器码 C3H)给予特别关注。这条指令的工作过程为:根据机器码 C3H,将进位标志 CY 的值清零。由于 CY 具有 0D7H 位地址,因而 CLR C 与 CLR 0D7H 具有同等功能。这种利用位地址 bit 作为指令操作数的做法称为位寻址。

bit 形式的位地址可以是片内 RAM 可位寻址区内的位地址,也可以是 SFR 中的位地址或位名称。该程序的第四条指令也属于位寻址方法。

3.2.5 寻址方法

汇编指令在执行期间需要用到操作数,CPU 取得操作数的方法称为寻址方法。一般来说,寻址方式越多,计算机的功能就越强。MCS-51 单片机共有 7 种寻址方法,它们已在前文结合指令分析进行过介绍,以下对寻址方法进行汇总。

1. 直接寻址

指令中包含 direct 形式操作数的寻址方式称为直接寻址,其中 direct 既可以是片内 RAM 的低 128 字节地址,也可以是除 A、B、C、DPTR 外的其他特殊功能寄存器名。

2. 寄存器寻址

指令中包含通用寄存器形式操作数的寻址方式称为寄存器寻址,其中通用寄存器只能是 Rn、A、B、CY 和 DPTR 五种类型。

注意:B 寄存器仅在乘法和除法指令中属于寄存器寻址,在其他指令中则属于直接寻址。

3. 寄存器间接寻址

指令中包含"@间址寄存器"形式操作数的寻址方式称为寄存器间接寻址,其中间址寄存器只能由 R0、R1 或 DPT 三个寄存器兼任。

注意:由于 52 系列单片机具有两个片内高 128 字节空间,一个属于片内 RAM,另一个属于特殊功能寄存器,为此必须采用不同寻址指令进行区别。其中片内 RAM 只能采用寄存器间接寻址方法访问,而特殊功能寄存器只能采用直接寻址方法访问。例如,若 R0=83H,则指令 MOV A,@R0 是将 RAM 83H 单元内容送累加器 A,而指令 MOV A,83H 则是将特殊功能寄存器 DPH(地址亦为 83H)内容送累加器 A,两者显然是不同的。

4. 立即寻址

指令中包含#data 或#data16 形式操作数的寻址方式称为立即寻址。

5. 变址寻址

指令中包含"@A+基址寄存器"形式操作数的寻址方式称为变址寻址方式,其中基址寄存器只能由 DPTR 或 PC 兼任。

6. 位寻址

指令中包含 bit 形式操作数的寻址方式称为位寻址方式,其中 bit 形式的位地址可以是片内 RAM 中的位地址,也可以是 SFR 中的位地址或位名称。

7. 相对寻址

指令中包含 rel 形式操作数的寻址方式称为相对寻址方式,其中 rel 可以是片内 RAM 或 ROM 地址偏移量的形式,也可以是标号的形式。

了解寻址方法的意义在于更好地理解汇编指令中操作数的存在规律,一条指令究竟属于哪种寻址方式往往并不十分重要,也不会影响指令的功能,因而不必过于追究。

3.2.6 伪指令

伪指令又称汇编系统控制译码指令或指示性指令,仅仅用于指示汇编系统软件要完成的操作,故一般不产生机器代码(定义字节或字的伪指令除外)。例如为机器代码指定存储区、指示程序开始和结束、定义数据存储单元等。表 3.6 为 MCS-51 单片机常用的几种伪指令。

表 3.6 MCS-51 常用伪指令

伪指令名称	格式	功能描述
ORG(Oringin) 程序起始地址	ORG　16 位地址	用于定义汇编程序或查表数据在 ROM 中存放的起始地址
EQU(Equate) 等值指令	标识符　EQU　数或汇编符号	用于将一个数值或汇编符号赋给该标示符
DATA(Data) 数据地址赋值	标识符　DATA　内存字节地址	用于将一个片内 RAM 的地址赋给该标示符
BIT(Bit) 位地址赋值	标识符　DATA　位地址或位名称	用于将一个位地址或位名称赋给该标示符
DB(Define Byte) 定义字节	[标号:] DB　<项或项表>	用于把项或项表中的字节(8 位)数值依次存入标号开始的存储单元中
END(End) 结束汇编	END	用于指示汇编源程序段结束

上述伪指令的具体应用将结合本章实例 13 进行介绍。

3.3 汇编语言的编程方法

3.3.1 汇编语言程序设计步骤

用汇编语言进行程序设计的过程和用高级语言进行程序设计的过程类似,一般都需要经过以下几个步骤。

1. 分析问题,确定算法或解题思路

实际问题是多种多样的,不可能有统一的模式,必须具体问题具体分析。对于同一个问题,也存在多种不同的解决方案,应通过认真比较从中挑选最佳方案。

2. 画流程图

流程图又称程序框图,可以直观地表示出程序的执行过程或解题步骤和方法。同时,它给出程序的结构,体现整体与部分之间的关系,将复杂的程序分成若干简单的部分,给编程工作带来方便。流程图还充分地表达了程序的设计思路,将问题与程序联系起来,便于我们阅读、理解程序,查找错误。画流程图是程序设计的一种简单、易行、有效的方法。

常用的流程图图形见表 3.7。

表 3.7 常用的流程图图形符号

图形符号	名 称	说 明
 ▭	过程框	表示这段程序要做的事
 ◇	判断框	表示条件判断
 ⬭	始、终框	表示流程的起始或终止
 ○	连接框	表示程序连接
 ⌂	页连接框	表示程序换页连接
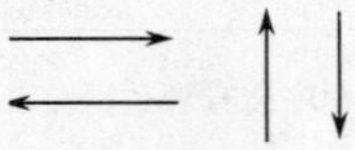 →← ↑↓	程序流向	表示程序流向

3. 编写程序

根据流程图完成源程序的编写，即用汇编指令对流程图中的各部分加以具体实现。如果流程复杂，可以采取分别编写各个模块程序，然后汇总成完整程序的做法。

4. 调试与修改

最初完成的程序通常都会存在许多语法错误和逻辑错误，必须进行反复调试和修改，直至问题完全排除。如前所述，Proteus 仿真软件具有 51 单片机从概念到产品的全套开发功能，也是汇编程序设计的重要软件工具，应当熟练掌握，灵活应用。

3.3.2 汇编程序应用举例

【实例 13】在单片机 P2 口外接 8 个发光二极管（低电平驱动）。试编写一个汇编程序，实现 LED 循环点亮功能：P2.0→P2.1→P2.2→P2.3→…→P2.7→P2.6→P2.5→…→P2.0 的顺序，无限循环。要求采用软件延时方式控制闪烁时间间隔（约 50ms）。

【解】仿真开发过程如下：

（1）电路原理图设计

利用 Proteus 软件的 ISIS 模块绘制原理图。考虑到 LED 低电平驱动要求，硬件电路设计时需使 LED 的阴极应接 P2 口，阳极通过限流电阻与+5V 电源相接。电路原理图如图 3.13 所示。

（2）汇编程序设计

编程思路：P2 口的亮灯编码初值应能保证 P2.0 位输出低电平，其余位均为高电平。根据电路要求，这一编码初值应为 0FEH，即 D1 为亮 D2～D8 皆为暗。此后，不断将亮灯编码值进行循环左移输出，亮灯位将随之由上向下变化；循环左移 7 次后改为循环右移，则亮灯位将随之由下向上变化。如此反复进行便可实现题意要求的流水灯功能。图 3.14 所示为编程思路的程序流程图。

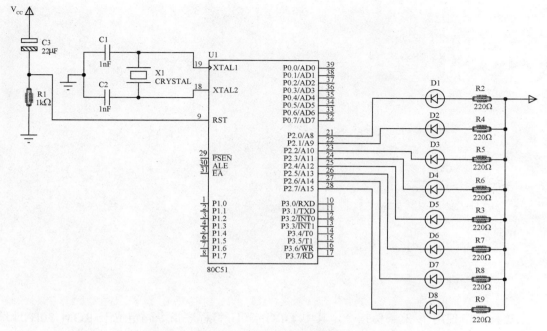

图 3.13 实例 13 电路原理图

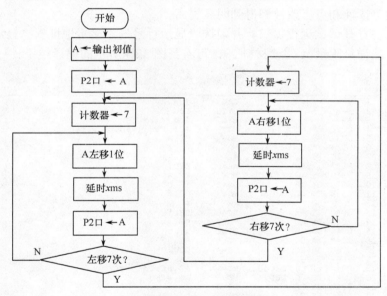

图 3.14 实例 13 程序流程图

根据以上流程图，依次写出相应的汇编指令，并在适当指令行处设置符号地址（标号），在条件转移指令中加入相应标号，便可完成汇编程序编写。本题参考程序如下：

```
        ORG  30H
        CYC1 EQU  200
        CYC2 EQU  125
        MOV  A,#0FEH        ;LED 亮灯编码初值
        MOV  P2,A
        MOV  R2,#7
DOWN:   RL   A              ;下行方向
```

```
            ACALL  DEL50
            MOV    P2,A
            DJNZ   R2,DOWN
            MOV    R2,#7
    UP:     RR     A              ;上行方向
            ACALL  DEL50
            MOV    P2,A
            DJNZ   R2,UP
            MOV    R2,#7
            SJMP   DOWN
    DEL50:  MOV    R7,#CYC1       ;延时50ms
    DEL1:   MOV    R6,#CYC2
            DJNZ   R6,$
            DJNZ   R7,DEL1
            RET
            END
```

上述程序中使用了 3 条伪指令,其中 ORG 30H 将程序指令码定位于 ROM 30H 地址；CYC1 EQU 200 和 CYC2 EQU 125 定义了两个用于延时子程序的计数值。采用伪指令后,上述汇编程序的可读性和可修改性都得到明显提高。

程序编译后,打开调试运行窗口,并勾选"显示行号"、"显示地址"、"显示操作码" 3 个选项后(操作方法详见附录 A 阅读材料 2),可看到图 3.15 所示的编译结果。

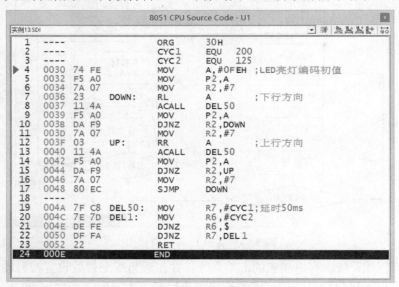

图 3.15 实例 13 程序编译结果

由图 3.15 可见,伪指令的作用已得到体现,程序机器码被安排在 ROM 30H 处开始,CYC1 和 CYC2 的定义值 C8H 和 7DH 被编译到第 19~20 行的代码中,伪指令确无相应机器码。

实例 13 的仿真运行情况如图 3.16 所示,实现了 LED 循环点亮的功能。

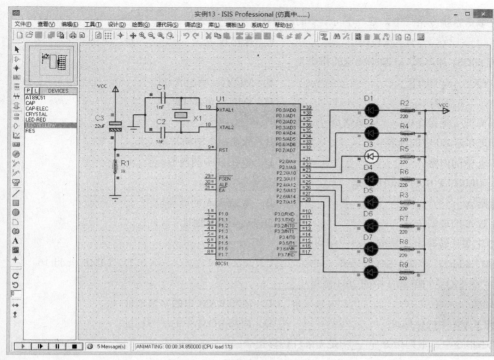

实例13仿真视频

图 3.16　实例 13 程序运行效果

本 章 小 结

汇编指令是面向机器的指令，汇编程序设计是单片机应用系统设计的基础，对于理解单片机原理，掌握单片机应用技能具有重要意义。

51 单片机指令系统包括 111 条指令，分为数据传送类、算术运算类、逻辑运算和循环移位类以及控制转移类 4 大类型，应正确掌握指令的一般功能，操作码和操作数的对应关系。伪指令是非执行指令，用于汇编系统控制编译过程，应能正确理解，灵活应用。上述内容对于读懂汇编源程序或编写简单汇编程序至关重要。

思考与练习题 3

3.1　单项选择题

（1）指令中包含 "@Ri" 或 "@DPTR" 形式操作数的寻址方式称为_____寄存器。

　　A．变址寻址　　　　B．间接寻址　　　　C．直接寻址　　　　D．立即寻址

（2）能实现 "先将操作数减 1，若结果仍不为零则转移到目标地址" 功能的汇编操作码是_____。

　　A．DJNZ　　　　　B．CJNE　　　　　　C．LJMP　　　　　　D．MOVX

（3）已知 P0=#23H，执行下列第_____项指令后可使其第 3 位置 1。

　　A．ADD　P0,#34H　B．ANL　P0,#3BH　C．ORL　P0,#3BH　D．MOV　P0,#34H

（4）下列指令中，能访问外部数据存储器的正确指令为_____。

　　A．MOV　A,@DPTR　　　　　　　　　B．MOVX　A,Ri

　　C．MOVC　A,@A+DPTR　　　　　　　D．MOVX　A,@Ri

(5) 80C51 汇编语言指令格式中，唯一不可缺少的部分是_____。
    A. 标号   B. 操作码   C. 操作数   D. 注释
(6) 下列完成 80C51 片内 RAM 数据传送的指令是_____。
    A. MOVX A,@DPTR   B. MOVC A,@A+PC
    C. MOV   A,@Ri   D. JMP   @A+DPTR
(7) 80C51 的立即寻址指令中，立即数就是_____。
    A. 放在寄存器 R0 中的内容   B. 放在指令中的常数
    C. 放在 A 中的内容   D. 放在 B 中的内容
(8) 指令 JB 0E0H,LP 中的 0E0H 是指_____。
    A. 累加器 A   B. 累加器 A 的最高位
    C. 累加器 A 的最低位   D. 一个字节地址
(9) 下列指令中条件转移指令是指_____。
    A. AJMP addr11   B. SJMP rel   C. JNZ rel   D. LJMP addr16
(10) 80C51 指令 MOV R0,20H 中的 20H 是指_____。
    A. 立即数   B. 内部 RAM 中的字节地址
    C. 内部 RAM 中的位地址   D. 内部 ROM 中的字节地址
(11) 在 80C51 指令中，下列指令_____是无条件转移指令。
    A. LCALL addr16   B. DJNZ direct,rel
    C. SJMP rel   D. ACALL addr11
(12) 设 A=0AFH,(20H)=81H,指令 ADDC A,20H 执行后的结果是_____。
    A. A=81H   B. A=30H   C. A=0AFH   D. A=20H
(13) 已知 A=0DBH, R4=73H, CY=1,指令 SUBB A,R4 执行后的结果是_____。
    A. A=73H   B. A=0DBH   C. A=67H   D. A=68H
(14) 下列指令判断若累加器 A 的内容不为 0 就转 LP 的是_____。
    A. JB A,LP   B. JNZ A,LP   C. JZ LP   D. DJNZ A,#0,LP
(15) 设累加器 A 中为小于等于 7FH 的无符号数，B 中数为 2,下列指令中____的作用与其他几条不同。
    A. ADD A,0E0H   B. MUL AB   C. RL A   D. RLC A
(16) 能将 A 的内容向左循环一位，第 7 位进第 0 位的指令是_____。
    A. RLC A   B. RRC A   C. RL A   D. RR A
(17) 将内部数据存储器 53H 单元的内容传送到累加器 A,其指令是_____。
    A. MOV A,53H   B. MOV A,#53H   C. MOVC A,53H   D. MOVX A,#53H
(18) LJMP 跳转空间最大可达_____。
    A. 2KB   B. 256B   C. 128B   D. 64KB
(19) 在编程中适当采用伪指令的目的是指示和引导_____。
    A. 如何进行手工汇编   B. 编译程序如何汇编
    C. 源程序如何进行编辑   D. 程序员如何进行编程
(20) 欲将 P1 口的高 4 位保留不变，低 4 位取反，可用指令是_____。
    A. ANL P1,#0F0H   B. ORL P1,#0FH
    C. XRL P1,#0FH   D. MOV P1,#0FH
(21) 访问片外数据存储器的寻址方式是_____。
    A. 立即寻址   B. 寄存器寻址   C. 寄存器间接寻址   D. 直接寻址

3.2 问答思考题

（1）MCS-51 单片机有哪几种寻址方式？分别适用于什么地址空间？

（2）MCS-51 单片机的 PSW 程序状态字中无 ZERO（零）标志，怎样判断某片内 RAM 单元内容是否为零？

（3）如何认识 80C51 存储空间在物理结构上可划分为 4 个空间，而在逻辑上又可划分为 3 个空间？

（4）什么是指令？什么是程序？简述程序在计算机中的执行过程。

（5）80C51 单片机的指令系统按其实现的基本功能可归纳为几大类？请写出各大类名称和所包含的助记符。

（6）伪指令与汇编指令有何区别？说出 5 种常用的伪指令作用。

（7）Proteus 的软件界面有哪些组成部分？简述利用 Proteus 进行汇编程序的仿真开发过程。

（8）简述汇编程序的主要设计步骤。

（9）根据第 3 章实例 13，简述程序中所用伪指令发挥的作用。

（10）根据第 3 章实例 12，简述利用累加器 A 将并行数据转为串行数据的编程思路。

（11）子程序调用指令里，ACALL 和 LCALL 的差异在哪里？选用时应考虑哪些因素？

（12）汇编语言中，如何区分十六进制数形式的地址、立即数和语句标号？

（13）根据第 3 章实例 9，简述实现大于、等于和小于 3 种条件转移的一般编程方法。

第4章 单片机的 C51 语言

内容概述：

本章从 C51 语言的程序结构入手，着重分析不同于标准 C 语言的 C51 数据结构组成内容，以及 C51 与汇编语言的混合编程方法。在介绍 Keil μVision3 的 C51 仿真开发软件环境的基础上，详细探讨单片机键盘输入单元和数码管显示单元的工作原理，及其用 C51 语言实现的编程方法。

教学目标：
- 掌握 C51 语言的数据结构相关内容；
- 了解 C51 与汇编语言的混合编程方法；
- 熟悉 Keil μVision3 的 C51 仿真开发环境的使用；
- 掌握单片机键盘与数码管等单元的工作原理和编程方法。

4.1 C51 的程序结构

4.1.1 C51 语言概述

如前所述，汇编语言是面向机器的编程语言，能直接操作单片机的系统硬件，具有指令效率高、执行速度快的优点。但汇编语言属于低级编程语言，程序可读性差，移植困难，且编程时必须具体组织、分配存储器资源和处理端口数据，因而编程工作量大。

C51 是为 51 系列单片机设计的一种 C 语言，是标准 C 语言的子集。具有结构化语言特点和机器级控制能力，代码紧凑，效率可与汇编语言媲美。由于接近真实语言，程序的可读性强，易于调试维护，编程工作量小，产品开发周期短。此外，C51 语言与汇编指令无关，易于掌握。C51 语言已成为 51 系列单片机程序开发的主流软件方法。与标准 C 语言相比，C51 在数据类型、变量存储模式、输入/输出处理、函数等方面有一定差异，而其他语法规则、程序结构及程序设计方法都与标准 C 语言相同。

本章着重介绍 C51 的数据结构、C51 与汇编语言的混合编程、C51 仿真开发环境及 C51 初步应用编程等内容。

4.1.2 C51 的程序结构

C51 程序的基本单位是函数。一个 C51 源程序至少包含一个主函数，也可以是一个主函数和若干个其他函数。主函数是程序的入口；主函数中的所有语句执行完毕，则程序结束。

以下通过一个可实现 LED 闪烁控制功能的源程序说明 C51 程序的基本结构（硬件电路原理图如图 4.1 所示）。

程序如下：

```
#include<reg51.h>              //51 单片机头文件
void delay();                  //延时函数声明
sbit p1_0=P1^0;                //输出端口定义
```

```
main(){                      //主函数
    while(1){                //无限循环体
        p1_0=0;              //P1.0="0", LED 亮
        delay();             //延时
        p1_0=1;              //P1.0="1", LED 灭
        delay();             //延时
    }
}

void delay(void){            //延时函数
    unsigned char i;         //字符型变量 i 定义
    for(i=200;i>0;i--);      //循环延时
}
```

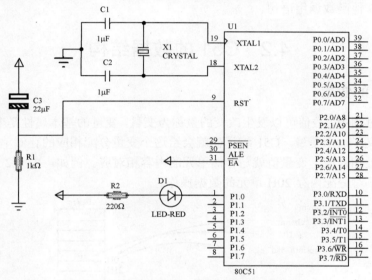

图 4.1　LED 指示灯闪烁电路原理图

在本例的开始处使用了预处理命令#include，它告诉编译器在编译时将头文件 reg51.h 读入一起编译。在头文件 reg51.h 中包括了对 8051 型单片机特殊功能寄存器名的集中说明。

本例中 main()是一个无返回、无参数型函数，虽然参数表为空，但一对圆括号()必须有，不能省略。其中：

① sbit　p1_0=P1^0 是全局变量定义，它将 P1.0 端口定义为 p1_0 变量；
② unsigned char i 是局部变量定义，它说明 i 是位于片内 RAM 且长度为 8 的无符号字符型变量；
③ while(1)是循环语句，可实现死循环功能；
④ p1_0=1 和 p1_0=0 是两个赋值语句，等号=作为赋值运算符；
⑤ for (i=200;i>0; i--)是没有语句体的循环语句，这里起到软件延时的作用。

综上所述，C51 语言程序的基本结构为：

```
包含<头文件>
函数类型说明
全局变量定义
main(){
```

```
            局部变量定义
            <程序体>
            }
            func1(){
            局部变量定义
            <程序体>
            }
            ⋮
            funcN(){
            局部变量定义
            <程序体>
            }
```

其中,func1(),…,funcN()代表用户定义的函数,程序体指 C51 提供的任何库函数调用语句、控制流程语句或其他函数调用语句。

4.2 C51 的数据结构

4.2.1 C51 的变量

在程序执行过程中,数值可以发生改变的量称为变量。变量的基本属性是变量名和变量值。一旦在程序中定义了一个变量,C51 编译器就会给这个变量分配相应的存储单元。此后变量名就与存储单元地址相对应,变量值就与存储单元的内容相对应。例如,图 4.2 所示程序中通过引用变量 a 实现了对分配内存 20H 单元的数据操作。

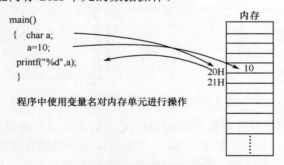

图 4.2 C51 的变量概念示意图

要在 C51 程序中使用变量必须先对其进行定义,这样编译系统才能为变量分配相应的存储单元。定义一个变量的格式如下:

〔存储种类〕 数据类型 〔存储类型〕 变量名;

这说明变量具有 4 大要素,其中数据类型、变量名和末尾的英文分号是不能省略的部分。以下按照 4 大要素的顺序分别予以介绍。

1. 存储种类

存储种类是指变量在程序执行过程中的作用范围。变量的存储种类有 4 种:自动(auto)、外部(extern)、静态(static)和寄存器(register)。

① 使用存储种类说明符 auto 定义的变量称为自动变量。自动变量的作用范围在定义它的函数体或复合语句内部。在定义它的函数体或复合语句被执行时,C51 才为该变量分配内存空间;

当函数调用结束返回或复合语句执行结束时,自动变量所占用的内存空间被释放,这些内存空间又可被其他的函数体或复合语句使用。在定义变量时,如果省略存储种类,则变量默认为自动(auto)变量。由于 80C51 单片机访问片内 RAM 速度很快,通常将函数体内和复合语句中使用频繁的变量放在片内 RAM 中,且定义为自动变量,这样可有效利用片内有限的 RAM 资源。

② 使用存储种类说明符 extern 定义的变量称为外部变量。在一个函数体内,要使用一个已在该函数体外或其他程序模块文件中定义过的外部变量时,该变量在本函数体内要用 extern 说明。外部变量被定义后,即分配了固定的内存空间,在程序的整个执行期间都是有效的。通常将多个函数或模块共享的变量定义为外部变量。外部变量是全局变量,在程序执行期间一直占有固定的内存空间。当片内 RAM 资源紧张时,不建议将外部变量放在片内 RAM。

③ 使用存储种类说明符 static 定义的变量称为静态变量,它又分为内部静态变量和外部静态变量。在函数体内部定义的静态变量为内部静态变量,它在对应的函数体内有效,但在函数体外不可见,这样不仅使变量在定义它的函数体外被保护,还可以实现当离开函数时值不被改变。外部静态变量是在函数外部定义的静态变量,它在程序中一直可见,但在定义的范围之外是不可见的。如在多文件或多模块处理中,外部静态变量只在文件内部或模块内部有效。

④ 使用存储种类说明符 register 定义的变量称为寄存器变量。通常将使用频率最高的那些变量定义为寄存器变量,但目前已不推荐使用这种方式。

2. 数据类型

数据的不同格式叫做数据类型,C51 支持的基本数据类型与标准 C 相同(见表 4.1)。

表 4.1 C51 支持的基本数据类型

数据类型		长 度	值 域
字符型 (char)	unsigned char	单字节	0~255
	signed char	单字节	−128~+127
整型 (int)	unsigned int	双字节	0~65535
	signed int	双字节	−32768~+32767
长整型 (long)	unsigned long	4 字节	0~4294967295
	signed long	4 字节	−2147483648~+2147483647
浮点型 (float)	float	4 字节	10^{-38}~10^{38}
	double	8 字节	10^{-308}~10^{308}
指针型	普通指针*	1~3 字节	0~65535

其中,有符号数据类型可以忽略 signed 标识符,如 signed int 等价于 int,signed char 等价于 char 等。

为了更有效地利用 51 单片机的内部结构,C51 还增加了一些特殊的数据类型,它们分别对应于 bit、sfr、sfr16 和 sbit 4 个关键字。

(1) bit 位型

bit 位型是 C51 的一种扩充数据类型,可定义一个位变量,语法规则如下:

    bit bit_name〔=0 或 1〕;

其中,bit 是关键词,bit_name 是一个位变量名,其用法类似于 C 语言语句 char abc 中的关键词 char 和变量名 abc。例如:

    bit door=0;   //定义一个叫 door 的位变量且初值为 0

(2) sfr 特殊功能寄存器型

51 系列单片机内有 21 个特殊功能寄存器(SFR),分散在片内 RAM 区的高 128 字节,地址为 80H~FFH。为了能直接访问这些 SFR，需要通过关键字 sfr 对其进行定义，语法如下：

```
sfr sfr_name=地址常数;
```

这里 sfr_name 是一个特殊功能寄存器名，"="后面必须是常数，其数值范围必须在特殊功能寄存器地址范围内，即位于 0x80~0xFF 之间。例如：

```
sfr P1=0x90;        //定义 P1 口地址 90H
sfr PSW=0xD0;       //定义 PSW 地址 D0H
```

对于 16 位 SFR，可使用关键字 sfr16，语法与 8 位 SFR 相同，定义的地址必须是 16 位 SFR 的低端地址，例如：

```
sfr16 DPTR=0x82;    //定义 DPTR，其 DPL=82H，DPH=83H
```

注意：这种定义只能用于 DPTR，不能用于 T0 和 T1。

（3）sbit 可位寻址型

在 51 系列单片机中，经常要访问特殊功能寄存器中的某些位，用关键字 sbit 定义可位寻址的特殊功能寄存器的位寻址对象。定义方法有如下 3 种：

① sbit 位变量名=位地址；

将位的绝对地址赋给位变量名，位地址必须位于 0x80~0xFF 之间。例如：

```
sbit CY=0xD7;       //将位的绝对地址赋给变量
```

② sbit 位变量名=SFR 名称^位位置；

当可寻址位位于特殊功能寄存器中时，可采用这种方法。其中 SFR 名称必须是已定义的 SFR 的名字，位位置是一个 0~7 之间的常数。例如：

```
sfr PSW=0xD0;
sbit CY=PSW^7;      //定义 CY 位为 PSW.7，位地址为 0xD7
```

③ sbit 位变量名=字节地址^位位置；

这种方法是以一个常数（字节地址）作为基地址，该常数必须在 0x80~0xFF 之间。位位置是一个 0~7 之间的常数。例如：

```
sbit CY=0xD0^7;     //将位的相对地址赋给变量
```

注意 sbit 和 bit 的区别：bit 型变量的位地址是由编译器为其随机分配的（定义时不能用户指定），位地址范围是在片内 RAM 的可位寻址区中；而 sbit 型变量的位地址则是由用户指定的，位地址范围是在可位寻址的 SFR 单元内。另外，sfr 型变量和 sbit 型变量都必须定义为全局变量，即必须在所有 C51 函数之前进行定义，否则就会编译出错。

在 C51 中，为了用户处理方便，C51 编译器把 51 单片机的常用特殊功能寄存器和特殊位进行了统一定义，并存放在一个 reg51.h 或 reg52.h 的头文件中，当用户要使用时，只需要在使用之前用一条预处理命令#include <reg51.h>把这个头文件包含到程序中，然后就可使用特殊功能寄存器名和特殊位名称了。

典型 reg51.h 头文件的部分内容如图 4.3 所示。

3. 存储类型

如前所述，51 系列单片机具有 3 个逻辑存储空间：片内低 128B RAM、片外 64KB RAM 和片内外统一编址的 64KB ROM，对于 8052 型单片机还有片内高 128B RAM 空间。为了更好地发挥这些存储单元的特点，上述存储空间又进一步细化为 6 种存储类型。存储空间与存储类型的对应关系如图 4.4 和表 4.2 所示。

可见，51 单片机具有 data、bdata、idata、xdata、pdata 和 code 6 种不同存储类型，变量定义时必须指明其所属类型，否则无法选择存储空间。例如语句 char data a 定义了 a 是位于片内低 128B RAM 区的字符型变量。

```
/*--------------------------------------------------
reg51.h

Header file for generic 80C51 and 80C31 microcontroller.
Copyright (c) 1988-2002 Keil Elektronik GmbH and Keil Software
All rights reserved.
--------------------------------------------------*/

#ifndef __REG51_H__
#define __REG51_H__

/* BYTE Register */
sfr  P0   = 0x80;
sfr  P1   = 0x90;
sfr  P2   = 0xA0;
sfr  P3   = 0xB0;
sfr  PSW  = 0xD0;
sfr  ACC  = 0xE0;
sfr  B    = 0xF0;
sfr  SP   = 0x81;
sfr  DPL  = 0x82;
sfr  DPH  = 0x83;
sfr  PCON = 0x87;
sfr  TCON = 0x88;
sfr  TMOD = 0x89;
sfr  TL0  = 0x8A;

/* PSW */
sbit CY  = 0xD7;
sbit AC  = 0xD6;
sbit F0  = 0xD5;
sbit RS1 = 0xD4;
sbit RS0 = 0xD3;
sbit OV  = 0xD2;
sbit P   = 0xD0;

/* TCON */
sbit TF1 = 0x8F;
sbit TR1 = 0x8E;
sbit TF0 = 0x8D;
sbit TR0 = 0x8C;
sbit IE1 = 0x8B;
sbit IT1 = 0x8A;
sbit IE0 = 0x89;
sbit IT0 = 0x88;

/* IE */
sbit EA  = 0xAF;
sbit ES  = 0xAC;
sbit ET1 = 0xAB;
```

图 4.3　典型 reg51.h 头文件的部分内容

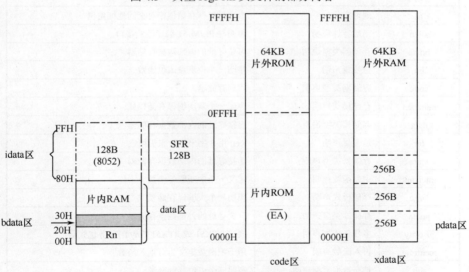

图 4.4　51 系列单片机存储空间与存储类型对应关系示意图

表 4.2　C51 的存储空间与存储类型对应关系

存储类型	存储空间位置	字节地址	说明
data	片内低 128B 存储区	00H～7FH	访问速度快，可作为常用变量或临时性变量存储区
bdata	片内可位寻址存储区	20H～2FH	允许位与字节混合访问
idata	片内高 128B 存储区	80H～FFH	只有 52 系列才有
pdata	片外页 RAM	00H～FFH	常用于外部设备访问
xdata	片外 64KB RAM	0000H～FFFFH	常用于存放不常用的变量或等待处理的数据
code	程序 ROM	0000H～FFFFH	常用于存放数据表格等固定信息

如果在定义变量时省略了存储类型说明符，C51 编译器会根据当前编译模式自动认定默认的存储类型。编译模式通常分为：小编译模式（Small）、紧凑编译模式（Compact）和大编译模式（Large）3 种模式，其具体内容见表 4.3。

表 4.3　3 种编译模式的特点小结

编译模式	变量存储区域	默认存储类型	特　　点
Small	片内低 128B RAM	data	访问数据的速度最快，但由于存储容量较小，难以满足需要定义较多变量的场合
Compact	片外页 256B RAM	pdata	介于两者之间，且受片外 RAM 的容量限制
Large	片外 64KB RAM	xdata	访问数据的效率不高，但由于存储容量较大，可满足需要定义较多变量的场合

由表 4.3 可知，在 Small 编译模式下，语句 char a;等价于 char data a;，而在 Large 编译模式下，语句 char a;等价于 char xdata a;。

4. 变量名

C51 规定变量名可以由字母、数字和下画线 3 种字符组成，且第一个字符必须为字母或下画线，变量名长度无统一规定，随编译系统而定。

使用时应注意：大写的变量和小写的变量是两个不同的变量，如 SUM 和 sum。习惯上变量用小写表示。另外，变量名除了应避免使用标准 C 语言的 32 个关键字外，还要避免使用 C51 扩展的新关键字。C51 扩展的 21 个新关键字见表 4.4。

表 4.4　C51 扩展的 21 个关键字一览表

关键字	用　途	说　　明
_at_	地址定位	为变量进行存储器绝对空间地址定位
alien	函数特性声明	声明与 PL/M-51 编译器的接口
bdata	存储器类型说明	可位寻址的内部数据存储器
bit	位变量声明	声明一个位变量或位函数
code	存储器类型说明	程序存储器
compact	存储模式声明	声明一个紧凑编译存储模式
data	存储器类型说明	直接寻址的内部数据存储器
far	远变量声明	Keil 用 3 字节指针来引用它
idata	存储器类型声明	间接寻址的内部数据存储器
interrupt	中断函数声明	定义一个中断服务函数
large	存储模式声明	声明一个大编译存储模式
pdata	存储器类型声明	分页寻址的外部数据存储器
priority	多任务优先声明	规定 RTX51 或 RTX51 Tiny 的任务优先级
reentrant	再入函数声明	用于把函数定义为可重入函数
sbit	扩充数据类型声明	声明一个可位寻址变量
sfr	扩充数据类型声明	声明一个特殊功能寄存器
sfr16	扩充数据类型声明	声明一个 16 位的特殊功能寄存器
small	存储模式声明	声明一个小编译存储模式
task	任务声明	定义实时多任务函数
using	寄存器组定义	定义 8051 工作寄存器组
xdata	存储器类型说明	外部数据存储器

所有变量在使用前必须声明，即变量须"先定义，后使用"，凡未被定义的，不作为变量名，这样可保证程序中变量名使用的正确性。现举例如下：

```
unsigned char data system_status=0;//定义system_status为无符号字符型自动变
                                   //量,该变量位于data区中且初值为0
unsigned char bdata status_byte;   //定义status_byte为无符号字符型自动变量,
                                   //该变量位于bdata区中
unsigned int code unit_id[2]={0x1234,0x89ab};  //定义unit_id[2]为无符号
                                   //整型自动变量,该变量位于
                                   //code区中,且为长度为2的
                                   //数组,初值为0x1234和
                                   //0x89ab
static char m,n;       //定义m和n为2个位于data区中的有符号字符型静态变量
extern  float  xdata  var4;   //在片外RAM 64KB空间定义外部实型变量var4
#pragma COMPACT        //设置编译模式,指定默认存储类型为pdata
char k2;   //定义k2为有符号字符型自动变量,该变量位于pdata区
```

4.2.2 C51的指针

标准C语言指针的一般定义形式为:

> 数据类型*指针变量名;

其中,"*指针变量名"表示这是一个指针变量,它指向一个由"数据类型"说明的变量。被指向变量和指针变量都位于C编译器默认的存储区中。例如:

```
int a='A';
int *p1=&a;
```

这表示p1是一个指向int型变量的指针变量,此时p1的值为int型变量a的地址,而a和p1两个变量都位于C编译器默认的内存区域中。

对于C51来讲,指针定义还应包括以下信息:

① 指针变量自身位于哪个存储区中?
② 被指向变量位于哪个存储区中?

故C51指针的一般定义形式为:

> 数据类型 〔存储类型1〕* 〔存储类型2〕指针变量名;

其中,"数据类型"是被指向变量的数据类型,如int型或char型等;"存储类型1"是被指向变量所在的存储区类型,如data,code,xdata等,缺省时根据该变量的定义语句确定;"存储类型2"是指针变量所在的存储区类型,如data,code,xdata等,缺省时根据C51编译模式的默认值确定;指针变量名可按C51变量名的规则选取。

下面举几个具体的例子(假定都是在Small编译模式下),说明C51指针定义的用法。

【例4.1】

```
char xdata a='A';
char *ptr=&a;
```

【解】在这个例子里,ptr是一个指向char型变量的指针变量,它本身位于Small编译模式默认的data存储区里,它的值是位于xdata存储区里的char型变量a的地址。

【例4.2】

```
char xdata a='A';
char *ptr=&a;
char idata b='B';
ptr=&b;
```

【解】在这个例子里,前两句与例 4.1 相同。而后两句里,由于变量 b 位于 idata 存储区中,所以当执行完 ptr =&b 之后,ptr 的值是位于 idata 存储区里的 char 型变量 b 的地址。

从此可看出,以 char *ptr 形式定义的指针变量,其数值既可以是位于 xdata 存储区的 char 型变量的地址,也可以是位于 idata 存储区的 char 型变量的地址,具体结果由赋值操作关系决定。

【例 4.3】
```
char xdata a='A';
char xdata *ptr=&a;
```

【解】这里变量 a 是位于 xdata 存储区里的 char 型变量,而 ptr 是位于 data 存储区且固定指向 xdata 存储区的 char 型变量的指针变量,此时 ptr 的值为变量 a 的地址(不能像例 4.2 那样再将 idata 存储区的 char 型变量 b 的地址赋予 ptr)。

【例 4.4】
```
char xdata a='A';
char xdata *idata ptr=&a;
```

【解】这里表示,ptr 是固定指向 xdata 存储区的 char 型变量的指针变量,它自身存放在 idata 存储区中,此时 ptr 的值为位于 xdata 存储区中的 char 型变量 a 的地址。

4.3 C51 与汇编语言的混合编程

C51 语言提供了丰富的库函数,具有很强的数据处理能力,可生成高效简洁的目标代码,在绝大多数场合采用 C51 语言编程都可完成预期的任务。尽管如此,有时仍需要采用一定的汇编语言程序,如对于某些特殊的 I/O 接口地址的处理、中断向量地址的安排、提高程序代码的执行速度等。为此,C51 编译器提供了与汇编语言程序的接口规则,按此规则可以方便地实现 C51 语言程序与汇编语言程序的相互调用。

为简化起见,本节仅讨论在 C51 中调用汇编函数和在 C51 中嵌入汇编代码两种方法。

4.3.1 在 C51 中调用汇编程序

要实现在 C51 函数中调用汇编函数,需要了解 C51 编译器的编译规则。下面我们从一个实例入手,介绍有关内容,即在两个给定数据中选出较大的那个数据,其程序源代码如下:

```
//以下代码在 main.c 文件中实现
void max(char a, char b);    //定义 max 函数
main(){
  char a=30, b=40, c;        //假设 a=30,b=40
  c=max(a,b);                //调用 max 函数并返回较大值
}
```

在上面的主函数中,void max(char a,char b)函数是在下面的汇编文件中实现的:

```
;以下代码在汇编文件 max.asm 中实现
        PUBLIC _MAX
        DE   SEGMENT CODE
        RSEG   DE
_MAX:MOV  A,R7                ;判断 a 和 b 的大小
        MOV   30H,R5
        CJNE  A, 30H, TAG
```

```
         TAG: JNC  EXIT
              MOV  A,R5                    ;若 a>=b,则 R7 不做变动
              MOV  R7,A                    ;若 a<b,则 b 值存入 R7 中
         EXIT:RET                          ;返回 R7
              END
```

从上面的例子可以看出，要想使以汇编语言实现的函数能够在 C 程序中被调用，需要解决下面 3 个问题：

① 程序的寻址，在 main.c 中调用的 max( )函数，如何与汇编文件中的相应代码对应起来；

② 参数传递，从 main.c 中传递给 max( )函数的参数 a 和 b，存放在何处可使汇编程序能够获取它们的值；

③ 返回值传递，汇编语言计算得到的结果，存放在何处可使 C 语言程序能够获取。

程序的寻址是通过在汇编文件中定义同名的"函数"来实现的，如上面汇编代码中的：

```
         PUBLIC _MAX
         DE  SEGMENT  CODE
         RSEG  DE
         _MAX: …
```

在上面的例子中，"_MAX"与 C 程序中的 max 相对应。在 C 程序和汇编语言之间，函数名的转换规则见表 4.5。

表 4.5 函数名的转换规则

C 程序的函数声明	汇编语言的符号名	解 释
无传递参数，如 func(void)	FUNC	无参数传递或不含寄存器参数的函数名不做改变地传入目标文件中，名字只是简单地转换为大写形式
有传递参数，如 func(char)	_FUNC	带寄存器参数的函数名转为大写，并加上"_"前缀
重入参数，如 func(void) reentrant	_?FUNC	重入函数须使用前缀"_?"

传递参数的简单办法是使用寄存器，这种做法能够产生精炼高效的代码，具体规则见表 4.6。

表 4.6 参数传递规则

参数类型	char	int	long, float	一般指针
第 1 个参数	R7	R6, R7	R4~R7	R1, R2, R3
第 2 个参数	R5	R4, R5	R4~R7	R1, R2, R3
第 3 个参数	R3	R2, R3	无	R1, R2, R3

例如，在前面的例子语句 max(char a,char b);中，第一个 char 型参数 a 放在寄存器 R7 中，第二个 char 型参数 b 放在寄存器 R5 中。因此在后面的汇编代码中，就是分别从 R7 和 R5 中取这两个参数：

```
         ……
         _MAX:MOV  A,R7                    ;判断 a 和 b 的大小
              MOV  30H,R5
         ……
```

汇编语言通过寄存器或存储器传递参数给 C 语言程序。汇编语言通过寄存器传递参数给 C 语言的返回值见表 4.7。

在前面的例子中，汇编程序就是通过把两个数中较大的一个保存在寄存器 R7 中返回给 C 函数的。在 C51 中调用汇编函数的应用实例将在 4.5.1 节的实例 3 中介绍。

表 4.7　汇编语言返回值

返回值	寄存器	说　　明
bit	C	进位标志
(unsigned) char	R7	
(unsigned) int	R6，R7	高位在 R6，低位在 R7
(unsigned) long	R4～R7	高位在 R4，低位在 R7
float	R4～R7	32 位 IEEE 格式，指数和符号位在 R7
指针	R1，R2，R3	R3 存放寄存器类型，高位在 R2，低位在 R1

4.3.2　在 C51 中嵌入汇编代码

程序中需要用到一些简短的汇编指令时，可以采用在 C51 函数中直接嵌入汇编代码的办法，但这需要对 Keil 编译器（见本书 4.4 节）进行一些设置，方法如下：

① 将嵌有汇编代码的 C51 源文件加入当前工程文件中，右键单击工程管理窗口"Project"中的 C51 文件名，单击菜单项"Option for File…"，将属性"Properties"中的"Generate Assembler SRC File"与"Assemble SRC File"两项设置为加深黑色"√"（生成汇编 SRC 文件）。

② 根据采用的编译模式，将相应的库文件加入当前工程文件中。对于 Small 模式，其路径及库文件名是…Keil\C51\Lib\C51S.Lib。对于 Compact 和 Large 模式，其库文件名分别是 C51C.LIB 和 C51L.LIB。注意，该库文件应为当前工程的最后一个文件，即需要先加入 C51 源文件，后加入库文件。

上述设置完成后，即可采用一般编译方法进行程序编译。若发现编译后的 SRC 文件代码异常，如某些 C51 变量"丢失"或无法定义等，则可尝试改变编译器的代码优化级别。实现方法如下：在当前工程管理窗口中右键单击文件夹"Target1"打开下拉选择单，单击"Options for Target 'Target 1'"选项，在弹出的"Options for Target 'Target 1'"选项卡中选择 C51 页面，在"Code Optimization Level"下拉菜单中将默认的"8：Reuse Common Entry Code"改为某个较低优化级别（如 7 或 6 等），单击"OK"按钮结束设置，再次编译即可消除这些异常。

一个嵌入汇编代码的 C51 实例如下：

```
#include<reg51.h>
void main(void) {
    unsigned char i=0;          //定义变量 i
    #pragma asm                 //嵌入汇编代码
       MOV  R0,#0AH
       LOOP:INC  A              //累加器循环加 1
       DJNZ  R0,LOOP
    #pragma endasm
    i=ACC;                      //累加器结果传给 i
}
```

说明：

汇编代码必须放在两条预处理命令#pragma asm 和#pragma endasm 之间，预处理命令必须用小写字母，汇编代码则大小写字母不限。

本实例可实现用汇编语句进行累加器 A 循环加 1 和将累加结果传递给 C51 变量的功能。

4.4 C51 仿真开发环境

4.4.1 Keil 的编译环境 μVision3

Keil 是德国 Keil Software 公司出品的单片机集成开发软件,该软件支持 51 单片机的所有兼容机(目前共有 400 多种型号)。Keil 提供了包括 C 编译器、宏汇编、连接器、库管理及一个功能强大的仿真调试器在内的完整开发方案,并通过一个集成开发环境(μVision3)将这些部分组合在一起。Keil 单片机集成开发软件可以运行在 Windows 各个版本的操作系统下。

μVision3 的软件界面包括 4 大组成部分,即菜单工具栏、工程管理窗口、文件窗口和输出窗口(见图 4.5)。以下仅针对组成结构做一简单介绍,具体使用方法将在本书附录 A 中结合实验需要进行介绍。

图 4.5 μVision3 的软件界面

① 菜单工具栏:菜单为标准的 Windows 风格,μVision3 中共有 11 个下拉菜单。

② 工程管理窗口:工程管理窗口用于管理工程文件目录,它由 5 个子窗口组成,可以通过子窗口下方的标签进行切换,它们分别是文件窗口、寄存器窗口、帮助窗口、函数窗口及模板窗口。

③ 文件窗口:文件窗口用于显示打开的程序文件,多个文件可以通过窗口下方的文件标签进行切换。

④ 输出窗口:输出窗口用于输出编译过程中的信息,由 3 个子窗口组成,可以通过子窗口下方的标签进行切换,它们分别是编译窗口、命令窗口和搜寻窗口。

为了掌握程序运行信息,Keil 软件在调试程序时还提供了许多信息窗口,包括输出窗口、观察窗口、存储器窗口、反汇编窗口以及串行窗口等。

为了能够比较直观地了解单片机中定时器、中断、并行端口、串行端口等常用外设的使用情况,Keil 还提供了一些外围接口对话框。

然而,Keil 的这些调试手段都是通过数值变化来监测程序运行的,很难直接看出程序的实际运行效果,特别是对于包含测量、控制、人机交互等外部设备的单片机应用系统来讲缺乏直观性。

具有强大仿真功能的 Proteus 软件虽然较好地解决了外围电路与单片机混合仿真的问题，但没有 C51 仿真功能。Proteus 与 Keil C 的联合使用则可使这两个仿真软件优势互补，组建单片机应用系统在 C51 条件下的整机虚拟实验环境。该虚拟实验环境包括一个硬件执行环境和一个软件执行环境，其中 Proteus 提供硬件仿真与运行环境，Keil 提供软件执行环境。

4.4.2 基于 Proteus 和 Keil C 的程序开发过程

下面以一个单片机 LED 闪烁控制系统为例，介绍基于 Proteus 和 Keil C 的程序开发过程。

① 启动 Proteus 开发平台，利用 ISIS 模块绘制 LED 闪烁控制系统电路原理图，如图 4.6 所示。

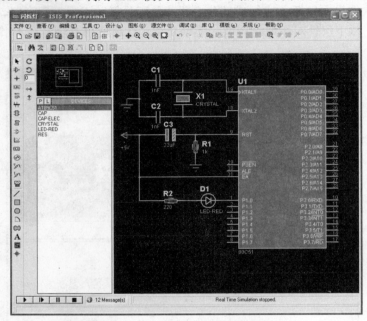

图 4.6　LED 闪烁控制系统电路原理图

② 启动 Keil μVision3 开发平台，建立一个 Keil 工程（见图 4.7）。

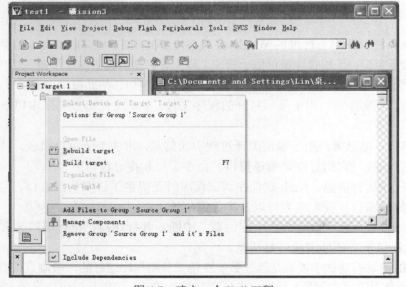

图 4.7　建立一个 Keil 工程

③ 输入 C51 源程序，编译生成*.hex 可执行文件（见图 4.8）。

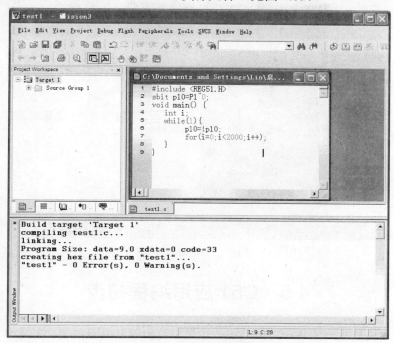

图 4.8　C51 程序编译

④ 将编译后的可执行文件下载到 Proteus 中（见图 4.9）。

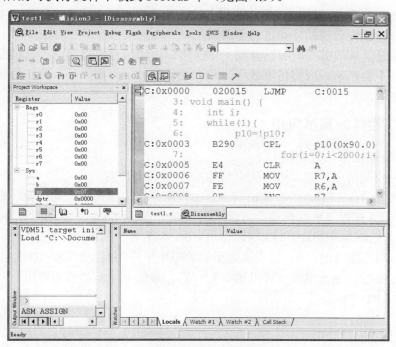

图 4.9　可执行文件下载到 Proteus 中

⑤ 在 Keil 中实现对 Proteus 下的仿真运行控制（见图 4.10）。

需要指出的是，要实现虚拟环境下的联机调试和运行，Proteus 与 Keil 两个软件都应进行必要的关联设置，具体方法详见本书附录 A 中的阅读材料 5。

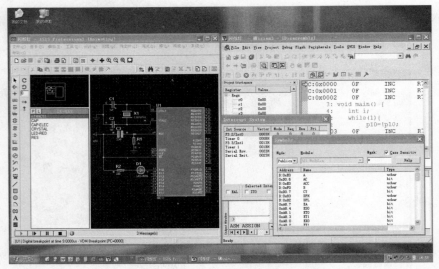

图 4.10 Keil 与 Proteus 协同仿真运行

4.5 C51 应用编程初步

I/O 口是单片机最重要的系统资源之一，也是单片机连接外设的窗口。本节以发光二极管、开关、数码管、键盘等典型 I/O 设备为例介绍单片机 I/O 口的基本应用。这样做的目的有两个：一是使读者在学习单片机部分原理之后能及早了解单片机的相关应用；二是使读者在具体实例分析过程中能逐渐熟悉并掌握 C51 语言编程方法。本节内容按"简单应用"和"进阶实践"两个难度等级展开，以便获得循序渐进的学习效果。

还需指出的是，本节编写时有意忽略了 I/O 接口中的信号驱动问题，这样做是考虑到没有这些驱动电路并不会影响编程与仿真效果，却有助于分散学习难点。有关信号驱动内容将在本书 8.6 节中详细介绍。

4.5.1 I/O 端口的简单应用

1. 基本输入/输出单元与编程

按键检测与控制是单片机应用系统中的基本输入/输出功能。

发光二极管（简称 LED）作为输出状态显示设备具有电路简单、功耗低、寿命长、响应速度快等特点。发光二极管与单片机接口可以采用低电平驱动和高电平驱动两种方式（见图 4.11）。对应图 4.11（a）的低电平驱动，I/O 端口输出"0"电平可使其点亮，反之输出"1"电平可使其关断。同理，对应图 4.11（b）的点亮电平和关断电平分别为"1"和"0"。由于低电平驱动时，单片机可提供较大输出电流（详见第 2.4.1 节），故低电平驱动最为常用。发光二极管限流电阻通常取值 100Ω～200Ω。

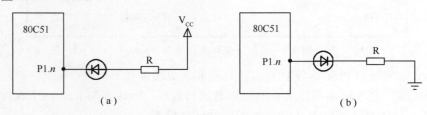

图 4.11 发光二极管与单片机的简单接口

按键或开关是最基本的输入设备，与单片机相连的简单方式是直接与 I/O 口线连接（见图 4.12）。当按键或开关闭合时，对应口线的电平就会发生反转，CPU 通过读端口电平即可识别是哪个按键或开关闭合。需要注意的是，P0 口工作在 I/O 方式时，其内部结构为漏极开路状态，因此与按键或开关接口时需要有上拉电阻，而 P1～P3 端口均不存在这一问题，故不需要上拉电阻(如图 4.12 中的 P$x.n$ 端口，x=1～3)。

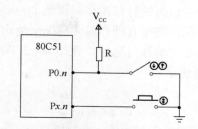

图 4.12 按键或开关与单片机的简单接口

【实例 1】独立按键识别。

参考图 4.13 电路编写程序，要求实现如下功能：开始时 LED 均为熄灭状态，随后根据按键动作点亮相应 LED（在按键释放后能继续保持该亮灯状态，直至新的按键压下时为止）。

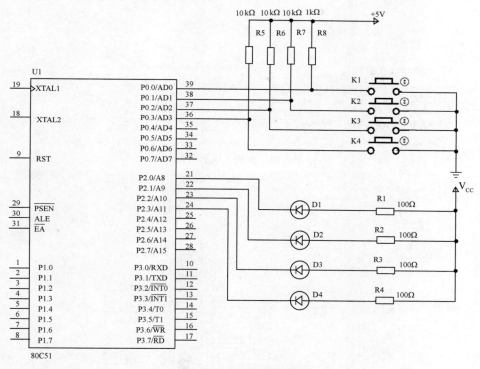

图 4.13 实例 1 电路图

【解】参考程序如下：

```
//实例1  独立按键识别
#include<reg51.h>
void main(){
    char key=0;
    while(1){
        key=P0&0x0f;    //读取按键状态
        if(key!=0x0f) P2=key;    //输出到LED
}}
```

程序分析：为使端口 P0.4～P0.7 的读入值强制为 0，而 P0.0～P0.3 的读入不受影响，可对读取的端口值进行与操作，屏蔽 P0 高 4 位，即 key =P0 & 0x0f。语句 if (key !=0x0f) P2 =key 可实现仅在按键有动作时才将 key 值送 P2 输出的功能，否则 P2 将维持前次的输出状态。

编程、编译与运行步骤如 4.4.2 节所示，其中建立的编程界面和运行界面分别如图 4.14 和图 4.15 所示。

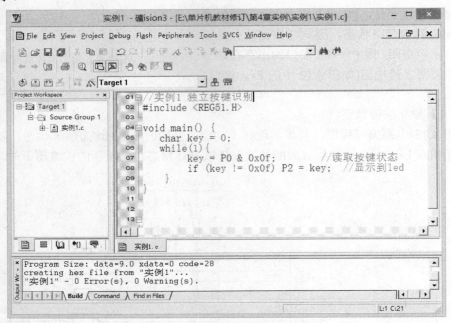

图 4.14　实例 1 编程界面

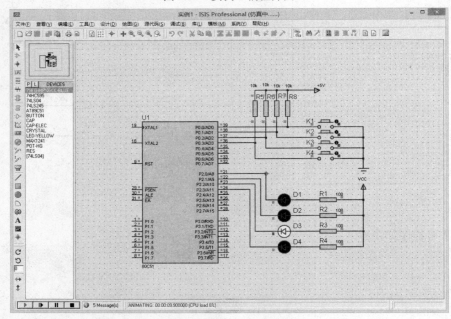

图 4.15　实例 1 运行界面

【**实例 2**】键控流水灯。

在实例 1 电路图的基础上，编写可键控的流水灯程序。要求实现的功能为，K1 是总开关，当 K1 首次按下时，流水灯由下往上流动；当 K2 按下时停止流动，且全部灯灭；当 K3 按下时使灯由上往下流动，K4 则使灯由下往上流动。

【解】由图 4.15 可知，当 K1～K4 分别按下时，经（P0 & 0x0f）运算得到的相应键值分别为 0x0e、0x0d、0x0b、0x07，而无键按下时的键值为 0x0f。显然，按键状态可以依据（P0 & 0x0f）是否等于 0x0f 来进行判断。为此，可采用根据键值修改标志位，再根据标志位控制 LED 灯状态的编程思路，即设置两个标志位：启停标志 run（=1 表示启动，=0 表示停止），方向标志 dir（=1 表示自上而下循环，=0 表示自下而上循环）。

根据题意要求，刷新标志环节可采用如下程序段实现：

```
switch(P0&0x0f){                        // 读取键值
    case 0x0e:run=1;break;              // K1 动作,设 run=1
    case 0x0d:run=0,dir=0;break;        // K2 动作,设 run=dir=0
    case 0x0b:dir=1;break;              // K3 动作,设 dir=1
    case 0x07:dir=0;break;              // K4 动作,设 dir=0
}
```

LED 的工作状态可由存放在一个数组中的花样数据控制。本例电路中 LED 为低电平驱动，故花样数据中输出 0 电平对应着灯亮，输出 1 电平对应着灯灭，即：

```
unsigned char led[]={0xfe,0xfd,0xfb,0xf7};
```

自上而下和自下而上时的彩灯循环可以采用如下 for 循环语句实现，即：

```
for(i=0;i<=3;i++){ P2=led[i]; }         //↓移动
for(i=3;i>=0;i--){ P2=led[i]; }         //↑移动
```

至此我们已解决了本实例的主要编程难点，完整的参考程序如下：

```
#include "reg51.h"
unsigned char led[]={0xfe,0xfd,0xfb,0xf7};      //LED 灯的花样数据
void delay(unsigned char time){                 //延时函数
    unsigned int j=15000;
    for(;time>0;time--)
        for(;j>0;j--);
}
void main(){
    bit dir=0,run=0;                            //标志位定义及初始化
    char i;
    while(1){
        switch(P0&0x0f){                        //读取键值
            case 0x0e:run=1;break;              //K1 动作,设 run=1
            case 0x0d:run=0,dir=0;break;        //K2 动作,设 run=dir=0
            case 0x0b:dir=1;break;              //K3 动作,设 dir=1
            case 0x07:dir=0;break;              //K4 动作,设 dir=0
        }
        if(run)                                 //若 run=dir=1,自上而下流动
            if(dir)
            for(i=0;i<=3;i++){
                P2=led[i];
                delay(200);
            }
            else                                //若 run=1,dir=0,自下而上流动
```

```
            for(i=3;i>=0;i--){
                P2=led[i];
                delay(200);
            }
        else P2=0xff;                      //若run=0，灯全灭
}}
```

彩灯循环速度可以调整延时函数的整型调用参数值来改变，建立的Keil项目和程序界面如图4.16所示。

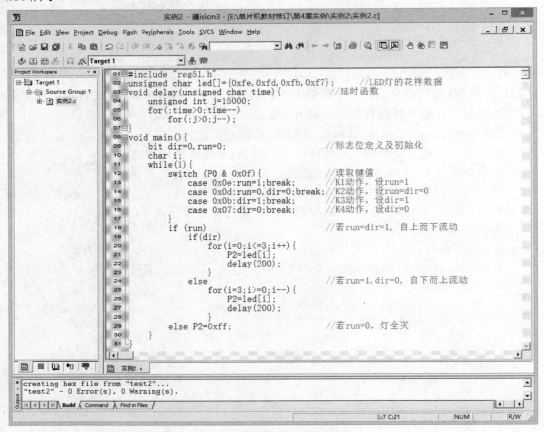

图4.16 实例2的编程界面

【实例3】混合编程。

将实例2中的C51函数delay( )的功能改用汇编语言实现，并完成系统的混合编程。

【解】实例2中的延时函数是无返回型，但有一个char型输入参数。根据4.3.1节关于在C51中调用汇编程序的要求，本实例采用大写形式且加"_"前缀的同名"函数"来实现延时功能，具体内容如下：

```
        ;延时处理函数（汇编语言）
        PUBLIC  _DELAY
        DE      SEGMENT CODE
        RSEG    DE
        _DELAY: MOV R0,#225
        DEL2:   DJNZ R0,DEL2
                DJNZ R7,_DELAY
```

上述程序中以 R7 作为参数传递寄存器,将 unsigned char time 参数传入汇编程序中。本实例的 C51 程序如下:

```c
#include "reg51.h"
unsigned char led[]={0xfe,0xfd,0xfb,0xf7};      //LED灯的花样数据
void delay(unsigned char time);
void main(){
  bit dir=0,run=0;                              //标志位定义及初始化
  char i;
  while(1){
      switch(P0&0x0f){                          //读取键值
          case 0x0e:run=1;break;                //K1动作,设run=1
          case 0x0d:run=0,dir=0;break;          //K2动作,设run=dir=0
          case 0x0b:dir=1;break;                //K3动作,设dir=1
          case 0x07:dir=0;break;                //K4动作,设dir=0
      }
      if(run)                                   //若run=dir=1,自上而下流动
         if(dir)
            for(i=0;i<=3;i++){
               P2=led[i];
               delay(255);
            }
         else                                   //若run=1,dir=0,自下而上流动
            for(i=3;i>=0;i--){
               P2=led[i];
               delay(255);
            }
      else P2=0xff;                             //若run=0,灯全灭
}}
```

可以看出,与实例 2 相比,两者的 C51 程序几乎是完全相同的,只是实例 3 中 delay 函数只有定义没有函数体。将上述两个程序文件(delay.asm 和实例 3.c)添加到 Keil 的同一工程中,程序界面如图 4.17 所示,编译方法同前。

2. LED 数码管原理与编程

LED 数码管具有显示亮度高、响应速度快的特点。最常用的是七段 LED 显示器,该显示器内部有七个条形发光二极管和一个小圆点发光二极管。这种显示器分共阴极和共阳极两种:共阳极 LED 显示器的发光二极管的所有阳极连接在一起,为公共端,如图 4.18(a)所示;共阴极 LED 显示器的发光二极管的所有阴极连接在一起,为公共端,如图 4.18(b)所示。单个数码管的引脚配置如图 4.18(c)所示,其中 com 为公共端。

LED 数码管的 a～g 7 个发光二极管加正电压点亮,加零电压熄灭,不同亮暗的组合能形成不同的字形,这种组合称为段码。共阴极型的部分段码表见表 4.8。

图 4.17　实例 3 的编程界面

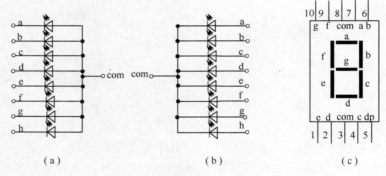

图 4.18　七段显示器工作原理

表 4.8　常用字符的段码表

字符	DP	g	f	e	d	c	b	a	段码(共阴)	段码(共阳)
0	0	0	1	1	1	1	1	1	3FH	C0H
1	0	0	0	0	0	1	1	0	06H	F9H
2	0	1	0	1	1	0	1	1	5BH	A4H
3	0	1	0	0	1	1	1	1	4FH	B0H
4	0	1	1	0	0	1	1	0	66H	99H
5	0	1	1	0	1	1	0	1	6DH	92H

【实例 4】LED 数码管显示。

将 80C51 单片机 P0 口的 P0.0～P0.7 引脚连接到一个共阴极数码管上(电路原理图如图 4.19 所示),使之循环显示 0～9 数字,时间间隔为 500 循环步。

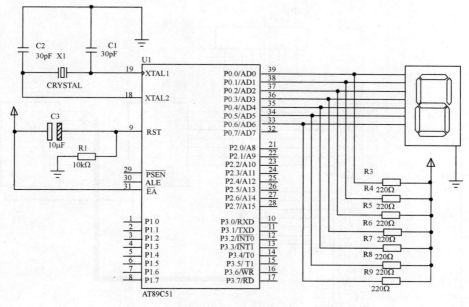

图4.19 实例4电路图

【解】编程原理分析如下:

数码管的显示字模(即段码)与显示数值之间没有规律可循。常用作法是:将字模按显示值大小顺序存入一数组中,例如,数值0~9的共阴型字模数组为 led_mod [ ]={0x3f,0x06,0x5b, 0x4f,0x66,0x6d,0x7d,0x07,0x7f,0x6f}。使用时,只需将待显示值作为该数组的下标变量即可取得相应的字模。顺序提取0~9的字模并送P0口输出,便可实现题意要求的功能。参考程序如下:

```
#include<reg51.h>                    //包括一个51标准内核的头文件
char led_mod []={0x3f,0x06,0x5b,0x4f,0x66,0x6d,0x7d,0x07,0x7f,0x6f};
                                     //LED显示字模
void delay(unsigned int time){
    unsigned int j=0;
    for(;time>0;time--)
        for(j=0;j<125;j++);
}
void main(void){
    char i=0;
    while(1){
        for(i=0;i<=9;i++) {
            P0=led_mod [i];
            delay(500);
}}}
```

【实例5】计数显示器。

对按键动作进行统计,并将动作次数通过数码管显示出来(电路原理图如图4.20所示)。要求显示范围为1~99,增量为1,超过计量界限后自动循环显示。

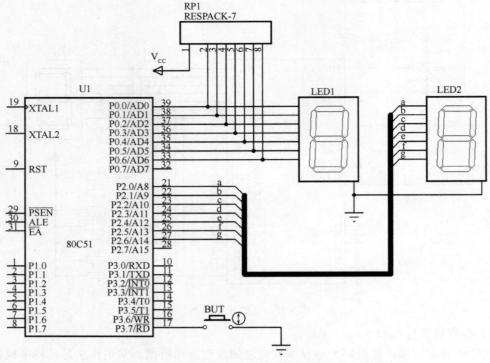

图 4.20 实例 5 电路图

【解】 编程原理分析如下：

（1）计数统计原理

循环读取 P3.7 口电平。若输入为 0，计数器变量 count 加 1；若判断计满 100，则 count 清 0。为避免按键在压下期间连续计数，每次计数处理后都需查询 P3.7 口电平，直到 P3.7 为 1（按键释放）时才能结束此次统计。为防止按键抖动产生的误判，本例使用了软件消抖措施，详见本书 4.5.2 节有关内容。

（2）拆字显示原理

为使 count 的两位数值分别显示在两只数码管上，可将 count 用取模运算（count % 10）拆出个位值，整除 10 运算（count / 10）拆出十位值，提取字模后分别送相应显示端口即可。参考程序如下，运行界面如图 4.21 所示。

```
#include<reg51.H>
sbit P3_7=P3^7;
unsigned char code table[]={0x3f,0x06,0x5b,0x4f,0x66,0x6d,0x7d,0x07,0x7f,0x6f};
unsigned char count;
void delay(unsigned int time){
    unsigned int j=0;
    for(;time>0;time--)
        for(j=0;j<125;j++);
}
void main(void){
    count=0;                        //计数器赋初值
    P0=table[count/10];             //P0 口显示初值
    P2=table[count%10];             //P2 口显示初值
```

```
    while(1) {                      //进入无限循环
      if(P3_7==0){                  //软件消抖,检测按键是否压下
        delay(10);
        if(P3_7==0){                //若按键压下
          count++;                  //计数器增1
          if(count==100)            //判断循环是否超限
            count=0;
          P0=table[count/10];       //P0口输出显示
          P2=table[count%10];       //P2口输出显示
          while(P3_7==0);           //等待按键松开,防止连续计数
}}}}
```

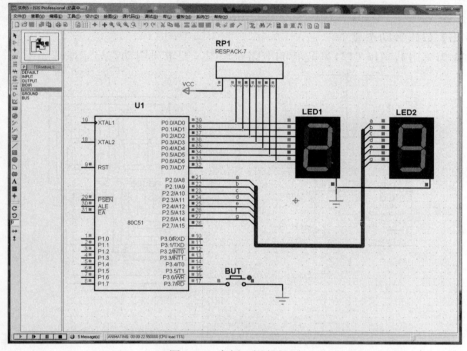

图 4.21　实例 5 运行界面

4.5.2　I/O 端口的进阶实践

1. 数码管动态显示原理与编程

LED 数码管与单片机的接口方式有静态显示接口和动态显示接口之分。静态显示接口是一个并行口接一个数码管。采用这种接法的优点是被显示数据只要送入并行口后就不再需要 CPU 干预,因而显示效果稳定。但该方法占用资源较多,例如,n 个数码管就需要 n 个 8 位的并行口。上节中实例 5 就是采用的静态显示接口。动态显示接口采用的做法则完全不同,它是将所有数码管的段码线对应并联起来接在一个 8 位并行口上,而每只数码管的公共端分别由一位 I/O 线控制,其电路原理如图 4.22 所示。

动态显示过程采用循环导通或循环截止各位显示器的做法。当循环显示时间间隔较小(如 10ms)时,由于人眼的暂留特性,就将看不出数码管的闪烁现象。动态显示接口的突出特点是占用资源较少,但由于显示值需要 CPU 随时刷新,故其占用机时较多。

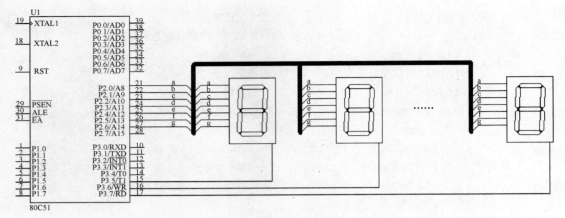

图 4.22　数码管动态显示接口示意图

【实例 6】 数码管动态显示。

图 4.23 为采用共阴极 LED 数码管的电路原理图，要求采用动态显示原理显示字符"L2"。

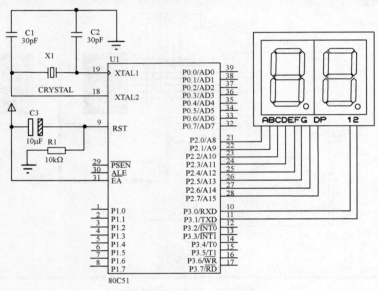

图 4.23　实例 6 电路图

【解】 图中的双联 LED 数码管相当于段码对应并联，位码独立的两个数码管。将位码 0x02 和 0x01 先后送入 P3 口可依次使能左、右两个数码管。此时若将 0x38 和 0x5b 两个显示码依次送到 P2 口，便可产生"L2"的动态显示效果。

实例 6 的参考程序如下：

```
#include<REG51.H>
charled_mod[]={0x38,0x5B};         //LED 字模"L2"
void delay(unsigned int time);

void main(){
    char led_point=0;
    while(1){
        P3=2-led_point;            //输出 LED 位码
```

```
                P2=led_mod[led_point];          //输出字模
                led_point=1-led_point;          //刷新LED位码
                delay(30);
        }
}
void delay(unsigned int time){
        unsigned int j=0;
        for(;time>0;time--)
            for(j=0;j<125;j++);
}
```

运行界面如图4.24所示。

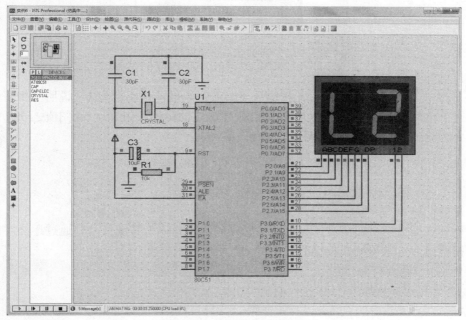

图4.24 实例6运行界面

2. 行列式键盘原理与编程

本节实例1和实例2中介绍的按键都是每只键单独接在一根I/O口线上,构成所谓的独立式键盘。其特点是电路简单,易于编程,但占用的I/O口线较多,当需要较多按键时可能产生I/O资源紧张问题。为此,可采用行列式键盘方案,具体做法是,将I/O口分为行线和列线,按键设置在跨接行线和列线的交点上,列线通过上拉电阻接正电源。4×4行列式键盘的典型电路原理图如图4.25所示。

行列式键盘的特点是占用I/O口线较少(例如,图4.25中16个按键仅用了8个I/O口线),但软件部分较为复杂。

行列式键盘的检测可采用软件扫描查询法进行,即根据按键压下前后,所在行线的端口电平是否出现反转,判断有无按键闭合动作。下面以外接于P2口的4×4行列式键盘为例说明其检测过程。

(1)键盘列扫描

由P2口循环输出一键扫描码(事先存放在扫描数组变量中,如 key_scan[ ]={0xef,0xdf,0xbf,0x7f}),使键盘的4行电平全为1,4列电平轮流有一列为0其余为1。

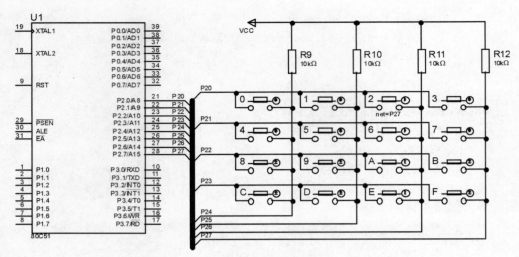

图 4.25 4×4 行列式键盘硬件电路图

(2) 按键判断

利用 (P2 & 0x0f) 算法判断有无按键压下。若行线低 4 位不全为 1,说明至少有一个按键压下,此时 P2 口的读入值必为根据按键闭合规律确定的键模数组 key_buf[ ] 值之一。

```
key_buf[]={0xee,0xde,0xbe,0x7e,
           0xed,0xdd,0xbd,0x7d,
           0xeb,0xdb,0xbb,0x7b,
           0xe7,0xd7,0xb7,0x77};
```

(3) 键值计算

若将行列式键盘中自左至右,自上而下的排列顺序号作为其键值,则通过逐一对比 P2 读入值与键模数组,可求得闭合按键的键值 j,即

```
for(j=0;j<16;j++){
    if(key_buf[j]==P2)return j};
return-1;            //无键闭合时定义键值为-1
```

上述 4×4 键盘的检测过程可以流程图形式示于图 4.26。

机械式按键在按下和释放瞬间常常因弹簧开关的变形而产生电压波动现象,抖动波形一般如图 4.27 所示。

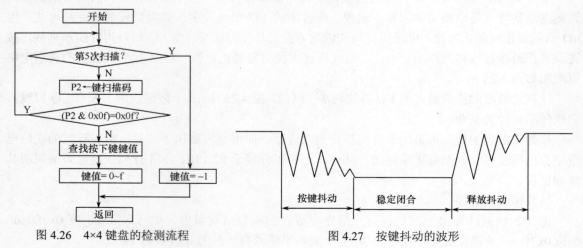

图 4.26 4×4 键盘的检测流程   图 4.27 按键抖动的波形

按键抖动会造成按键状态不易确定的问题，需要采用措施消除抖动影响。单片机常用软件延时 10ms 的办法来消除抖动的影响。当检测到有键按下时，先延时 10ms，然后再检测按键的状态，若仍是闭合状态，则认为真正有键按下。当需要检测到按键释放时，也需做同样的处理。

【实例 7】 行列式键盘编程。

图 4.28 为 4×4 行列式键盘和 1 位共阴极数码管电路原理图。要求开机后数码管暂为黑屏状态，按下任意按键后，显示该键的键值字符（0～F）。若没有新键按下，则维持前次按键结果。

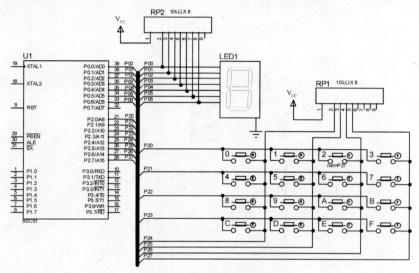

图 4.28 实例 7 电路原理图

【解】 基于上述扫描查询原理分析，本实例的程序如下：

```
#include<reg51.h>
char led_mod []={0x3f,0x06,0x5b,0x4f,0x66,0x6d,0x7d,0x07,        //显示字模
                 0x7f,0x6f,0x77,0x7c,0x58,0x5e,0x79,0x71};
char key_buf []={0xee,0xde,0xbe,0x7e,0xed,0xdd,0xbd,0x7d,        //键模
                 0xeb,0xdb,0xbb,0x7b,0xe7,0xd7,0xb7,0x77};

char getKey(void){
    char key_scan []={0xef,0xdf,0xbf,0x7f};                      //键扫描码
    char i=0,j=0;
    for(i=0;i<4;i++){
        P2 =key_scan [i];                                        //P2 送出键扫描码
        if((P2&0x0f)!=0x0f){                                     //判断有无键按下
            for(j=0;j<16;j++){
                if(key_buf [j]==P2) return j;                    //查找按下键键值
            }
        }
    }
    return-1;
}
void main(void){
    char key=0;
```

```
        P0=0x00;                                     //显示器黑屏
        while(1){
            key=getKey();                            //获取键值
            if (key!=-1) P0=led_mod[key];            //显示键值
    }}
```

程序运行界面如图 4.29 所示。

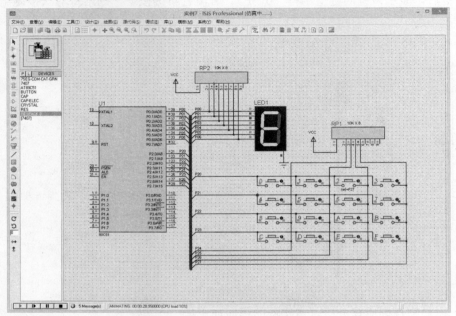

实例7仿真视频

图 4.29　实例 7 运行界面

本 章 小 结

1. C51 普通变量的一般定义形式为：
〔存储种类〕　数据类型　〔存储类型〕　变量名；
● 存储种类包括 auto、extern、static 和 register 4 个说明符，缺省时为 auto 型。
● 常用数据类型为 char 和 int，C51 扩充类型为 bit、sfr、sfr16 和 sbit。
● 存储类型包括 data、bdata、idata、pdata、xdata 和 code 6 个具体类型，缺省类型由编译模式指定。
● 变量名可由字母、数字和下画线 3 种字符组成，首字符应为字母或下画线。

2. C51 指针的一般定义形式为：
数据类型　〔存储类型 1〕　*　〔存储类型 2〕　指针变量名；
● 数据类型是被指向变量的数据类型。
● 存储类型 1 是被指向变量的存储类型，缺省时需根据该变量的定义确定。
● 存储类型 2 是指针变量的存储类型，缺省时根据 C51 编译模式确定。
● 变量名可由字母、数字和下画线 3 种字符组成，首字符应为字母或下画线。

3. 在 Keil 下进行 C51 编程的方法是：建立工程→输入源程序→保存为.c 文件→添加文件到工程→检查编译参数→编译连接→下载调试。

4. 键盘分为独立式按键和行列式键盘两种基本类型，前者：每只按键独立占用 1 个 I/O 口，电路简单，易于编程，但占用 I/O 口较多。后者：所有按键按序跨接在行线和列线上，占用较少系统资源，但编程复杂，占用机时较多。

5. 数码管显示分为静态显示和动态显示两种工作方式。前者：每个数码管的引脚独立占据 1 根 I/O 口线。后者：所有数码管的段码线对应并联接在 1 个并行口上，每只数码管的公共端分别由 1 位 I/O 线控制。

6. 数码管分为共阴型和共阳型两种基本类型，由于段码与显示值之间没有规律可循，通常将字模存放在数组中，通过查表的方式使用。

思考与练习题 4

4.1 单项选择题

（1）C51 数据类型中关键词"sfr"用于定义_____。
　　A．指针变量　　　　B．字符型变量　　　C．无符号变量　　　D．特殊功能寄存器变量
（2）已知共阴极 LED 数码显示管中，a 笔段对应于字模的最低位。若需显示字符 H，则它的字模应为_____。
　　A．0x76　　　　　　B．0x7f　　　　　　C．0x80　　　　　　D．0xf6
（3）为了实现 Keil 与 Proteus 的联合仿真运行，需要_____。
　　A．将 Keil 中形成的 hex 文件加载到 Proteus 中，然后在 Proteus 环境下进行运行
　　B．在 Keil 中形成 hex 文件，Proteus 中形成 dsn 文件，然后用 Keil 控制 Proteus 运行
　　C．在 Keil 中形成 hex 文件，Proteus 中形成 dsn 文件，然后用 Proteus 控制 Keil 运行
　　D．将 Proteus 中形成的 hex 文件和 dsn 文件同时打开，然后在 Keil 环境下进行运行
（4）在 Keil 运行和调试工具条中，左数第二个图标的功能是_____。

　　A．存盘　　　　　　B．编译　　　　　　C．下载　　　　　　D．运行
（5）在 Proteus ISIS 绘图工具条中，包含有电源端子"POWER"的按钮是左数的_____。

　　A．第 2 个　　　　　B．第 6 个　　　　　C．第 7 个　　　　　D．第 8 个
（6）Keil 开发 C51 程序的主要步骤是：建立工程、_____、形成 hex 文件、运行调试。
　　A．输入源程序　　　B．保存为 asm 文件　C．指定工作目录　　D．下载程序
（7）将 aa 定义为片外 RAM 区的无符号字符型变量的正确写法是_____。
　　A．unsigned char data aa;　　　　　　　B．signed char xdata aa;
　　C．extern signed char data aa;　　　　　D．unsigned char xdata aa;
（8）以下选项中合法的 C51 变量名是_____。
　　A．xdata　　　　　B．sbit　　　　　　C．start　　　　　　D．interrupt
（9）51 单片机能直接运行的文件格式是_____。
　　A．*.asm　　　　　B．*.c　　　　　　C．*.hex　　　　　　D．*.txt
（10）LED 数码管用作动态显示时需要_____。
　　A．将各位数码管的位码线并联起来　　　B．将各位数码管的位码线串联起来
　　C．将各位数码管的相同段码线并联起来　D．将各位数码管的相同段码线串联起来

（11）若 LED 数码管显示字符"2"的字模是 0x5b，则可以判断该系统用的是_____。
　　　A．共阴极数码管　　　　　　　　B．共阳极数码管
　　　C．动态显示原理　　　　　　　　D．静态显示原理
（12）C51 数据类型中关键词"bit"用于定义_____。
　　　A．位变量　　　B．字节变量　　　C．无符号变量　　　D．特殊功能寄存器变量
（13）已知 P0 口第 0 位的位地址是 0x90，将其定义为位变量 P1_0 的正确命令是_____。
　　　A．bit　　P1_0=0x90;　　　　　　B．sbit　　P1_0=0x90;
　　　C．sfr　　P1_0=0x90;　　　　　　D．sfr16　　P1_0=0x90;
（14）将 bmp 定义为片内 RAM 区的有符号字符型变量的正确写法是_____。
　　　A．char data bmp;　　　　　　　　B．signed char xdata bmp;
　　　C．extern signed char data bmp;　　D．unsigned char xdata bmp;
（15）设编译模式为 Small，将 csk 定义为片内 RAM 区的无符号字符型变量的正确写法是_____。
　　　A．char data csk;　　　　　　　　B．unsigned char csk;
　　　C．extern signed char data csk;　　D．unsigned char xdata csk;
（16）下列关于 LED 数码管动态显示的描述中，_____是正确的。
　　　A．一个并行口只接一个数码管，显示数据送入并行口后就不再需要 CPU 干预
　　　B．动态显示只能使用共阴极数码管，不能使用共阳极数码管
　　　C．一个并行口可并列接 n 个数码管，显示数据送入并行口后需要 CPU 再控制所需的数码管导通
　　　D．动态显示具有占用 CPU 机时少，发光亮度稳定的特点
（17）下列关于行列式键盘的描述中，_____是正确的。
　　　A．每只按键独立接在一根 I/O 口线上，根据口线电平判断按键的闭合状态
　　　B．按键设置在跨接行线和列线的交义点上，根据行线电平有无反转判断按键闭合状态
　　　C．行列式键盘的特点是无须 CPU 的控制，可以自行适应各种单片机的输入接口
　　　D．行列式键盘的特点是占用 I/O 口线较多，适合按键数量较少时的应用场合
（18）下列关于按键消抖的描述中，_____是不正确的。
　　　A．机械式按键在按下和释放瞬间会因弹簧开关变形而产生电压波动
　　　B．按键抖动会造成检测时按键状态不易确定的问题
　　　C．单片机编程时常用软件延时 10ms 的办法消除抖动影响
　　　D．按键抖动问题对晶振频率较高的单片机基本没有影响
（19）下列关于 C51 与汇编语言混合编程的描述中，_____是不正确的。
　　　A．C51 可生成高效简洁的目标代码，无须采用混合编程就能满足一般应用问题
　　　B．在 C51 中调用汇编程序的做法只适用于两种程序间无参数传递的应用场合
　　　C．在 C51 中嵌入汇编代码时需要对 Keil 编译器进行生成 SRC 文件的设置
　　　D．混合编程对涉及 I/O 口地址处理和中断向量地址安排等应用具有重要价值
（20）在 xdata 存储区里定义一个指向 char 类型变量的指针变量 px 的下列语句中，_____是正确的（默认为 Small 编译模式）。
　　　A．char * xdata px;　　　　　　　B．char xdata * px;
　　　C．char xdata * data px;　　　　　D．char * px xdata;

4.2　问答思考题

（1）C51 与汇编语言相比有哪些优势？怎样实现两者的互补？
（2）在 C51 中为何要尽量采用无符号的字节变量或位变量？

（3）为了加快程序的运行速度，C51中频繁操作的变量应定义在哪个存储区？

（4）C51的变量定义包含哪些要素？其中哪些是不能省略的？

（5）C51数据类型中的关键词sbit和bit都可用于位变量的定义，但二者有何不同之处？

（6）C51中调用汇编语言程序需要解决的3个基本问题是什么？具体规则有哪些？

（7）C51中嵌入汇编代码的具体做法是什么？有什么需要关注的地方？

（8）集成开发环境μVision3的软件界面由哪些组成部分？简述创建一个C51程序的基本方法。

（9）简述利用μVision3进行C51程序的调试方法。

（10）Proteus和Keil C的联合使用有什么意义？使用这一组合的单片机仿真开发过程是什么？

（11）独立式按键的组成原理与编程思路是什么？

（12）七段LED数码管的工作原理是什么？简述数码管静态显示与动态显示的特点及实现方法。

（13）行列式键盘的组成原理与编程思路是什么？

（14）独立式键盘与行列式键盘的特点和不足是什么？

第 5 章 单片机的中断系统

内容概述:
本章主要介绍中断的基本概念、中断控制系统工作原理、中断响应过程及中断的编程应用方法。

教学目标:
- 了解单片机中断系统的硬件组成;
- 了解中断产生与响应过程;
- 了解中断编程方法。

5.1 中断的概念

现代计算机都具有实时处理能力,能对突然发生的事件,如人工干预、外部事件及意外故障作出及时的响应或处理,这是依靠它的中断系统来实现的。

首先以现实生活中的例子说明中断的概念。例如,某人正在看报纸时忽然电话铃响了,他可能放下报纸去接电话。电话打完后,他再重新开始看报纸。这种停止手头任务去执行一项更紧急的任务,等到紧急任务完成后再继续执行原来任务的概念就是中断。不仅如此,还可能有更复杂的情形(见图 5.1),如人在看报纸的时候电话铃突然响了,在接电话过程中又发现厨房的水开了,这时必须立刻中止电话交谈,先去厨房关煤气、灌开水,然后接着打电话。电话打完后才能继续看报纸。这一过程包含了电话铃响和水开了两个突发事件,看报纸的活动被连续两次突发事件中断。

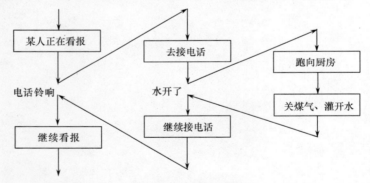

图 5.1 生活中的中断实例

同理,单片机中也可有类似的中断问题,例如,若规定按键扫描处理优先于显示器输出处理,则 CPU 在处理显示器内容的过程中,可以被按键的动作所打断,转而处理键盘扫描问题。待扫描结束后再继续进行显示器处理过程。由此可见,所谓中断是指计算机在运行当前程序的过程中,若遇紧急或突发事件,可以暂停当前程序的运行,转向处理该突发事件,处理完成后再从当前程序的间断处接着运行。

如果把人比作单片机中的 CPU,大脑就相当于 CPU 的中断管理系统。由中断管理系统处理突发事件的过程,称为 CPU 的中断响应过程。中断管理系统能够处理的突发事件称为中断源,中断源向 CPU 提出的处理请求称为中断请求,针对中断源和中断请求提供的服务函数称为中断服务函数（或中断函数）。在中断服务过程中执行更高级别的中断服务称为中断嵌套。具有中断嵌套功能的系统称为多级中断系统，反之称为单级中断系统。二级中断系统如图 5.2 所示。

图 5.2 表明，中断过程与调用一般函数过程有许多相似性，如两者都需要保护断点，都可实现多级嵌套等。但中断过程与调用一般函数过程从本质上讲是不同的，主要表现在服务时间与服务对象方面。

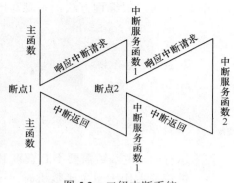

图 5.2 二级中断系统

首先，调用一般函数过程是程序设计者事先安排的，而调用中断函数过程却是系统根据工作环境随机决定的。因此，前者在调用函数中的断点是明确的，而后者的断点则是随机的。其次，主函数与调用函数之间具有主从关系，而主函数与中断函数之间则是平行关系。最后，一般函数调用是纯粹软件处理过程，而中断函数调用却是需要软、硬件配合才能完成的过程。

中断是计算机的一个重要功能，采用中断技术能够实现以下功能。

① 分时操作：计算机的中断系统可以使 CPU 与外设同时工作。CPU 在启动外设后，便继续执行主程序；而外设被启动后，开始进行准备工作。当外设准备就绪时，就向 CPU 发出中断请求，CPU 响应该中断请求并为其服务完毕后，返回到原来的断点处继续运行主程序。外设在得到服务后，也继续进行自己的工作。因此，CPU 可以使多个外设同时工作，并分时为各外设提供服务，从而大大提高了 CPU 的利用率和输入/输出的速度。

② 实时处理：当计算机用于实时控制时，请求 CPU 提供服务是随机发生的。有了中断系统，CPU 就可以立即响应并加以处理。

③ 故障处理：计算机在运行时往往会出现一些故障，如电源断电、存储器奇偶校验出错、运算溢出等。有了中断系统，当出现上述情况时，CPU 可及时转去执行故障处理程序，自行处理故障而不会死机。

【实例 1】以图 5.3 所示的单片机开关状态检测单元为例进一步说明中断的概念。图中 P2.0 引脚处接有一个发光二极管 D1，P3.2 引脚处接有一个按键。要求分别采用一般方式和中断方式编程实现按键压下一次，D1 的发光状态反转一次的功能。

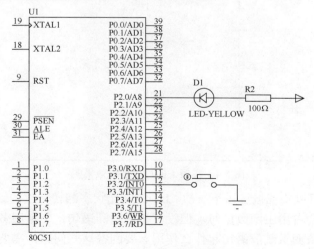

图 5.3 单片机开关状态检测单元

【解】 按照一般编程方法，不难写出如下程序：

```
#include<reg51.h>
sbit p2_0=P2^0;                      //定义位变量
sbit p3_2=P3^2;                      //定义位变量
main(){
    while(1){                        //无限循环
        if(p3_2==0) p2_0=!p2_0;      //如果按键压下，D1 电平翻转
}}
```

程序运行时，主函数需要不断查询 P3.2 引脚的电平状态。若 p3_2 为 0，则将 p2_0 值取反，显然这一过程要占用大量主函数机时。

采用中断方式编写的程序如下：

```
#include<reg51.h>
sbit p2_0=P2^0;                      //定义位变量
int0_srv() interrupt 0{              //中断服务函数
    p2_0=!p2_0;                      //输出翻转电平
}
main(){
    IT0=1;                           //中断初始化
    IE=0x81;                         //中断初始化
    while(1);                        //无限循环
}
```

这一程序由主函数和中断函数组成，中断函数 int0_srv( )完成 p2_0 电平翻转作用，主函数中的 while(1)语句则模拟任意任务的语句。中断方式编程的运行效果如图 5.4 所示。

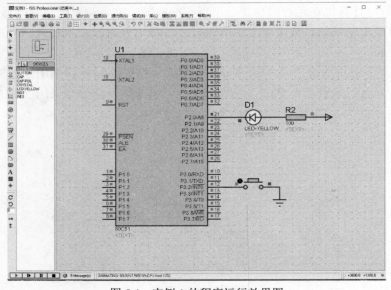

图 5.4 实例 1 的程序运行效果图

可见，该程序也可以实现按键压下一次、D1 的发光状态翻转一次的功能。该主函数中没有按键检测语句，故不会占用主函数机时。但没有按键检测语句，中断服务函数是如何自动执行的？该主函数中的两条变量赋值语句起什么作用？要回答这些问题，需要进一步了解中断控制系统的内容。

5.2 中断控制系统

5.2.1 中断系统的结构

1. 中断源

如前所述,中断源是中断管理系统能够处理的突发事件。显然,中断源的数量和种类越多,单片机处理突发事件的能力就越强。51 单片机中断源的数量因具体机型而异,最典型的 80C51 单片机共有 5 个中断源,见表 5.1。

表 5.1 中断源的基本内容

51 单片机的中断源	中断源名称	中断向量	中断号
P3.2 引脚的电平/脉冲状态	$\overline{INT0}$	0003H	0
定时/计数器 0 的溢出标志位状态	T0	000BH	1
P3.3 引脚的电平/脉冲状态	$\overline{INT1}$	0013H	2
定时/计数器 1 的溢出标志位状态	T1	001BH	3
串口数据缓冲器的工作状态	TX/RX	0023H	4

表 5.1 中,$\overline{INT0}$ 和 $\overline{INT1}$ 都是以单片机特定引脚上的电平或脉冲状态为中断事件的,统称为外部中断;而其余 3 个中断源都是以单片机内部某个标志位的电平状态为中断事件的,统称为内部中断。

中断事件出现后,系统将调用与该中断源相对应的中断函数进行中断处理。汇编语言中规定了 5 个特殊的 ROM 单元用于引导中断程序的调用,这些单元的地址称为中断向量。汇编编程时,需要在此单元处放置一条指向中断程序入口地址的跳转语句,以便引导中断程序的执行。对于 C51 语言,调用中断函数时不用中断向量,而要用到与中断源相应的中断号。80C51 的中断源、中断向量及中断号的对应关系如表 5.1 所示。

至此便可理解本书第 2 章中介绍过的程序存储器中需要保留 5 个特殊单元的目的。

2. 中断请求标志

当中断源的突发事件出现时,单片机中某些特殊功能寄存器的特殊标志位将被硬件方式自动修改,这些特殊标志位称为中断请求标志。程序运行过程中,CPU 只要定期查看中断请求标志是否为 1,便可知道有无中断事件发生。

0~3 号中断源中各有 1 个中断请求标志,而 4 号中断源对应有 2 个中断请求标志(但公用 1 个中断号)。表 5.2 中列出中断源与中断请求标志的关系。

表 5.2 中断源与中断请求标志的关系

中断源名称	中断触发方式	中断请求标志及取值
$\overline{INT0}$	P3.2 出现低电平或负跳变脉冲后	IE0=1
T0	定时/计数器 T0 接收的脉冲数达到溢出程度后	TF0=1
$\overline{INT1}$	P3.3 出现低电平或负跳变脉冲后	IE1=1
T1	定时/计数器 T1 接收的脉冲数达到溢出程度后	TF1=1
TX/RX	一帧串行数据被发送出去后	TI=1
	一帧串行数据被接收进来后	RI=1

可见,中断源出现某种特定信号时,相应的中断请求标志位将自动置 1。中断请求标志清 0 问题比较复杂,将在中断撤销的内容中介绍。为了更好地理解表 5.2,下面分别介绍中断请求标志的工作原理。

(1)外部中断源($\overline{INT0}$ 和 $\overline{INT1}$)

$\overline{INT0}$ 信号通过 P3.2 引脚输入,$\overline{INT1}$ 信号通过 P3.3 引脚输入,输入的信号可有电平和脉冲两种形式。$\overline{INT0}$ 中断请求原理如图 5.5 所示。

图 5.5 中，$\overline{INT0}$ 信号可以通过 IT0 逻辑开关切换后，分两路作用到中断请求标志单元 IE0 上。其中，若 IT0 =0，则 $\overline{INT0}$ 信号可经非门到达 IE0。此时，若 $\overline{INT0}$ 为高电平，则 IE0 硬件清 0；若 $\overline{INT0}$ 为低电平，则 IE0 硬件置 1。若 IT0 =1，则 $\overline{INT0}$ 信号可经施密特触发器到达 IE0。此时，若 $\overline{INT0}$ 为正跳变脉冲，则 IE0 硬件清 0；若 $\overline{INT0}$ 为负跳变脉冲，则 IE0 硬件置 1。可见，在 IT0 的控制下，上述两种 $\overline{INT0}$ 信号都可影响中断请求标志 IE0。

同理，可以说明 $\overline{INT1}$ 信号与 IE1 标志的关系。

（2）内部中断源（T0 和 T1）

51 单片机内部有两个完全相同的定时/计数器 T0 和定时/计数器 T1。在 T0 或 T1 中装入初值并闭合逻辑开关后，T0 或 T1 中便会自动累加注入的脉冲信号。T0 中断源的工作原理如图 5.6 所示。

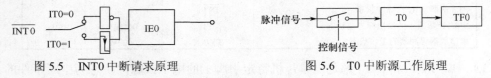

图 5.5 $\overline{INT0}$ 中断请求原理　　　　图 5.6 T0 中断源工作原理

当 T0 被充满溢出后，可向位寄存器 TF0 "进位"，产生硬件置 1 的效果。TF0 在系统响应中断请求后才会被硬件清 0，否则将一直保持溢出时的高电平状态。

同理可以说明中断源 T1 与中断请求标志 TF1 的关系。有关 T0 和 T1 的具体工作原理将在第 6 章中进一步介绍。

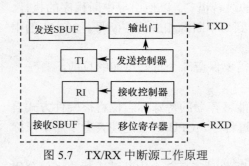

图 5.7 TX/RX 中断源工作原理

（3）内部中断源（TX/RX）

51 单片机具有内部发送控制器和接收控制器，可对串行数据进行收发控制，如图 5.7 所示。

若来自端口 RXD 的一帧数据经过移位寄存器被送入"接收 SBUF"单元后，接收控制器将使位寄存器 RI 硬件置 1；同理，若来自"发送 SBUF"单元的一帧数据经过输出门发送出去后，发送控制器将使位寄存器 TI 硬件置 1。与前 4 种中断源不同的是，系统响应中断后，RI 和 TI 都不会硬件清 0，而是需要由软件方式清 0。

有关 RI 和 TI 的具体工作原理将在第 7 章中进一步介绍。

5.2.2 中断控制

用户对单片机中断系统的操作是通过控制寄存器实现的。为此，80C51 设置了 4 个控制寄存器，即定时控制寄存器 TCON、串口控制寄存器 SCON、中断优先级控制寄存器 IP 及中断允许控制寄存器 IE。这 4 个控制寄存器都是特殊功能寄存器，由它们组成的中断系统如图 5.8 所示。

图 5.8 中显示，中断信号的传送是分别沿着 5 条水平路径由左向右进行的，4 个控制寄存器在中断中的作用已经清楚地表现出来了，下面分别进行介绍。

1. TCON 寄存器

TCON 为定时/计数器控制寄存器（Timer/Counter Control Register），字节地址为 88H，可位寻址。该字节寄存器中有 6 个位寄存器与中断有关，2 个位寄存器与定时/计数器有关，TCON 寄存器的位定义如图 5.9 所示。

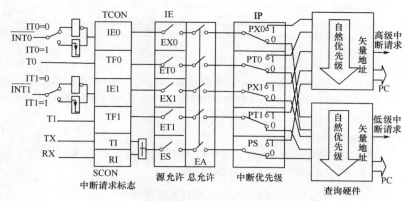

图 5.8 中断系统的组成

TF1	TR1	TF0	TR0	IE1	IT1	IE0	IT0
8FH	8EH	8DH	8CH	8BH	BAH	89H	88H
位7	位6	位5	位4	位3	位2	位1	位0

位 7：定时/计数器T1的溢出中断请求标志位

  启动T1计数后,T1从初值开始加1计数,当最高位产生溢出时,由硬件将TF1置1,并向CPU申请中断,CPU响应TF1中断时,将TF1清0

位 5：定时/计数器T0的溢出中断请求标志位

  作用同TF1

位 3：外部中断1的中断请求标志位

  IT1=0：在每个机器周期对$\overline{INT1}$引脚进行采样,若为低电平,则IE1=1,否则IE1=0

  IT1=1：当某一个机器周期采样到$\overline{INT1}$引脚从高电平跳变为低电平时,IE1=1,此时表示外部中断 0 正在向CPU申请中断。当CPU响应中断转向中断服务程序时,由硬件将IE1清0

位 2：外部中断1的中断触发方式控制位

  0：电平触发方式,引脚$\overline{INT1}$上低电平有效

  1：边沿触发方式,引脚$\overline{INT1}$上的电平从高到低的负跳变有效

  可由软件置1或清0

位 1：外部中断0的中断请求标志位

  作用同IE1

位 0：外部中断0的中断触发方式控制位

  作用同IT1

图 5.9 TCON 定时/计数器控制寄存器

  由图 5.9 可知,与中断有关的位寄存器分别是：$\overline{INT0}$ 的中断请求标志位 IE0(TCON^1)、T0 的中断请求标志位 TF0(TCON^5)、$\overline{INT1}$ 的中断请求标志位 IE1(TCON^3)、T1 的中断请求标志位 TF1(TCON^7)、$\overline{INT0}$ 的中断触发方式选择位 IT0(TCON^0)和$\overline{INT1}$ 的中断触发方式选择位 IT1(TCON^2)。本章实例 1 中的 IT0=1 语句,就是令$\overline{INT0}$为脉冲触发方式的中断初始化设置。

  另外,还有两个位寄存器——TR1 和 TR0,它们都与中断无关（与定时/计数器 T1 和 T0 有关）,其功能将在第 6 章中进行介绍。

  51 单片机复位后,TCON 初值为 0,即默认为无上述 4 个中断请求、电平触发外部中断方式。

2. SCON 寄存器

  SCON 为串口控制寄存器(Serial Control Register),字节地址为 98H,可位寻址。SCON 中只有两位与中断有关,即接收中断请求标志位 RI（SCON^0）和发送中断请求标志位 TI（SCON^1）,SCON 寄存器的位定义如图 5.10 所示。

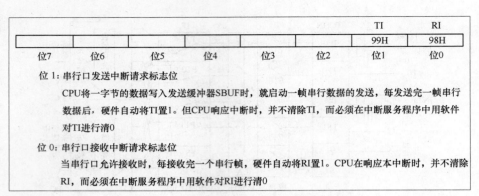

位 1：串行口发送中断请求标志位

CPU将一字节的数据写入发送缓冲器SBUF时，就启动一帧串行数据的发送，每发送完一帧串行数据后，硬件自动将TI置1。但CPU响应中断时，并不清除TI，而必须在中断服务程序中用软件对TI进行清0

位 0：串行口接收中断请求标志位

当串行口允许接收时，每接收完一个串行帧，硬件自动将RI置1。CPU在响应本中断时，并不清除RI，而必须在中断服务程序中用软件对RI进行清0

图 5.10　SCON 串口控制寄存器

结合图 5.8 可知，TI 和 RI 虽然是两个中断请求标志位，但在 SCON 之后经或门电路合成为一个信息，统一接受中断管理，其具体内容将在第 7 章中介绍。

3. IE 寄存器

IE 为中断允许寄存器（Interrupt Enable Register），字节地址为 A8H，可位寻址。中断请求标志硬件置 1 后，能否得到 CPU 中断响应取决于 CPU 是否允许中断。允许中断称为中断开放，不允许中断称为中断屏蔽。

从图 5.8 中可以看出，中断请求标志要受两级"开关"的串联控制，即 5 个源允许和 1 个总允许。当总允许位寄存器 EA=0 时，所有的中断请求都被屏蔽；当 EA=1 时，CPU 开放总中断。每个源允许位寄存器对中断请求的控制作用都是单项的，可以根据需要分别使其处于开放（=1）或屏蔽（=0）状态。IE 寄存器的位定义如图 5.11 所示。

EA			ES	ET1	EX1	ET0	EX0
AFH			ACH	ABH	AAH	A9H	A8H
位7	位6	位5	位4	位3	位2	位1	位0

位 7：中断允许总控制位
　　1：CPU开放中断
　　0：CPU屏蔽所有的中断申请

位 4：串行口中断允许位
　　1：允许串行口中断
　　0：禁止串行口中断

位 3：定时/计数器T1的溢出中断允许位
　　1：允许T1中断
　　0：禁止T1中断

位 2：外部中断1中断允许位
　　1：允许外部中断1中断
　　0：禁止外部中断1中断

位 1：定时/计数器T0的溢出中断允许位
　　作用同ET1

位 0：外部中断0中断允许位
　　作用同EX1

图 5.11　IE 中断允许寄存器

单片机复位后，IE 的初值为 0，因此默认为是整体中断屏蔽。若要在程序中使用中断，必须通过软件方式进行中断初始化。实例 1 中的 IE=0x81 语句，就是令 EA 和 EX0 置 1，其余位寄存器保持为 0 的中断初始化设置。

4. IP 寄存器

IP 寄存器为中断优先级寄存器（Interrupt Priority Registers），字节地址为 B8H，可位寻址。IP 寄存器的格式如图 5.12 所示。

```
                              PS      PT1     PX1     PT0     PX0
                             BCH     BBH     BAH     B9H     B8H
       位7    位6    位5    位4     位3     位2     位1     位0

       位 4：串行口中断优先级控制位
              1：串行口中断定义为高优先级中断
              0：串行口中断定义为低优先级中断
       位 3：定时/计数器T1中断优先级控制位
              1：定时器T1定义为高优先级中断
              0：定时器T1定义为低优先级中断
       位 2：外部中断1中断优先级控制位
              1：外部中断1定义为高优先级中断
              0：外部中断1定义为低优先级中断
       位 1：定时/计数器T0中断优先级控制位
              作用同PT1
       位 0：外部中断0中断优先级控制位
              作用同PX1
```

图 5.12　IP 中断优先级寄存器

根据图 5.12，51 单片机的每个中断源都可被设置为高优先级中断（=1）或低优先级中断（=0）。其中，运行中的低优先级中断函数可被高优先级中断请求所打断（实现中断嵌套），而运行中的高优先级中断函数则不能被低优先级中断请求所打断。此外，同级的中断请求不能打断正在运行的同级中断函数。

为了实现上述中断系统优先级功能，51 单片机的中断系统有两个不可寻址的优先级状态触发器。其中一个指出 CPU 是否正在执行高优先级中断服务程序，如果该触发器置 1 时，所有后来的中断均被阻止；另一个指出 CPU 是否正在执行低优先级中断服务程序，该触发器置 1 时所有同级的中断都被阻止，但不阻止高优先级的中断。

当多个同级中断源同时提出中断请求时，CPU 将依据表 5.3 所示的自然优先级查询中断请求，自然优先级高的中断请求优先得到响应。

表 5.3　中断矢量单元地址和自然优先级

中断源	中断服务程序入口	中断级别
$\overline{INT0}$	0003H	最高
T0	000BH	↓
$\overline{INT1}$	0013H	↓
T1	001BH	↓
TX/RX	0023H	最低

结合图 5.8 可知，通过设置 IP 寄存器，每个中断请求都可被划分到高级中断请求或低级中断请求的队列中，每个队列中又可依据自然优先级排队。如此一来，用户就能根据需要指定中断源的重要等级。

51 单片机复位后，IP 初值为 0，即默认为全部低级中断。例如实例 1 就是这一默认设置。

5.3　中断处理过程

中断处理包括中断请求、中断响应、中断服务、中断返回等环节。其中中断请求在前面已有介绍，中断返回与 C51 编程关系不大，故本节仅对与中断响应、中断服务有关的内容介绍如下。

1. 中断响应

中断响应是指 CPU 从发现中断请求，到开始执行中断函数的过程。CPU 响应中断的基本条件为：

① 有中断源发出中断请求；
② 中断总允许位 EA=1，即 CPU 开中断；
③ 申请中断的中断源的中断允许位为 1，即没有被屏蔽。

满足以上条件后，CPU 一般都会响应中断。但如果遇到一些特殊情况，中断响应还将被阻止，例如 CPU 正在执行某些特殊指令，或 CPU 正在处理同级的或更高优先级的中断等。待这些中断情况撤销后，若中断标志尚未消失，则 CPU 还可继续响应中断请求，否则中断响应将被中止。

CPU 响应中断后，由硬件自动执行如下功能操作：

① 中断优先级查询，对后来的同级或低级中断请求不予响应；
② 保护断点，即把程序计数器 PC 的内容压入堆栈保存；
③ 清除可清除的中断请求标志位（见中断撤销）；
④ 调用中断函数并开始运行；
⑤ 返回断点继续运行。

可见，除中断函数运行是软件方式外，其余中断处理过程都是由单片机硬件自动完成的。

2. 响应时间

从查询中断请求标志到执行中断函数第一条语句所经历的时间，称为中断响应时间。不同中断情况，中断响应时间是不一样的，以外部中断为例，最短的响应时间为 3 个机器周期。这是因为，CPU 在每个机器周期的 S6 期间查询每个中断请求的标志位。如果该中断请求满足所有中断条件，则 CPU 从下一个机器周期开始调用中断函数，而完成调用中断函数的时间需要 2 个机器周期。这样中断响应共经历了 1 个查询机器周期加 2 个调用中断函数周期，总计 3 个机器周期，这也是对中断请求作出响应所需的最短时间。

如果中断响应受阻，则需要更长的响应时间，最长响应时间为 8 个机器周期。一般情况下，在一个单中断系统里，外部中断的响应时间在 3～8 个机器周期之间。如果是多中断系统，且出现了同级或高级中断正在响应或正在服务中，则需要等待响应，那么响应时间就无法计算了。

这表明，即使采用中断处理突发事件，CPU 也存在一定的滞后时间。在可能的范围内提高单片机的时钟频率（缩短机器周期），可减少中断响应时间。

3. 中断撤销

中断响应后，TCON 和 SCON 中的中断请求标志应及时清 0，否则中断请求将仍然存在，并可能引起中断误响应。不同中断请求的撤销方法是不同的。

对于定时/计数器中断，中断响应后，由硬件自动对中断标志位 TF0 和 TF1 清 0，中断请求可自动撤销，无须采取其他措施。

对于脉冲触发的外部中断请求，在中断响应后，也由硬件自动对中断请求标志位 IE0 和 IE1 清 0，即中断请求的撤销也是自动的。

对于电平触发的外部中断请求，情况则不同。中断响应后，硬件不能自动对中断请求标志位 IE0 和 IE1 清 0。中断的撤销，要依靠撤除 $\overline{\text{INT0}}$ 和 $\overline{\text{INT1}}$ 引脚上的低电平，并用软件使中断请求标志位清 0 才能有效。由于撤除低电平需要有外加硬件电路配合，比较烦琐，因而采用脉冲触发方式便成为常用的做法。

对于串口中断，其中断标志位 TI 和 RI 不能自动清 0。因为在中断响应后，还要测试这两个标志位的状态，以判定是接收操作还是发送操作，然后才能清除。所以串口中断请求的撤销是通过软件方法实现的。

4. 中断函数

中断服务是针对中断源的具体要求进行设计的，不同中断源的服务内容及要求各不相同，故中断函数必须由用户自己编写。中断服务函数的定义格式是统一的，C51 提供的中断函数定义格式如下：

```
void 函数名 (void) interrupt n [using m]
{ 函数体语句 }
```

这里 interrupt 和 using 都是 C51 的关键词，interrupt 表示该函数是一个中断函数，整数 n 是与中断源对应的中断号，对于 80C51 单片机，n=0～4。

using 表示指定 m 号工作寄存器组存放中断相关数据，m=0～3。若每个中断函数都指定不同的工作寄存器组，则中断函数调用时就不必进行相关参数的现场保护，从而可简化编程。using m 选项缺省时，m 默认为当前工作寄存器组号（由 PSW 中的 RS0 和 RS1 位确定，可参见本书 2.2.3 节内容）。

在 C51 中使用中断函数时，应注意以下几点。

① 中断函数既没有返回值，也没有调用参数。

② 中断函数只能由系统调用，不能被其他函数调用。

③ 为提高中断响应的实时性，中断函数应尽量简短，并避免使用复杂变量类型及复杂算术运算。一种常用的做法是，在中断函数调用过程中刷新标志变量，而在主函数或其他函数中根据该标志变量值再做相应处理，这样就能较好地发挥中断对突发事件的应急处理能力。

④ 若要在执行当前中断函数时禁止更高优先级中断，可在中断函数中先用软件关闭 CPU 对中断的响应，在完成中断任务后再开放中断。

5.4 中断的编程和应用举例

5.4.1 中断程序设计举例

为了更好地了解中断原理，下面将分析一些中断应用实例。

【实例 2】中断扫描法行列式键盘。

【解】在第 4 章中已介绍过行列式键盘的工作原理，并编写了相应的键盘扫描程序。但应注意的是，在单片机应用系统中，键盘扫描只是 CPU 工作的内容之一。CPU 在忙于各项工作任务时，需要兼顾键盘扫描，既保证不失时机地响应键操作，又不过多地占用 CPU 时间。因此，可以采用中断扫描方式来提高 CPU 的效率，即只有在键盘有键按下时，才执行键盘扫描程序；如果无键按下，则将键盘视为不存在。

图 5.13 所示为采用中断方式的键盘接口。

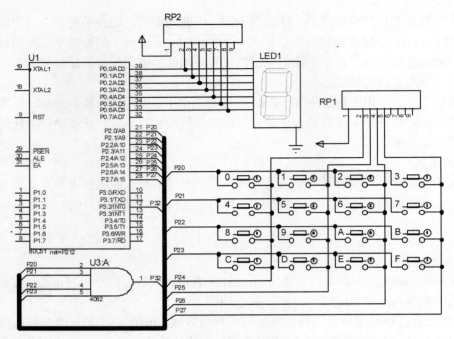

图 5.13 中断方式键盘接口

由图 5.13 可见，与图 4.28 电路相比，图 5.13 电路中增加了一个型号为 4082 的 4 与门集成元件。4 个与门输入端分别与 4 条行线并联，与门输出端则与 $\overline{INT0}$（P3.2）引脚相连。

当各列电平都为 0 时，无论压下哪个按键，与门的输出端都可形成 $\overline{INT0}$ 的中断请求信号。这样便可将按键的扫描查询工作放在中断函数中进行，从而就能达到既快速响应按键动作，又提高 CPU 工作效率的目的。

实例 2 的参考程序如下：

```
#include<reg51.h>
char led_mod[]={0x3f,0x06,0x5b,0x4f,0x66,0x6d,0x7d,0x07,     //led 字模
                0x7f,0x6f,0x77,0x7c,0x58,0x5e,0x79,0x71};
char key_buf[]={0xee,0xde,0xbe,0x7e,0xed,0xdd,0xbd,0x7d,     //键值
                0xeb,0xdb,0xbb,0x7b,0xe7,0xd7,0xb7,0x77};

void getKey() interrupt 0{                                   //INT0 中断函数
    char key_scan[]={0xef,0xdf,0xbf,0x7f};                   //键扫描码
    char i=0,j=0;
    for(i=0;i<4;i++) {
        P2=key_scan[i];                                      //输出扫描码
        for(j=0;j<16;j++) {
            if(key_buf[j]==P2 ){                             //读键值并判断键号
                P0=led_mod[j];                               //显示闭合键键号
                break;
}}}
    P2=0x0f;                                                 //为下次中断做准备
}
void main(void) {
```

```c
        P0=0x00;                    //开机黑屏
        IT0=1;                      //脉冲触发
        EX0=1;                      //INT0 允许
        EA=1;                       //总中断允许
        P2=0x0f;                    //为首次中断做准备,列线全为 0,
                                    //  行线全为 1

        while(1);                   //模拟其他程序功能
}
```

实例 2 的程序界面及运行界面分别如图 5.14 和图 5.15 所示。

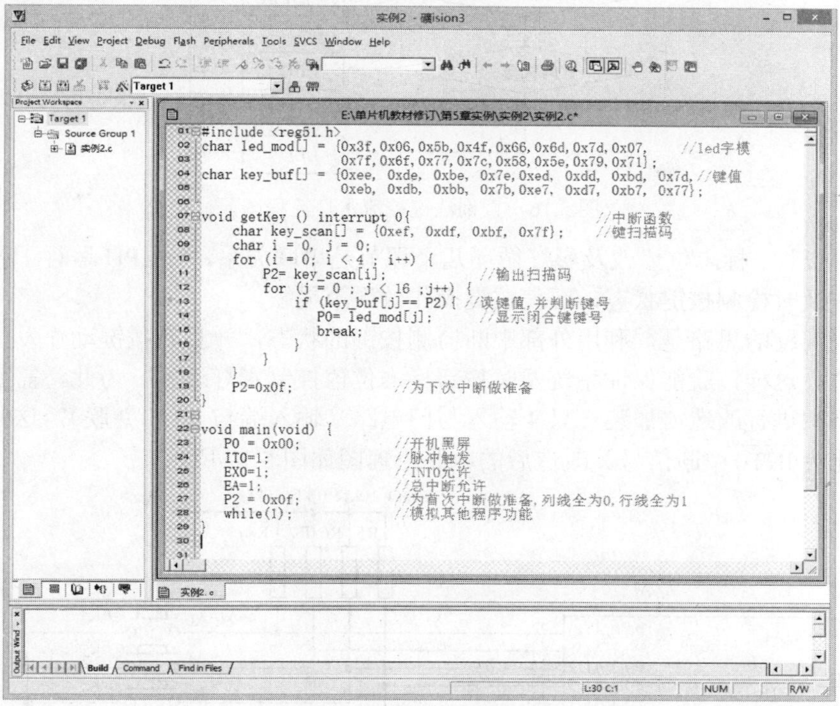

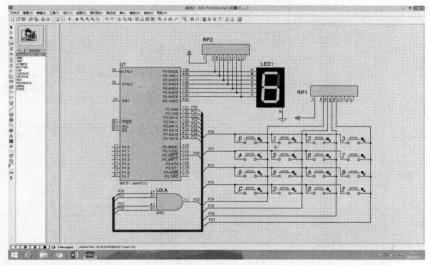

图 5.14 实例 2 程序界面

图 5.15 实例 2 运行界面

【实例3】中断方式的键控流水灯。

【解】 在第 4 章的实例 2 中,按键检测是采用查询法进行的,其流程图如图 5.16 所示。

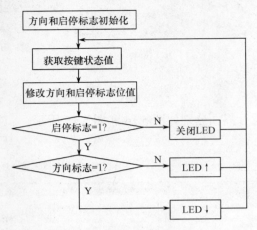

图 5.16 查询法键控流水灯流程图

由于按键查询、标志位修改及彩灯循环几个环节是串联关系,当 CPU 运行于彩灯循环环节时,将因不能及时检测按键状态,而使按键操作效果不灵敏。

解决这一问题的思路是,利用外部中断监测按键的状态,一旦有按键动作发生,系统可立即更新标志位。这样,就能保证系统及时按新标志位值控制彩灯运行。为此,需要先对原电路图(见图 4.15)进行改造,加装一只 4 输入与门电路(输入端与 P0 口并联),这样就能将按键闭合电平转化为 $\overline{INT0}$ 中断信号。改造后的电路原理图如图 5.17 所示。

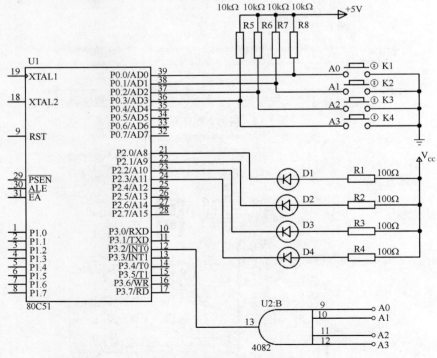

图 5.17 实例 3 电路原理图

编程时,主函数只负责彩灯循环运行,中断函数则负责按键检测与标志位刷新,流程图如图 5.18 所示。

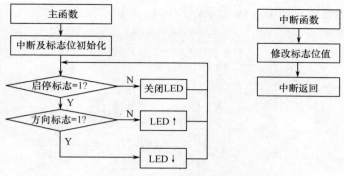

图 5.18　实例 3 程序流程图

实例 3 参考程序如下：

```c
#include "reg51.h"
char led[]={0xfe,0xfd,0xfb,0xf7};        //LED 亮灯控制字
bit dir=0,run=0;                         //全局变量
void delay(unsigned int time);
key() interrupt 0{                       //键控中断函数
    switch(P0&0x0f){                     //修改标志位状态
    case 0x0e:run=1;break;
    case 0x0d:run=0,dir=0;break;
    case 0x0b:dir=1;break;
    case 0x07:dir=0;break;
}}
void main(){
    char i;
    IT0=1;EX0=1;EA=1;                    //边沿触发、INT0 允许、总中断允许
    while(1){
    if(run)
        if(dir)                          //若 run=dir=1，自上而下流动
            for(i=0;i<=3;i++){
                P2=led[i];
                delay(200);
            }
        else                             //若 run=1，dir=0，自下而上流动
            for(i=3;i>=0;i--){
                P2=led[i];
                delay(200);
            }
    else P2=0xff;                        //若 run=0，灯全灭
}}
void delay(unsigned int time){
    unsigned int j=0;
    for(;time>0;time--)
    for(j=0;j<125;j++);
}
```

实例 3 的程序运行效果如图 5.19 所示。

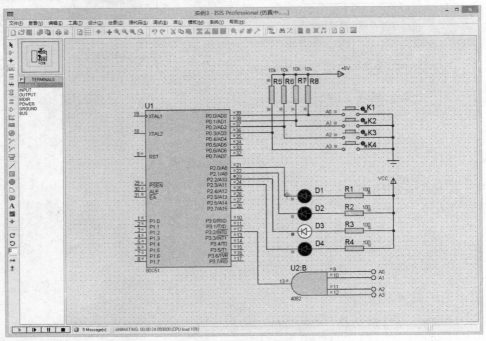

图 5.19　实例 3 程序运行效果

【**实例 4**】根据图 5.20 所示的数码管显示与按键电路图，编程验证两级外部中断嵌套效果。其中 K0 定为低优先级中断源，K1 为高优先级中断源。此外，利用发光二极管 D1 验证外部中断请求标志 IE0 在脉冲触发中断时的硬件置位与撤销过程。

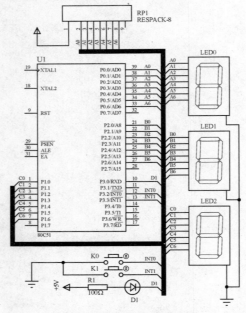

图 5.20　实例 4 电路原理图

【**解**】编程原理如下：

① 3 只数码管可分别进行字符 1～9 的循环计数显示，其中主函数采用无限计数显示，K0 和 K1 的中断函数则采用单圈计数显示。

② 由于 K0 的自然优先级（接 $\overline{INT0}$ 引脚）高于 K1（接 $\overline{INT1}$ 引脚），故需要将 K1 的中断级别设为高优先级，即 PX1=1，PX0=0。

③ 由于 IE0 的撤销过程发生在 K0 响应中断的瞬间，故在 K0 中断函数里将 IE0 值送 P3.0 输出可验证这一过程。而 IE0 的置位信息较难捕捉，可以利用"低级中断请求虽不能中止高级中断响应过程，但可保留中断请求信息"的原理进行，即在 K1 中断函数里设置输出 IE0 语句。

基于上述考虑，实例 4 的程序如下：

```c
#include "reg51.h"
char led_mod[]={0x3f,0x06,0x5b,0x4f,0x66,0x6d,0x7d,0x07, 0x7f,0x6f}; //字模
sbit D1=P3^0;
void delay(unsigned int time){          //延时
    unsigned char j=250;
    for(;time>0;time--)
        for(;j>0;j--);
}
key0() interrupt 0{                      //K0 中断函数
    unsigned char i;
    D1=!IE0;                             //IE0 状态输出
    for(i=0;i<=9;i++){                   //字符 0～9 循环一圈
        P2=led_mod [i];
        delay(35000);
    }P2=0x40;                            //结束符"-"
}
key1() interrupt 2{                      //K1 中断函数
    unsigned char i;
    for(i=0;i<=9;i++){                   //字符 0～9 循环一圈
        D1=!IE0;                         //IE0 状态输出
        P1=led_mod [i];
        delay(35000);
    }P1=0x40;                            //结束符"-"
}
void main(){
    unsigned char i;
    TCON=0x05;                           //脉冲触发方式
    PX0=0;PX1=1;                         //INT1 优先
    D1=1;P1=P2=0x40;                     //输出初值
    IE=0x85;                             //开中断
    while(1){
        for(i=0;i<=9;i++){               //字符 0～9 无限循环
            P0=led_mod [i];
            delay(35000);
}}}
```

程序运行效果如图 5.21 所示。

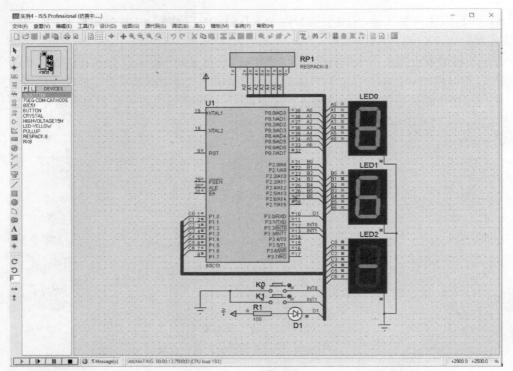

图 5.21 实例 4 程序运行效果

实例4仿真视频

由图 5.21 可直观地看到两级外部中断嵌套时的运行效果，以及中断请求标志的建立与撤销过程，从而可加深对中断原理的理解。

5.4.2 扩充外部中断源

MCS-51 系列单片机设置了两个外部中断源输入端 $\overline{INT0}$ 和 $\overline{INT1}$。当所设计的应用系统需要两个以上外部中断源时，就要进行外部中断源的扩展。扩展方式主要有利用定时器扩展外部中断源和利用查询法扩展外部中断源。其中，利用定时器扩展外部中断源的方法参见第 6 章的实例 3。

利用查询法扩展外部中断源的基本思路是，每根中断输入线可以通过"线或"的关系连接多个外部中断源，同时利用输入端口线作为各个中断源的识别线。电路原理图如图 5.22 所示。

由图 5.22 可见，无论哪个外部中断源发出的高电平信号，都会使 $\overline{INT0}$ 引脚的电平变低产生中断请求，然后再通过程序查询 P1.0～P1.3 的逻辑电平，即可知道是哪个中断源的中断请求。

图 5.22 查询法扩展外部中断源电路

此外，也可采用优先权解码芯片 74LS148 进行中断扩展，如图 5.23 所示。

当任意中断分支有中断信号出现时，$\overline{INT0}$ 引脚都将产生中断请求。中断函数只需保存解码芯片形成的中断分支码，并置位自定义中断标志位即可返回。在主函数中，则可根据中断标志位判断有无中断发生，根据中断分支码判断中断请求分支号，据此可实现 8 路外部中断源的扩展。

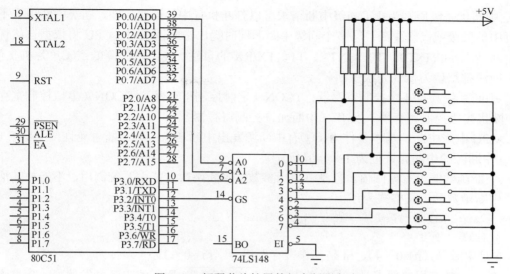

图 5.23 解码芯片扩展外部中断源电路

使用 74LS148 扩展 8 路外部中断源的参考程序如下：

```
#include <reg51.h>
unsigned char status;
bit flag;
void service_int0(void) interrupt 0{      //INT0 中断服务程序
    flag=1;                               //设置中断标志
    status=P0;                            //保存中断分支号
}
void main(void){
    IE=0x81;                              //INT0 开中断，CPU 开中断
    for(;;){
        if (flag){
            switch(status){               //根据中断源分支号
                case 0:break;             //转向中断源 0#处理程序
                case 1:break;             //转向中断源 1#处理程序
                ……
                case 7:break;             //转向中断源 7#处理程序
                default;
            }
            flag=0;                       //处理完成，清中断标志
}}}
```

本 章 小 结

1. 80C51 单片机共有 5 个中断源，包括两个外部中断源（$\overline{INT0}$、$\overline{INT1}$）和 3 个内部中断源（T0、T1、TX/RX）。中断触发方式分别为：外部引脚上出现低电平或负跳变脉冲（$\overline{INT0}$ 和 $\overline{INT1}$）、计数器中接收的脉冲数达到溢出程度（T0 和 T1）、完成一帧串行数据的发送或接收（TX/RX）。

· 109 ·

2. 中断优先级原则为：①高级中断请求可以打断执行中的低级中断，同级中断请求不能打断执行中的同级或高级中断；②多个同级中断源同时提出中断请求时，CPU 将依据自然优先级查询中断请求；③ $\overline{INT0}$、T0、$\overline{INT1}$、T1、TX/RX 的自然优先级依次降低；④单片机复位时，所有中断源都默认为低优先级中断。

3. 中断系统具有 4 个控制寄存器：TCON（定时控制寄存器）、SCON（串口控制寄存器）、IP（中断优先级控制寄存器）及 IE（中断允许控制寄存器）。

4. CPU 响应中断的基本条件为：①有中断源发出中断请求；②中断总允许位 EA=1（开中断）；③中断源的中断允许位为 1（非屏蔽）。

5. 中断函数既没有返回值，也没有调用参数；中断函数只能由系统调用，不能被其他函数调用；中断函数的定义格式为：

```
void 函数名 (void) interrupt n [using m]
{函数体语句}
```

其中，n 是中断号（n=0～4），m 是工作寄存器组号（m=0～3）。

6. 外部中断应用的要点是：①硬件上保证 $\overline{INT0}$ 和 $\overline{INT1}$ 所需的中断触发信号；②主函数中的中断初始化；③中断函数中的中断请求标志撤销。

思考与练习题 5

5.1 单项选择题

（1）外部中断 0 允许中断的 C51 语句为_____。
　　A. RI=1;　　　　　　　B. TR0=1;　　　　　　C. IT0=1;　　　　　　D. EX0=1;
（2）按照中断源自然优先级顺序，优先级别最低的是_____。
　　A. 外部中断 $\overline{INT1}$　　B. 串口发送 TI　　　　C. 定时器 T1　　　　　D. 外部中断 $\overline{INT0}$
（3）当 CPU 响应定时器 T1 中断请求后，程序计数器 PC 里自动装入的地址是_____。
　　A. 0003H　　　　　　 B. 000BH　　　　　　 C. 0013H　　　　　　 D. 001BH
（4）当 CPU 响应外部中断 $\overline{INT0}$ 的中断请求后，程序计数器 PC 里自动装入的地址是_____。
　　A. 0003H　　　　　　 B. 000BH　　　　　　 C. 0013H　　　　　　 D. 001BH
（5）当 CPU 响应外部中断 $\overline{INT1}$ 的中断请求后，程序计数器 PC 里自动装入的地址是_____。
　　A. 0003H　　　　　　 B. 000BH　　　　　　 C. 0013H　　　　　　 D. 001BH
（6）在 80C51 单片机中断自然优先级里，级别倒数第二的中断源是_____。
　　A. 外部中断 $\overline{INT1}$　　B. 定时器 T0　　　　　C. 定时器 T1　　　　　D. 外部中断 $\overline{INT0}$
（7）在 80C51 单片机中断自然优先级里，级别正数第二的中断源是_____。
　　A. 外部中断 $\overline{INT1}$　　B. 定时器 T0　　　　　C. 定时器 T1　　　　　D. 串口 TX/RX
（8）为使 P3.2 引脚出现的外部中断请求信号能得到 CPU 响应，必须满足的条件是_____。
　　A. ET0=1　　　　　　 B. EX0=1　　　　　　 C. EA=EX0=1　　　　 D. EA=ET0=1
（9）为使定时器 T0 的中断请求信号能得到 CPU 的中断响应，必须满足的条件是_____。
　　A. ET0=1　　　　　　 B. EX0=1　　　　　　 C. EA=EX0=1　　　　 D. EA=ET0=1
（10）用定时器 T1 工作方式 2 计数，要求每计满 100 次向 CPU 发出中断请求，TH1、TL1 的初始值应为_____。
　　A. 0x9c　　　　　　　B. 0x20　　　　　　　C. 0x64　　　　　　　D. 0xa0
（11）80C51 单片机外部中断 $\overline{INT1}$ 和外部中断 $\overline{INT0}$ 的触发方式选择位是_____。
　　A. TR1 和 TR0　　　　B. IE1 和 IE0　　　　　C. IT1 和 IT0　　　　　D. TF1 和 TF0

(12) 在中断响应不受阻的情况下，CPU 对外部中断请求作出响应所需的最短时间为_____机器周期。
   A. 1个　　　　　　B. 2个　　　　　　C. 3个　　　　　　D. 8个
(13) 80C51 单片机定时器 T0 的溢出标志 TF0，当计数满在 CPU 响应中断后_____。
   A. 由硬件清零　　　B. 由软件清零　　　C. 软硬件清零均可　D. 随机状态
(14) CPU 响应中断后，由硬件自动执行如下操作的正确顺序是_____。
   ① 保护断点，即把程序计数器 PC 的内容压入堆栈保存
   ② 调用中断函数并开始运行
   ③ 中断优先级查询，对后来的同级或低级中断请求不予响应
   ④ 返回断点继续运行
   ⑤ 清除可清除的中断请求标志位
   A. ①③②⑤④　　　B. ③②⑤④①　　　C. ③①②⑤④　　　D. ③①⑤②④
(15) 若 80C51 同一优先级的 5 个中断源同时发出中断请求，则 CPU 响应中断时程序计数器 PC 里会自动装入_____的地址。
   A. 000BH　　　　　B. 0003H　　　　　C. 0013H　　　　　D. 001BH
(16) 80C51 单片机的中断服务程序入口地址是指_____。
   A. 中断服务程序的首句地址　　　　B. 中断服务程序的返回地址
   C. 中断向量地址　　　　　　　　　D. 主程序调用时的断点地址
(17) 下列关于 C51 中断函数定义格式的描述中，_____是不正确的。
   A. n 是与中断源对应的中断号，取值为 0～4
   B. m 是工作寄存器组的组号，缺省时由 PSW 的 RS0 和 RS1 确定
   C. interrupt 是 C51 的关键词，不能作为变量名
   D. using 也是 C51 的关键词，不能省略
(18) 下列关于 $\overline{INT0}$ 的描述中，_____是正确的。
   A. 中断触发信号由单片机的 P3.0 引脚输入
   B. 中断触发方式选择位 ET0 可以实现电平触发方式或脉冲触发方式的选择
   C. 在电平触发时，高电平可引发 IE0 自动置位，CPU 响应中断后 IE0 可自动清零
   D. 在脉冲触发时，下降沿引发 IE0 自动置位，CPU 响应中断后 IE0 可自动清零
(19) 下列关于 TX/RX 的描述中，_____是不正确的。
   A. 51 单片机的内部发送控制器和接收控制器都可对串行数据进行收发控制
   B. 若待接收数据被送入"接收 SUBF"单元后，接收控制器可使 RI 位硬件置 1
   C. 若"发送 SUBF"单元中的数据被发送出去后，发送控制器可使 TI 位硬件置 1
   D. 系统响应中断后，RI 和 TI 都会被硬件自动清零，无须软件方式干预
(20) 下列关于中断控制寄存器的描述中，_____是不正确的。
   A. 80C51 共有 4 个与中断有关的控制寄存器
   B. TCON 为串口控制寄存器，字节地址为 98H，可位寻址
   C. IP 寄存器为中断优先级寄存器，字节地址为 B8H，可位寻址
   D. IE 为中断允许寄存器，字节地址为 A8H，可位寻址
(21) 下列关于中断优先级的描述中，_____是不正确的。
   A. 80C51 每个中断源都有两个中断优先级，即高优先级中断和低优先级中断
   B. 低优先级中断函数在运行过程中可以被高优先级中断所打断
   C. 相同优先级的中断运行时，自然优先级高的中断可以打断自然优先级低的中断

D. 51单片机复位后 IP 初值为 0，此时默认为全部中断都是低级中断

5.2 问答思考题

（1）试举例说出另一个生活或学习中的两级中断嵌套示例。

（2）简述中断、中断源、中断优先级和中断嵌套的概念。

（3）简述 51 单片机各种中断源的中断请求原理。

（4）怎样理解图 5.8 展示的 51 单片机中断系统的组成？

（5）何为中断矢量（或向量）地址？怎样理解中断向量地址存在的必要性？

（6）何为中断响应？51 单片机的中断响应条件是什么？

（7）何为中断撤销？简述 51 单片机中断请求标志撤销的做法。

（8）何为中断优先级？在中断请求有效并已开放中断的前提下，能否保证该中断请求能被 CPU 立即响应？

（9）80C51 只有两个外部中断源，若要扩充外部中断源，可以采用的方法有哪些？

（10）与第 4 章实例 7 的行列式键盘相比，第 5 章实例 2 的行列式键盘做了哪些改进？后者实现的原理是什么？

（11）与第 4 章实例 2 的按键检测方法相比，第 5 章实例 3 做了哪些改进？两者的切换效果上有何差异？

（12）为提高中断响应的实时性，中断函数可采用哪些措施以使函数更加简洁？

第 6 章　单片机的定时/计数器

内容概述：

本章主要介绍定时/计数器的结构与工作原理、定时/计数器的控制与工作方式、定时/计数器的编程和应用。

教学目标：

- 了解单片机定时/计数器的结构与工作原理；
- 了解单片机定时/计数器的各种工作方式及其差异；
- 了解单片机的编程方法。

在单片机应用系统中，常常会有定时控制的需要，如定时输出、定时检测、定时扫描等，也经常需要对外部事件进行计数。虽然利用单片机软件延时方法可以实现定时控制（如第 4 章实例 2），用软件检查 I/O 口状态方法可以实现外部计数（如第 4 章实例 5），但这些方法都要占用大量 CPU 机时，故应尽量少用。MCS-51 单片机片内集成了两个可编程定时/计数器模块（Timer/Counter）T0 和 T1，它们既可以用于定时控制，也可以用于脉冲计数，还可作为串行口的波特率发生器。本章将对此进行系统介绍。为简化表述关系，本章约定涉及 Tx、THx、TLx、TFx 等名称代号时，x 均作为 0 或 1 的简记符。

6.1　定时/计数器的结构与工作原理

6.1.1　定时/计数器的基本原理

在本书 5.2.1 节中，我们已初步建立起 T0 和 T1 的计数概念，为了更全面地了解定时/计数器的基本原理，还需从更一般的视角对其进行分析。图 6.1 为一个由加 1 计数器组成的计数单元。

图 6.1　定时/计数器的基本原理

由图 6.1 可知，逻辑开关闭合后，脉冲信号将对加 1 计数器充值。若计数器的容量为 2^n（n 为整数），则当数值达到满计数值后将产生溢出，使中断请求标志 TFx 进位为 1，同时加 1 计数器清零。如果在启动计数之前将 TFx 清零，并将一个称为计数初值 a 的整数先置入加 1 计数器，则当观察到 TFx 为 1 时表明已经加入了（2^n-a）个脉冲，如此便能计算出脉冲的到达数量了。

如果上述脉冲信号是来自单片机的外部信号，则可通过这一方法进行计数统计，即可作为计数器使用。如果上述脉冲信号是来自单片机内部的时钟信号，则由于单片机的振荡周期非常精准，故而溢出时统计的脉冲数便可换算成定时时间，因此可作为定时器使用。

可见，上述定时器和计数器的实质都是计数器，差别仅在于脉冲信号的来源不同，通过逻辑切换可以实现两者的统一。这就是单片机中将定时器和计数器统称为定时/计数器的原因。51 单片机的定时/计数器工作原理图如图 6.2 所示。

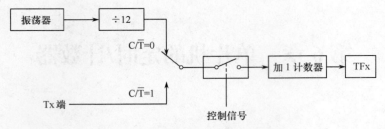

图 6.2 定时/计数器的工作原理

图 6.2 中来自系统内部振荡器经 12 分频后的脉冲（机器周期）信号和来自外部引脚 Tx 的脉冲信号，通过逻辑开关 C/$\overline{T}$ 的切换可实现两种功能：C/$\overline{T}$=0 时为定时器方式，C/$\overline{T}$=1 时为计数器方式。

根据上述原理，定时器方式下的定时时间 t 可表示为

$$t = (\text{计数器满计数值} - \text{计数初值}) \times \text{机器周期}$$
$$= (2^n - a) \times \frac{12}{f_{\text{osc}}}$$

可见，t 与 n、a、f_{osc}（时钟频率，MHz）3 个因素有关，在时钟频率 f_{osc} 和计数器容量 n 一定的情况下，定时时间与计数初值有关，计数初值越大，定时时间越短。

同理，计数器方式下的计数值 N 可表示为

$$N = \text{计数器满计数值} - \text{计数初值} = 2^n - a$$

6.1.2 定时/计数器的结构

51 单片机的定时/计数器结构如图 6.3 所示。

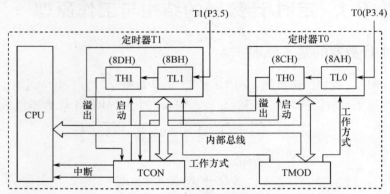

图 6.3 定时/计数器结构图

由图 6.3 可知，T0 和 T1 分别由高 8 位和低 8 位两个特殊功能寄存器组成，即 T0 由 TH0（字节地址 8CH）、TL0（字节地址 8AH）组成，T1 由 TH1（字节地址 8DH）、TL1（字节地址 8BH）组成。

定时/计数器的控制是通过两个特殊功能寄存器实现的，其中，TMOD 是定时/计数器的工作方式寄存器，由它确定定时/计数器的工作方式和功能；TCON 是定时/计数器的控制寄存器，用于管理 T0 和 T1 的启停、溢出和中断。

定时/计数器 0 和定时/计数器 1 各有一个外部引脚 T0（P3.4）和 T1（P3.5），用于接入外部计数脉冲信号。

当用软件方式设置 T0 或 T1 的工作方式并启动计数器后，它们就会按硬件方式独立运行，

无须 CPU 干预，直到计数器计满溢出时才会通知 CPU 进行后续处理，这样便可大大降低 CPU 的操作时间。

6.2 定时/计数器的控制

如同中断系统需要在特殊功能寄存器的控制下工作一样，定时/计数器的控制也是通过特殊功能寄存器进行的。其中，TMOD 寄存器用于设置其工作方式，TCON 寄存器用于控制其启动和中断申请。

6.2.1 TMOD 寄存器

TMOD 是定时方式控制寄存器（Timer/Counter Mode Control），字节地址为 89H，其定义格式如图 6.4 所示。

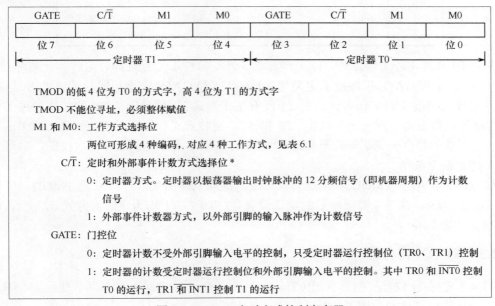

图 6.4 TMOD 定时方式控制寄存器

可见，TMOD 的低 4 位为 T0 的控制字，高 4 位为 T1 的控制字，两部分的定义完全对称，以下以 T0 为例进行介绍。

$C/\overline{T}$：定时/计数功能选择位，当 $C/\overline{T}=0$ 时为定时方式，$C/\overline{T}=1$ 时为计数方式。在定时方式时，定时器从初值开始在每个机器周期内自动加 1，直至溢出。而在计数器方式时，计数器在外部脉冲信号的负跳变时使计数器加 1，直至溢出。

GATE：门控位。一个完整的定时/计数器 0 的逻辑结构如图 6.5 所示。

由图 6.5 可见，当 GATE=1 时，只有 TR0=1 和 $\overline{INT0}$ 引脚为高电平时，B 点的逻辑开关才能闭合（启动 T0）。反之，若 TR0=1 和 $\overline{INT0}$ 引脚为低电平，B 点的逻辑开关可被断开（停止 T0）。这种工作状态可以用来测量在 $\overline{INT0}$ 引脚出现的正脉冲的宽度。当 $\overline{INT0}$ 引脚为高电平时，虽然 TR0=0 也能使 B 点断开，但没有实际意义。

当 GATE=0 时，则只要 TR0=1 就能使 T0 启动，TR0=0 就能使 T0 停止，而与 $\overline{INT0}$ 的状态无关。因此，GATE=0 又称为"允许 TR0 启动计数器"，GATE=1 称为"允许 $\overline{INT0}$ 启动计数器"。

M1、M0：工作方式定义位，其具体定义如表 6.1 所示。

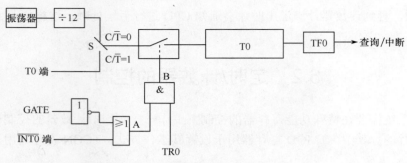

图 6.5 GATE 门控位的控制关系

表 6.1 工作方式选择

M1	M0	工作方式	功能说明
0	0	0	13 位的定时/计数器
0	1	1	16 位定时/计数器
1	0	2	8 位自动重装定时/计数器
1	1	3	3 种定时/计数器关系

可见，T0 共有 4 种工作方式，除工作方式 3 外，每种工作方式都有定时和计数两种方式。对于 T1，其 C/$\overline{\text{T}}$ 和 GATE 控制位的定义与 T0 的 C/$\overline{\text{T}}$ 和 GATE 完全相同，无须重述。但 T1 的 M1、M0 只能选择前 3 种工作方式，即 T1 没有工作方式 3，这是因为 T0 的工作方式 3 中占用了 T1 的部分硬件资源，详见 6.3.4 节。T0 和 T1、定时方式和计数方式、工作方式 0～工作方式 3，这些因素的组合构成了单片机定时/计数器的完整体系。由于组合关系较多，学习时应特别注意，防止概念混淆。

应注意的是，由于 TMOD 不能进行位寻址，因此只能用字节方式设置 TMOD。单片机复位时，TMOD 为 0，这意味着上电后的默认设置是：T0 和 T1 均为定时器方式 0，允许 TR0 和 TR1 启动计数器。

6.2.2 TCON 寄存器

TCON 为定时/计数器控制寄存器（Timer/Counter Control Register），字节地址为 88H，可位寻址。TCON 的定义格式如图 6.6 所示。

TF1	TR1	TF0	TR0	IE1	IT1	IE0	IT0
8FH	8EH	8DH	8CH	8BH	8AH	89H	88H
位 7	位 6	位 5	位 4	位 3	位 2	位 1	位 0

位 7：定时器 T1 溢出标志位
　　T1 溢出时，硬件自动使 TF1 置 1，并向 CPU 申请中断。当进入中断服务程序时，硬件自动将 TF1 清 0。TF1 也可以用软件清 0
位 6：定时器 T1 运行控制位
　　由软件置位和清 0。GATE 为 0 时，T1 的计数仅由 TR1 控制，TR1 为 1 时允许 T1 计数，TR1 为 0 时禁止 T1 计数。GATE 为 1 时，仅当 TR1 为 1 且 $\overline{\text{INT1}}$ 输入为高电平时才允许 T1 计数，TR1 为 0 或 $\overline{\text{INT1}}$ 输入低电平都将禁止 T1 计数
位 5：定时器 T0 溢出标志位。其功能和操作情况同位 7
位 4：定时器 T0 运行控制位，其功能和操作情况同位 6
位 3～0：外部中断 $\overline{\text{INT1}}$ 和 $\overline{\text{INT0}}$ 请求及请求方式控制位，其功能见第 5 章

图 6.6 TCON 定时/计数器控制寄存器

在本书 5.2.2 节已介绍过其中 6 个与中断有关的位定义，故此处不再赘述。

TR1 和 TR0：T1 和 T0 的启动控制位。在门控位 GATE 的配合下，控制定时/计数器的启动或停止。

系统复位时，TCON 初值为 0，即默认的设置为：TR0 和 TR1 均为关闭状态、电平中断触发方式、没有外部中断请求，也没有定时/计数器中断请求。

6.3 定时/计数器的工作方式

51 单片机定时/计数器具有 4 种工作方式（方式 0、方式 1、方式 2 和方式 3），以下按照难度由简到繁的顺序分别予以介绍。

6.3.1 方式 1

当 M1M0=01 时，定时/计数器工作于方式 1。方式 1 由高 8 位 THx 和低 8 位 TLx 组成一个 16 位的加 1 计数器，满计数值为 2^{16}。T0 和 T1 在方式 0 至方式 2 时的逻辑关系是完全相同的，故以下除了方式 3 外，均以 T1 为例进行介绍。

工作方式 1 的逻辑结构图如图 6.7 所示。

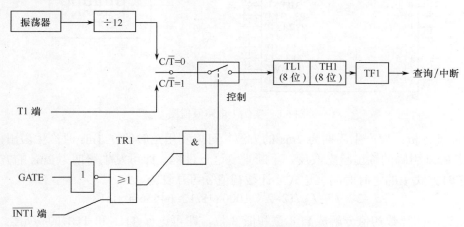

图 6.7 工作方式 1 的逻辑结构图

如图 6.7 所示，当 C/$\overline{T}$=0 时，T1 为定时器工作方式。逻辑开关 C/$\overline{T}$ 向上接通，此时以振荡器的 12 分频信号作为 T1 的计数信号。若 GATE=0，定时器 T1 的启动和停止完全由 TR1 的状态决定，而与 $\overline{INT1}$ 端状态无关。

若计数初值为 a，则其定时时间 t 按下式计算

$$t = (2^{16} - a) \times \frac{12}{f_{osc}}$$

由此可知，当时钟频率为 12MHz，方式 0 的定时范围为 1～65536μs。

当 C/$\overline{T}$=1 时，T1 为计数器工作方式。逻辑开关 C/$\overline{T}$ 向下接通，此时以 T1 端（P3.5 引脚）的外部脉冲（负跳变）作为 T1 的计数信号。由于检测一个负跳变需要 2 个机器周期，即 24 个振荡周期，故最高计数频率为 $\frac{1}{24}f_{osc}$。若 GATE=0，计数器 T1 的启动和停止完全由 TR1 的状态决定，而与 $\overline{INT1}$ 端状态无关。

计数初值 a 与计数值 N 的关系为
$$N = 2^{16} - a$$
由此可知,方式 0 的计数范围为 1～65536 脉冲。

【实例 1】设单片机的 f_{osc}=12MHz,采用 T1 定时方式 1 使 P2.0 引脚上输出周期为 2ms 的方波,并采用 Proteus 中的虚拟示波器观察输出波形,电路原理图如图 6.8 所示。

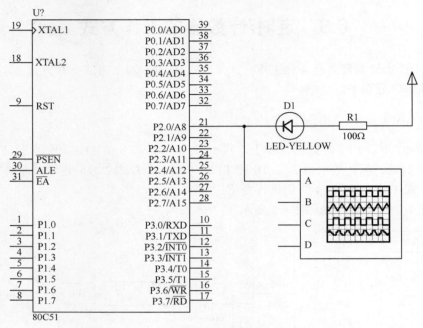

图 6.8 实例 1 电路原理图

【解】原理分析:要产生周期为 2ms 的方波,可以利用定时器在 1ms 时产生溢出,再通过软件方法使 P2.0 引脚的输出状态取反。不断重复这一过程,即可发生周期为 2ms 的方波。

根据定时方式 1 的定时时间表达式,计数初值 a 可计算为
$$a = 2^{16} - t \cdot f_{osc}/12 = 2^{16} - 1000 \times 12/12 = 64536 = 0xfc18$$

将十六进制的计数初值分解成高 8 位和低 8 位,即可进行 TH1 和 TL1 的初始化。需要注意的是,定时器在每次计数溢出后,TH1 和 TL1 都将变为 0。为保证下一轮定时的准确性,必须及时重装载计数初值。

计数溢出后 TF1 硬件置 1,采用软件查询法和中断处理法均可检测到这一变化,因此可以采用两种方式进行随后的处理工作。

(1) 采用查询方式编程,参考程序如下:

```
#include <reg51.h>
sbit P2_0=P2^0;
void main (void){
    TMOD=0x10;                  // T1 方式 1(0001 0000B)
    TR1=1;                      //启动 T1
    for( ; ; ){
        TH1=0xfc;               //装载计数初值
        TL1=0x18;
        do{ } while(!TF1);      //查询等待 TF1 置位
```

```
        P2_0=!P2_0;                //定时时间到P2.0反相
        TF1=0;                     //软件清TF1
    }}
```

（2）采用中断方式，参考程序如下：

```
    #include <reg51.h>
    sbit P2_0=P2^0;
    timer1() interrupt 3{          //T1中断函数
        P2_0=!P2_0;                //P2.0取反
        TH1=0xfc;                  //装载计数初值
        TL1=0x18;
    }
    main(){
        TMOD=0x10;                 //T1定时方式1
        TH1=0xfc;                  //装载计数初值
        TL1=0x18;
        EA=1;                      //开总中断
        ET1=1;                     //开T1中断
        TR1=1;                     //启动T1
        while(1);
    }
```

比较两种编程方法可知，查询法以软件方式检查TF1状态，并由软件复位TF1；而中断法则由系统自动检查TF1，并自动复位TF1。两种方法都需要进行计数初值的重装载。

两种编程的运行效果相同，仿真波形如图6.9所示。

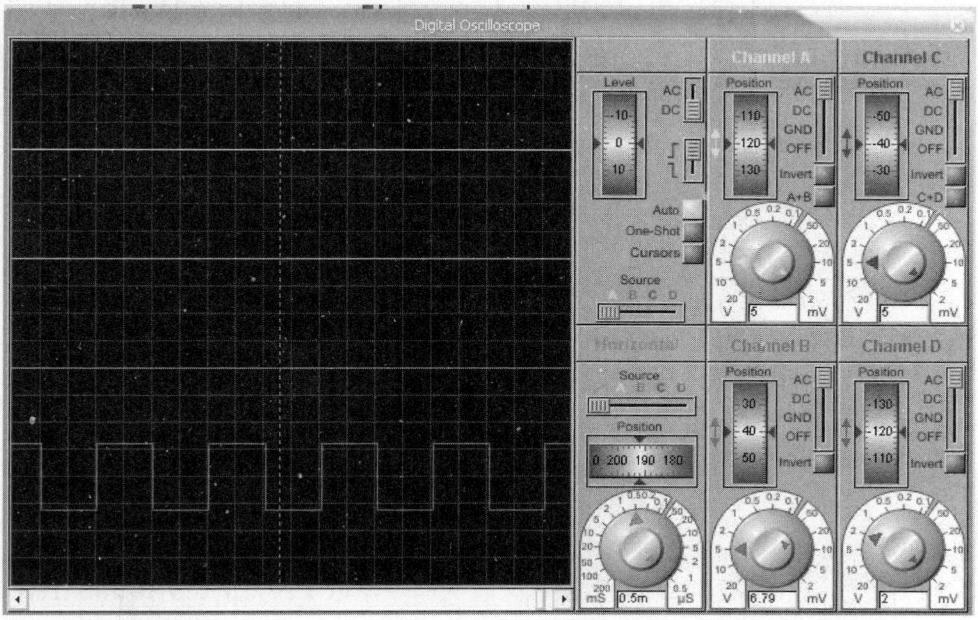

图6.9 实例1仿真波形图

综上所述，单片机定时/计数器的编程步骤可小结如下：

① 设定TMOD，即明确定时/计数器的工作状态：是使用T0还是T1?采用定时器还是计数

器？具体工作方式是方式 0、方式 1、方式 2 还是方式 3？

② 计算计数初值，并初始化寄存器 TH0、TL0 或 TH1、TL1。

定时计数初值 $a = 2^n - t \cdot f_{osc}/12$，其中 t 以 μs 为单位，f_{osc} 以 MHz 为单位。

$$TH0 = (2^n - t \cdot f_{osc}/12)/256;$$
$$TL0 = (2^n - t \cdot f_{osc}/12)\%256;$$

③ 确定编程方式。若使用中断方式，则需要进行中断初始化和中断函数：

```
    ETx=1;                    //开定时 x 中断，x=0 或 1
    EA=1;                     //开总中断
    ...
    tx_srv() interrupt n{     //n=1 或 3
    ...
    }
```

若使用查询方式，则需要使用类似如下的条件判断语句：

```
    do {}while (!TFx){        //x=0 或 1
    ...
    }
```

④ 启动定时器：TR0=1，或 TR1=1。

⑤ 执行一次定时或计数结束后的任务。

⑥ 为下次定时/计数做准备（TFx 复位+重装载计数初值）：若是中断方式，TFx 会自动复位；若是查询方式，需要软件复位 TFx。

6.3.2 方式 2

当 M1M0=10 时，定时/计数器工作于方式 2。方式 2 采用 8 位寄存器 TLx 作为加 1 计数器，满计数值为 2^8。另一个 8 位寄存器 THx 用以存放 8 位初值。工作方式 2 的逻辑结构图如图 6.10 所示。

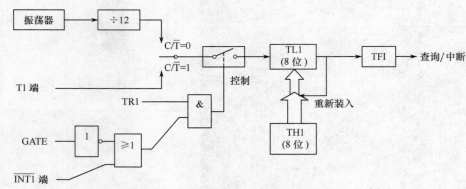

图 6.10 工作方式 2 的逻辑结构图

由图 6.10 可知，若 TL1 计数溢出，TH1 会自动将其初值重新装入 TL1 中。重新装入的过程不改变 TH1 中的值，故可多次循环重装入，直到命令停止计数为止（初始化时 TH1 和 TL1 由软件赋予相同的初值）。

若 TH1 中装载的计数初值为 a，定时方式 2 的定时时间 t 和计数初值分别按下式计算

$$t = (2^8 - a) \cdot \frac{12}{f_{osc}}$$

$$a = 2^8 - t \cdot f_{osc}/12$$

方式 2 可产生非常精确的定时时间，尤其适合于作为串行口波特率发生器。

同理，方式 2 的计数初值 a 与计数值 N 的关系为

$$N = 2^8 - a$$

【实例 2】采用 T0 定时方式 2 在 P2.0 口输出周期为 0.5ms 的方波。

【解】根据定时/计数器编程的步骤：

① 设定 TMOD→TMOD=0x02

② 确定计数初值→a =(256-250)% 256=0x06

③ 若确定使用中断方式，则程序如下：

```
#include<reg51.h>
sbit P2_0=P2^0;
timer0() interrupt 1{          //T0 中断函数
    P2_0=!P2_0;                //取反 P2^0
}
main(){
    TMOD=0x02;                 //设置 T0 定时方式 2
    TH0=0x06;                  //计数初值 a=(256-250)%256=6
    TL0=0x06;
    EA=1;                      //开总中断
    ET0=1;
    TR0=1;                     //启动 T0
    while(1);
}
```

可以看出，由于计数初值只在程序初始化时进行过一次装载，其后都是自动重装载的，因而可使编程得以简化，更重要的是避免了计数初值在软件重装载过程造成的定时不连续问题，应用于波形发生时可得到更加精准的时序关系。实例 2 的仿真波形图如图 6.11 所示。

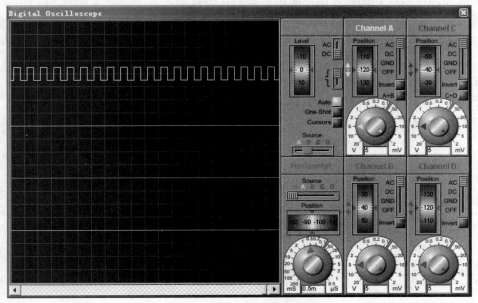

图 6.11　实例 2 仿真波形图

【实例3】将第4章实例5"计数显示器"中的软件查询按键检测改用 T0 计数器方式2，并以中断方式编程。

【解】原图中按键是由 I/O 口 P3.7 引脚接入的，本实例需要将其改由 T0（P3.4）引脚接入，改进后的电路原理图如图 6.12 所示。

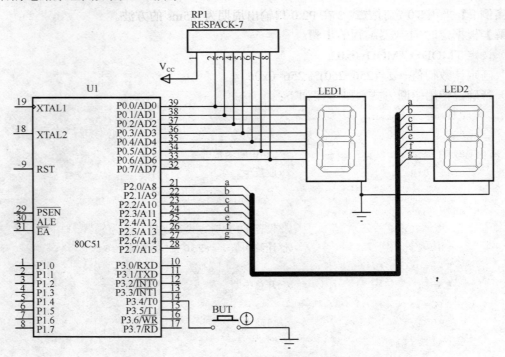

图 6.12 实例3 电路原理图

由图 6.12 可知，当 T0 工作在计数器方式时，计数器一旦因外部脉冲造成溢出，便可产生中断请求。这与利用外部脉冲产生外部中断请求的做法在使用效果上并无差异。换言之，利用计数器中断原理可以起到扩充外部中断源数量的作用。

编程分析：将 T0 设置为计数器方式2，设法使其在一个外部脉冲到来时就能溢出（即计数溢出周次为1）产生中断请求。故计数初值为

$$a = 2^8 - 1 = 255 = 0xff$$

初始化 TMOD=0000 0110B=0x06。

以下是参考程序，仿真运行界面如图 6.13 所示。

```
#include<reg51.h>
unsigned char code table []={0x3f,0x06,0x5b,0x4f, 0x66,0x6d,0x7d,0x07,
                0x7f,0x6f};
unsigned char count=0;                   //计数器赋初值
int0_srv() interrupt 1{                  //T0 中断函数
    count++;                             //计数器增1
    if(count==100) count=0;              //判断循环是否超限
    P0=table [count/10];                 //显示十位数值
    P2=table [count%10];                 //显示个位数值
}
main(){
```

```
        P0=P2=table[0];                    //显示初值"00"
        TMOD=0x06;                         //设置T0计数方式2
        TH0=TL0=0xff;                      //计数初值
        ET0=1;
        EA=1;                              //开总中断
        TR0=1;                             //启动T0
        while(1);
    }
```

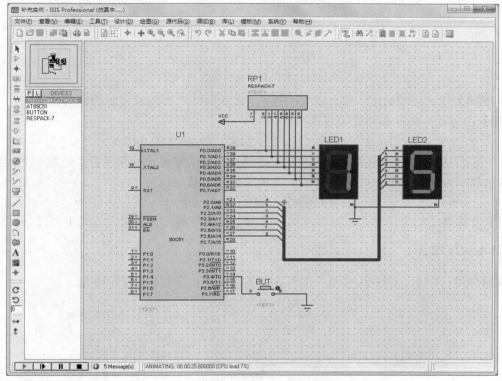

图6.13 实例3仿真运行界面

6.3.3 方式0

当M1M0=00时，定时/计数器工作于方式0。方式0采用低5位TLx和高8位THx组成一个13位的加1计数器，满计数值为2^{13}，初值不能自动重装载。图6.14是T1方式0的逻辑结构图。

可见，除了计数器的位数不同外，方式0与方式1的逻辑结构并无差异。方式0采用13位计数器是为了与早期产品MCS-48系列单片机兼容。

方式0的定时时间t和计数初值分别按下式计算

$$t = (2^{13} - a) \cdot \frac{12}{f_{osc}}$$

$$a = 2^{13} - t \cdot f_{osc}/12$$

方式0的计数初值a与计数值N的关系为

$$N = 2^{13} - a$$

注意：方式0的TLx中高3位是无效的，可为任意值，计算初值时必须特别留意。

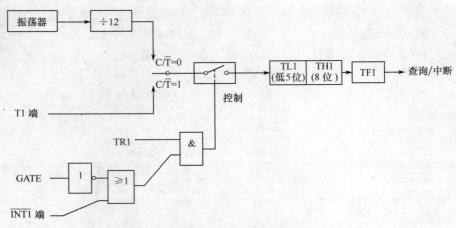

图 6.14 工作方式 0 的逻辑结构图

【实例 4】设 $f_{osc}=12MHz$，试计算 T0 定时方式 0 用以产生 5ms 定时的计数初值。

【解】由方式 0 的计数初值表达式，可得

$$a = 2^{13} - 5000 \times 12 / 12 = 3192 = 1100\ 0111\ 1000B$$

由于方式 0 采用 13 位计数器，需要在上述理论初值的第 4 位和第 5 位二进制数之间插入 3 位二进制数（为简便起见，可定为 000），故调整后的计数初值为

$$a = 110\ 0011\ 0001\ 1000 = 0x6318$$

由于方式 0 的初值计算比较麻烦，实际应用中很少使用，一般采用方式 1 替代。

6.3.4 方式 3

当 M1M0=11 时，定时/计数器工作于方式 3，其逻辑结构图如图 6.15 所示。

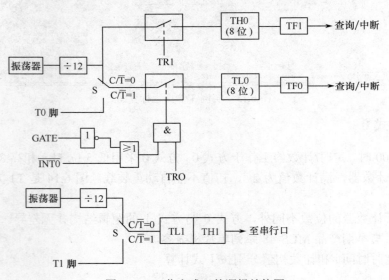

图 6.15 工作方式 3 的逻辑结构图

由图 6.15 可知，方式 3 时，单片机可以组合出 3 种定时/计数器关系：① TH0+TF1+TR1 组成的带中断功能的 8 位定时器；② TL0+TF0+TR0 组成的带中断功能的 8 位定时/计数器；③ T1 组成的无中断功能的定时/计数器。

特点：方式3下T0可有两个具有中断功能的8位定时器（增加了一个额外的8位定时器）；在定时器T0用作工作方式3时，T1仍可设置为工作方式0～2（但没有方式3状态），通常将T1定时方式2作为波特率发生器使用（参见第7章）。

6.4 定时/计数器的编程和应用

MCS-51内部定时/计数器的应用广泛，当它作为定时器使用时，可用来对被控系统进行定时控制，或作为分频器发生各种不同频率的方波；当它作为计数器使用时，可用于计数统计等。但对于较复杂的应用，靠单纯定时或单纯计数的方法往往难以解决问题，这就需要将两者结合起来，灵活应用。本节将对这类应用的编程方法进行介绍。

【实例5】由P3.4口输入一个外部低频窄脉冲信号。当该信号出现负跳变时，由P3.0输出宽度为500μs的同步脉冲，如此往复。要求据此设计一个波形展宽程序。本例采用6MHz晶振，电路原理图如图6.16所示。

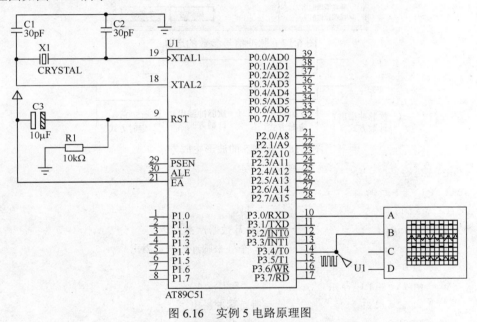

图6.16　实例5电路原理图

【解】为了产生题意要求的低频窄脉冲信号，本例使用了ISIS内置的虚拟信号发生器。根据题意可选择输入脉冲信号频率为2kHz，占空比80%，幅度5V DC。参数设置窗口如图6.17所示。

为实现题意要求，可以采用如图6.18所示的波形生成方案，具体做法如下：

① 采用T0计数方式2对P3.4的外部脉冲进行计数，选择初值0xff(=256-1)使其一次脉冲即产生T0溢出，如此监测P3.4引脚负脉冲的出现；

② 当TF0=1时改用T0定时方式2进行定时操作，选择初值0x06(=256-500×6/12)使其产生500μs定时，同时使P3.0输出低电平；

③ 当TF0再次为1时，使P3.0输出高电平，再改用T0计数方式2，如此往复进行。据此可编写出如下程序：

图 6.17 脉冲信号参数的选择

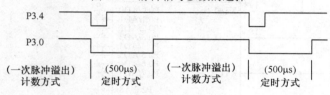

图 6.18 实例 5 的波形生成方案

```
#include<reg51.h>
sbit P3_0=P3^0;
void main(){
    TMOD=0x06;              //T0 计数器，方式 2
    TL0=0xff;               //一个外来脉冲即产生溢出
    TR0=1;
    while(1){
    while(!TF0);            //等待脉冲溢出
    TF0=0;                  //TF0 复位
    TMOD=0x02;              //设置 T0 定时方式 2
    TL0=0x06;               //500μs 定时初值
    P3_0=0;                 //P3.0 清 0
    while(!TF0);            //等待定时溢出
    TF0=0;                  //TF0 复位
    P3_0=1;                 //P3.0 置位
    TMOD=0x06;              //设置 T0 计数方式 2
    TL0=0xff;               //计数初值
}}
```

实例 5 的仿真波形图如图 6.19 所示，可见完全实现了题意要求。

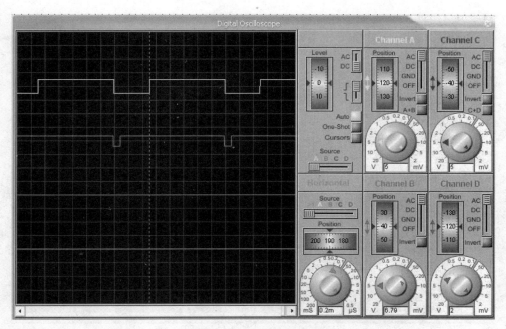

图 6.19 实例 5 仿真波形图

【实例 6】采用 10MHz 晶振,在 P2.0 脚上输出周期为 2.5s、占空比为 20%的脉冲信号。该例题的电路原理图与实例 1 相同。

【解】 相对于 10MHz 晶振,定时方式 1 的最大定时量为 78.643ms[(=2^{16}-0)×12/10],显然不能直接产生 2.5s 的长时定时。但若采用定时与软件计数联合的办法,如将 250 次的 10ms 定时累计起来,便可达到 2.5s 的定时效果。占空比 20%的要求则可采用 50 次 10ms 定时的做法控制高电平的输出时间来实现。

计数初值为 $a = 2^{16} - 10000 \times 10 / 12 = 57203 = $ 0xdf73

中断函数的流程图如图 6.20 所示,即先对代表中断次数的全局变量进行累加,然后进行超限判断,并根据判断结果调整输出电平或变量清 0。

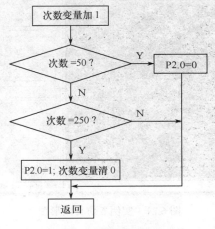

图 6.20 中断函数的流程图

实例 6 的参考程序如下:

```
#include<reg51.h>
#define uchar unsigned char          //定义 uchar,方便后面使用
```

```
        uchar time;                          //定义全局变量
        uchar period=250;
        uchar high=50;
        timer0() interrupt 1{                //T0 中断函数
            TH0=0xdf;                        //重载计数初值
            TL0=0x73;
            if(++time==high) P2=0;           //高电平时间到 P2.0 变低
            else if(time==period)            //周期时间到 P2.0 变高
                {time=0; P2=1; }
        }
        main(){
            TMOD=0x01;                       //T0 定时方式 1
            TH0=0xdf;                        //计数初值
            TL0=0x73;
            EA=1;                            //开总中断
            ET0=1;
            TR0=1;                           //启动 T0
            do{} while(1);
        }
```

实例 6 的仿真波形图如图 6.21 所示。

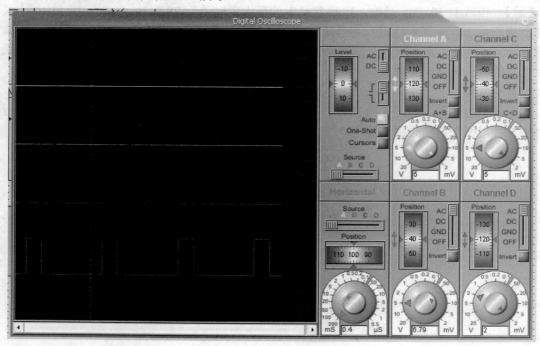

图 6.21　实例 6 仿真波形图

【实例 7】 定时中断控制的流水灯。

采用定时中断方法实现图 6.22 流水灯的控制功能，要求流水灯的闪烁速率约为每秒 1 次。电路原理图如图 6.22 所示。

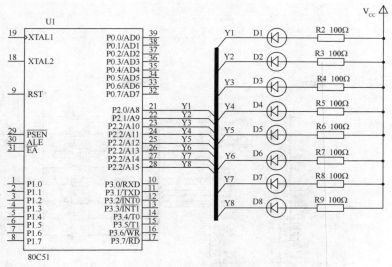

图 6.22 实例 7 电路原理图

【解】仿照实例 6 的思路，1s 定时可视为 20 次 50ms 定时的累积量。若采用 12MHz 频率定时方式 1，则计数初值 $a=2^{16}-50000\times12/12=0x3cb0$。流水灯控制在主函数中进行。

以下是参考程序，仿真运行界面如图 6.23 所示。

```
#include<reg51.h>
#define uchar unsigned char            //定义以方便后面使用
bit ldelay=0;                          //长定时溢出标记
uchar t=0;                             //定时溢出次数
void main(){
    uchar code ledp[8]={0xfe,0xfd,0xfb,0xf7,0xef,0xdf,0xbf,0x7f};
                                       //流水灯花样参数
    uchar ledi;                        //指示显示顺序
    TMOD=0x01;                         //定义 T0 定时方式 1
    TH0=0x3c;                          //T0 初值
    TL0=0xb0;
    TR0=1;                             //启动 T0
    ET0=1;
    EA=1;                              //开总中断
    while(1){
        if(ldelay){                    //有溢出标记，进入处理
            ldelay=0;                  //清除标记
            P2=ledp[ledi];             //花样数据输出
            ledi++;                    //指向下一个花样数据
            if(ledi==8)ledi=0;         //循环控制
}}}
timer0() interrupt 1{                  //T0 中断函数
    t++;                               //统计溢出次数
    if(t==20) {t=0; ldelay=1; }        //判断累计时间
    TH0=0x3c; TL0=0xb0;                //重置 T0 初值
}
```

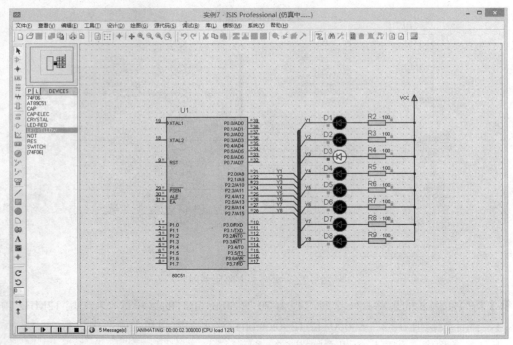

图 6.23　实例 7 仿真运行界面

【**实例 8**】测量从 P3.2 输入的正脉冲宽度，测量结果以 BCD 码形式存放在片内 RAM 40H 开始的单元处（40H 存放个位，系统晶振为 12MHz，被测脉冲信号周期不超过 100ms）。电路原理图如图 6.24 所示。

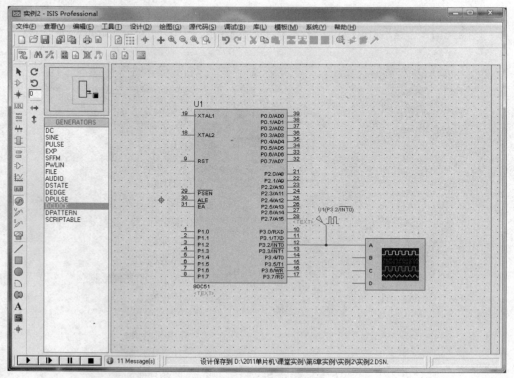

图 6.24　实例 8 电路原理图

【解】根据题意可选择周期为 100ms 的时钟信号,时钟类型为"低—高—低",时钟信号设置与波形图分别如图 6.25 和图 6.26 所示。

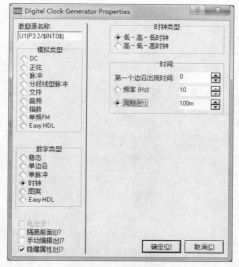

图 6.25 时钟信号设置

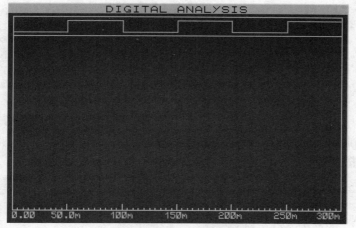

图 6.26 时钟信号的波形图

实例8仿真视频

编程分析:

① 根据定时/计数器工作原理,当 GATE=TR0=1 时,允许 $\overline{INT0}$ 引脚脉冲控制定时器的启停,即 $\overline{INT0}$=1 可启动定时器,$\overline{INT0}$=0 可关闭定时器。为此,测量未知脉冲宽度的思路(参见图 6.27)是:利用查询方式找到①点的出现时刻→利用 $\overline{INT0}$ 信号的上升沿在②点启动 T0 定时方式 1→利用 $\overline{INT0}$ 信号的下降沿在③点中止 T0 定时→取出反映了脉冲宽度的 T0 计数值。

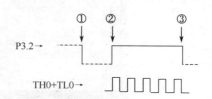

图 6.27 测量未知脉冲宽度的编程思路

② 在 C51 中进行存储器操作的方法是,定义指针变量并赋地址值→按指针变量对数据进行读/写操作。

③ 十六进制数转 BCD 码的方法是:从最低位开始进行模 10 计算→删去最末位(相当于整除 10)→继续模 10 计算,直至整除 10 的结果为 0。

实例 8 的参考程序如下：

```c
#include<reg51.h>
sbit P3_2=P3^2;
main(){
    unsigned char *P;          //指针
    unsigned int a;            //整型工作变量
    P=0x40;                    //指针指向片内 40H 单元
    TMOD =0x09;                //T0 定时方式 1，允许 INT0 启动 T0
    TH0=TL0=0;                 //T0 清 0
    do{} while(P3_2==1);       //等待 INT0 变低
    TR0=1;                     //将 T0 启动权交给 INT0
    while(P3_2==0);            //等待 INT0 上升沿启动 T0
    while(P3_2==1);            //等待 INT0 下降沿停止 T0
    TR0=0;                     //防止下一个 INT0 上升沿启动 T0
    a=TH0*256+TL0;             //将 TH0 和 TL0 中的数合成到工作变量 a 中
    for(a;a!=0;){              //循环，直到 a 为零
        *P=a%10;               //分解 a，个位存放在 40 单元，其他以此递增
        a=a/10;                //删除最末位
        P++;                   //存放地址加 1
    }
    while(1){a=0;}             //原地循环
}
```

为利用 Proteus 的 C51 源码级调试功能观察上述程序运行后的测量结果，程序编译时要生成 omf 格式文件（具体方法详见附录 A 实验 4 中的阅读材料 4）。采用断点、单步等调试方法使实例 8 程序运行到最后一行语句时暂停，如图 6.28 所示；打开单片机的片内 RAM 资源窗口，可以观察到脉冲测量结果与存放地址，如图 6.29 所示。

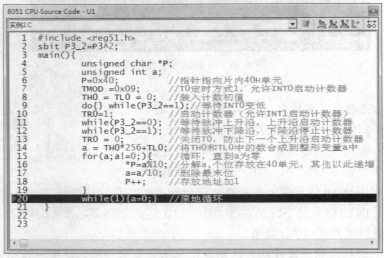

图 6.28　程序运行至最后一行语句暂停

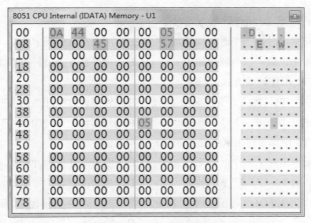

图 6.29 脉冲测量结果

由图 6.29 可见，测量结果已放入片内 RAM 40H 开始的单元中，脉冲宽度的测量值为 BCD 码 50000 脉冲，即相当于 1μs×50000=50ms，这与虚拟信号发生器的参数完全一致（见图 6.25 和图 6.26）。

本 章 小 结

1. 定时/计数器的工作原理是，利用加 1 计数器对时钟脉冲或外来脉冲进行自动计数。当计满溢出时，可引起中断标志（TFx）硬件置位，据此表示定时时间到或计数次数到。定时器本质上是计数器，前者是对时钟脉冲进行计数，后者则是对外来脉冲进行计数。

2. 51 单片机包括两个 16 位定时器 T0（TH0、TL0）和 T1（TH1、TL1），还包括两个控制寄存器 TCON 和 TMOD。通过 TMOD 控制字可以设置定时与计数两种模式，设置方式 0～方式 3 四种工作方式；通过 TCON 控制字可以管理计数器的启动与停止。

3. 方式 0～方式 2 分别使用 13 位、16 位、8 位工作计数器，方式 3 具有 3 种定时/计数器状态。

4. 定时/计数器主要编程步骤：
① 确定定时/计数器的工作状态，设定 TMOD；
② 确定计数初值，$a = 2^n - t \cdot f_{osc} / 12$，装载计数初值；
③ 编程方法要点：
● 中断方式：中断初始化，启动定时器，中断函数，TFx 清零，重装载计数初值。
● 查询方式：启动定时器，TFx 判断，TFx 清零，重装载计数初值。

思考与练习题 6

6.1 单项选择题

（1）使 80C51 定时/计数器 T0 停止计数的 C51 命令为_____。
    A．IT0=0;   B．TF0=0;   C．IE0=0;   D．TR0=0;

（2）80C51 单片机的定时器 T1 用作定时方式时是_____。
    A．由内部时钟频率定时，一个时钟周期加 1   B．由内部时钟频率定时，一个机器周期加 1
    C．由外部时钟频率定时，一个时钟周期加 1   D．由外部时钟频率定时，一个机器周期加 1

（3）80C51 单片机的定时器 T0 用作计数方式时是_____。
　　A．由内部时钟频率定时，一个时钟周期加 1　　B．由内部时钟频率定时，一个机器周期加 1
　　C．由外部计数脉冲计数，一个脉冲加 1　　D．由外部计数脉冲计数，一个机器周期加 1
（4）80C51 的定时器 T1 用作计数方式时，_____。
　　A．外部计数脉冲由 T1（P3.5）引脚输入　　B．外部计数脉冲由内部时钟频率提供
　　C．外部计数脉冲由 T0（P3.4）引脚输入　　D．外部计数脉冲由 P0 口任意引脚输入
（5）80C51 的定时器 T0 用作定时方式时是_____。
　　A．由内部时钟频率定时，一个时钟周期加 1　　B．由外部计数脉冲计数，一个机器周期加 1
　　C．外部计数脉冲由 T0（P3.4）输入定时　　D．由内部时钟频率定时，一个机器周期加 1
（6）设 80C51 晶振频率为 12MHz，若用定时器 T0 的工作方式 1 产生 1ms 定时，则 T0 计数初值应为_____。
　　A．0xfc18　　B．0xf830　　C．0xf448　　D．0xf060
（7）80C51 的定时器 T1 用作定时方式 1 时，工作方式的初始化编程语句为_____。
　　A．TCON=0x01;　　B．TCON=0x05;　　C．TMOD=0x10;　　D．TMOD=0x50;
（8）80C51 的定时器 T1 用作定时方式 2 时，工作方式的初始化编程语句为_____。
　　A．TCON=0x60;　　B．TCON=0x02;　　C．TMOD=0x06;　　D．TMOD=0x20;
（9）80C51 的定时器 T0 用作定时方式 0 时，C51 初始化编程为_____。
　　A．TMOD=0x21;　　B．TMOD=0x32;　　C．TMOD=0x20;　　D．TMOD=0x22;
（10）使用 80C51 的定时器 T0 时，若允许 TR0 启动计数器，应使 TMOD 中的_____。
　　A．GATE 位置 1　　B．C/$\overline{\text{T}}$ 位置 1　　C．GATE 位清零　　D．C/$\overline{\text{T}}$ 位清零
（11）使用 80C51 的定时器 T0 时，若允许 $\overline{\text{INT0}}$ 启动计数器，应使 TMOD 中的_____。
　　A．GATE 位置 1　　B．C/$\overline{\text{T}}$ 位置 1　　C．GATE 位清零　　D．C/$\overline{\text{T}}$ 位清零
（12）启动定时器 0 开始计数的指令是使 TCON 的_____。
　　A．TF0 位置 1　　B．TR0 位置 1　　C．TF0 位清 0　　D．TF1 位清 0
（13）启动定时器 1 开始定时的 C51 指令是_____。
　　A．TR0=0;　　B．TR1=0;　　C．TR0=1;　　D．TR1=1;
（14）使 80C51 的定时器 T0 停止计数的 C51 命令是_____。
　　A．TR0=0;　　B．TR1=0;　　C．TR0=1;　　D．TR1=1;
（15）使 80C51 的定时器 T1 停止定时的 C51 命令是_____。
　　A．TR0=0;　　B．TR1=0;　　C．TR0=1;　　D．TR1=1;
（16）80C51 单片机的 TMOD 模式控制寄存器，其中 GATE 位表示的是_____。
　　A．门控位　　B．工作方式定义位　　C．定时/计数功能选择位　　D．运行控制位
（17）80C51 采用计数器 T1 方式 1 时，要求每计满 10 次产生溢出标志，则 TH1、TL1 的初始值是_____。
　　A．FFH,F6H　　B．F6H,F6H　　C．F0H,F0H　　D．FFH,F0H
（18）80C51 采用 T0 计数方式 1 时则应用指令_____初始化编程。
　　A．TCON=0x01;　　B．TMOD=0x01;　　C．TCON=0x05;　　D．TMOD=0x05;
（19）采用 80C51 的 T0 定时方式 2 时，则应_____。
　　A．启动 T0 前先向 TH0 置入计数初值，TL0 置 0，以后每次重新计数前都要重新置入计数初值
　　B．启动 T0 前先向 TH0、TL0 置入计数初值，以后每次重新计数前都要重新置入计数初值
　　C．启动 T0 前先向 TH0、TL0 置入不同的计数初值，以后不再置入
　　D．启动 T0 前先向 TH0、TL0 置入相同的计数初值，以后不再置入
（20）80C51 单片机的 TMOD 模式控制寄存器，其中 C/$\overline{\text{T}}$ 位表示的是_____。

A．门控位　　　　　　B．工作方式定义位　C．定时/计数功能选择位　D．运行控制位

（21）80C51 单片机定时器 T1 的溢出标志 TF1，当计数满产生溢出时，如果不用中断方式而用查询方式，则_____。

A．应由硬件清零　　　B．应由软件清零　　C．应由软件置位　　　D．可不处理

（22）80C51 单片机定时器 T0 的溢出标志 TF0，当计数满产生溢出时，其值为_____。

A．0　　　　　　　　B．0xff　　　　　　C．1　　　　　　　　D．计数值

（23）80C51 单片机的定时/计数器在工作方式 1 时的最大计数值 M 为_____。

A．$M=2^{13}=8192$　　B．$M=2^8=256$　　C．$M=2^4=16$　　D．$M=2^{16}=65536$

6.2　问答思考题

（1）与单片机延时子程序的定时方法相比，利用片内集成的定时/计数器进行定时有何优点？

（2）怎样理解 51 单片机的定时器和计数器的实质都是计数器，差别仅在于脉冲信号的来源不同？

（3）51 单片机定时器定时时间 t 的影响因素有哪些？计数器定数次数 N 的影响因素有哪些？

（4）80C51 内部有几个定时/计数器？结构组成中的 TH0、TL0、TH1 和 TL1 与定时/计数器是什么关系？字节地址是什么？

（5）定时/计数器 T0 作为计数器使用时，对被测脉冲的最高频率有限制吗？为什么？

（6）当定时器方式 1 的最大定时时间不够用时，可以考虑哪些办法来增加其定时长度？

（7）定时器在每次计数溢出后都需要及时重新装载计数初值，有什么办法可以使得重新装载自动完成吗？

（8）对于定时/计数器的溢出标志进行检测有哪些可用办法？各有什么优缺点？

（9）利用定时/计数器进行外部脉冲宽度测量的工作原理是什么？

（10）如何利用闲置的定时/计数器扩展外部中断源？

（11）为了利用 Proteus 进行 C51 源码调试，在程序编译时需要采取什么措施？

（12）定时/计数器溢出得到中断响应后，TF0 或 TF1 标志需要采用什么办法予以撤销？

第7章 单片机的串行口及应用

内容概述：

本章主要介绍 51 单片机串行通信的基本概念、串行口的结构组成、控制方法、工作方式及基本应用。

教学目标：

- 了解串行通信基本概念和各种工作方式的基本原理；
- 了解串行通信接口的控制方法；
- 了解串行通信的基本应用。

7.1 串行通信概述

计算机与外部设备的基本通信方式有两种（见图 7.1）：①并行通信，数据的各位同时进行传送（见图 7.1（a））。其特点是传送速度快、效率高。但因数据有多少位就需要有多少根传输线，当数据位数较多和传送距离较远时，就会导致通信线路成本提高，因此它适合于短距离传输。②串行通信，数据一位一位地按顺序进行传送（见图 7.1（b））。其特点是只需要一对传输线就可以实现通信。当传输距离较远时，它可以显著减少传输线，降低通信成本，但是串行传送的速度较慢，不适合高速通信。尽管如此，串行通信因经济实用，在计算机通信中获得了广泛应用。

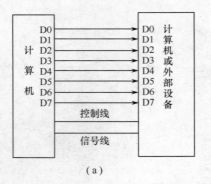 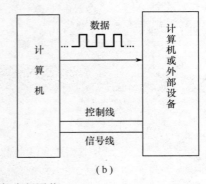

图 7.1 并行通信与串行通信

在串行通信中，数据是在两个站之间进行传送的。按照数据传送方向，串行通信可分为单工（simplex）、半双工（half duplex）和全双工（full duplex）3 种制式，如图 7.2 所示。

在单工制式下，通信线的一端为发送器，一端为接收器，数据只能按照一个固定的方向传送，如图 7.2（a）所示。

在半双工制式下，系统的每个通信设备都由一个发送器和一个接收器组成，如图 7.2（b）所示。因而数据能从 A 站传送到 B 站，也可以从 B 站传送到 A 站，但是不能同时在两个方向上传送，即只能一端发送、一端接收。收发开关一般用软件方式切换。

在全双工方式下，系统的每端都有发送器和接收器，可以同时发送和接收，即数据可以在两个方向上同时传送，如图 7.2（c）所示。

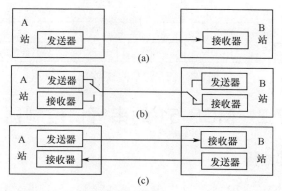

图 7.2 串行通信的 3 种制式

在实际应用中,尽管多数串行通信接口电路具有全双工功能,但一般情况下,还是工作在半双工制式下,这是其用法简单、实用所致。

串行通信的数据是按位进行传送的,每秒传送的二进制数码的位数称为波特率,单位是 bps(bit per second),即位/秒。波特率指标用于衡量数据传送的速率,国际上规定了标准波特率系列,作为推荐使用的波特率。标准波特率的系列为:110bps、300bps、600bps、1200bps、1800bps、2400bps、4800bps、9600bps、19200bps。接收端和发送端的波特率分别设置时,必须保证两者相同。

串行通信有两种基本通信方式:异步通信和同步通信。

(1) 异步通信

以字符(或字节)为单位组成数据帧进行的传送称为异步通信。如图 7.3 所示,一帧数据由起始位、数据位、可编程校验位和停止位组成。

图 7.3 异步通信的字符帧格式

起始位:位于数据帧开头,占 1 位,始终为低电平,标志传送数据的开始,用于向接收设备表示发送端开始发送一帧数据。

数据位:要传输的数据信息,可以是字符或数据,一般为 5~8 位,由低位到高位依次传送。

可编程位:位于数据位之后,占 1 位,用于校验串行发送数据的正确性,可根据需要采用奇校验、偶校验或无校验。在多机串行通信时,还用此位传送联络信息。

停止位:位于数据位末尾,占 1 位,始终为高电平,用于向接收端表示一帧数据已发送完毕。

由此可见,传输线未开始通信时为高电平状态,当接收端检测到传输线上为低电平时就可知发送端已开始发送,而当接收端接收到数据帧中的停止位就可知一帧数据已发送完成。

(2) 同步通信

数据以块为单位连续进行的传送称为同步通信。在发送一块数据时,首先通过同步信号保证发送和接收端设备的同步(该同步信号一般由硬件实现),然后连续发送整块数据。发送过程中,不再需要发送端和接收端的同步信号。同步通信的数据格式如图 7.4 所示。

为保证传输数据的正确性,发送和接收双方要求用准确的时钟实现两端的严格同步。同步通信常用于传送数据量大、传送速率要求较高的场合。

图 7.4　同步通信的数据格式

7.2　MCS-51 的串行口控制器

7.2.1　串行口内部结构

MCS-51 内部有一个可编程的全双工串行通信接口，可以作为通用异步接收/发送器（Universal Asynchronous Receiver/Transmitter，UART），也可作为同步移位寄存器。它的数据帧格式可为 8 位、10 位和 11 位 3 种，可设置多种不同的波特率，通过引脚 RXD（P3.0）和 TXD（P3.1）与外界进行通信。单片机中与串行通信相关的结构组成如图 7.5 所示。

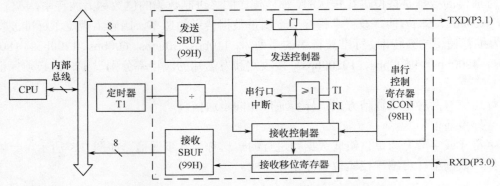

图 7.5　单片机中与串行通信相关的结构组成

在图 7.5 中，虚线框部分为串行口结构，其内包括两个数据缓冲器 SBUF、串行控制寄存器 SCON、接收移位寄存器、发送控制器和接收控制器。除此之外，该模块还与定时器 T1 和单片机内部总线相关。

两个数据缓冲器 SBUF 在物理上是相互独立的，一个用于发送数据（SBUF发）、一个用于接收数据（SBUF收）。但 SBUF发只能写入数据，不能读出数据，SBUF收只能读出数据，不能写入数据。所以两个 SBUF 可公用一个地址（99H），通过读/写指令区别是对哪个 SBUF 的操作。

发送控制器的作用是在门电路和定时器 T1 的配合下，将 SBUF发中的并行数据转为串行数据，并自动添加起始位、可编程位、停止位。这一过程结束后可使发送中断请求标志位 TI 自动置 1，用以通知 CPU 已将 SBUF发中的数据输出到了 TXD 引脚。

接收控制器的作用是在接收移位寄存器和定时器 T1 的配合下，使来自 RXD 引脚的串行数据转为并行数据，并自动过滤掉起始位、可编程位、停止位。这一过程结束后，可使接收中断请求标志位 RI 自动置 1，用以通知 CPU 接收的数据已存入 SBUF收。

从数据发送和接收过程看出，发送的数据从 SBUF发直接送出，接收的数据则经过接收移位寄存器后才到达 SBUF收。当接收数据进入 SBUF收后，接收端还可以通过接收移位寄存器接收下一帧数据。由此可见，发送端为单缓冲结构，接收端为双缓冲结构，这样可以避免在第 2 帧接收数据到来时，CPU 因未及时将第 1 帧数据读走而引起两帧数据重叠的错误。

定时器 T1 的作用是产生用以收发过程中节拍控制的通信时钟（方波脉冲），如图 7.6 所示。其中，发送数据时，通信时钟的下降沿对应于数据移位输出（见图 7.6（a））；接收数据时，通信时钟的上升沿对应于数据位采样(见图 7.6(b))。通信时钟频率(波特率)由定时器的控制寄存器管理。

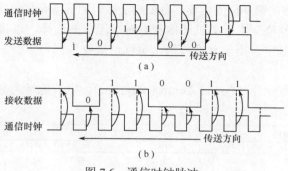

图 7.6 通信时钟脉冲

7.2.2 串行口控制寄存器

51 单片机用于串行通信控制的特殊功能寄存器有两个:串行口控制寄存器 SCON 和电源控制寄存器 PCON。

1. SCON 寄存器

SCON 是串行口控制寄存器(Serial Control Register),字节地址为 98H,可位寻址。SCON 中有两位与中断有关,其余都与串行通信有关,其格式如图 7.7 所示。

SM0	SM1	SM2	REN	TB8	RB8	TI	RI
9FH	9EH	9DH	9CH	9BH	9AH	99H	98H
位7	位6	位5	位4	位3	位2	位1	位0

RI 和 TI——串行通信中断请求标志
RB8——接收数据第 9 位
TB8——发送数据第 9 位
REN——允许接收控制位
　　1:允许接收
　　0:禁止接收
SM2——多机通信控制位
　　1:多机通信
　　0:点对点通信
SM0 和 SM1——串行通信工作方式定义位

图 7.7 SCON 串行口控制寄存器

RI 和 TI:串行中断请求标志,第 5 章已有介绍,不再赘述。

SM0 和 SM1:串行工作方式定义位。通过 SM0 和 SM1 不同的取值,可定义 4 种串行通信工作方式,具体如表 7.1 所示。

表 7.1 工作方式选择

SM0	SM1	方式	功能说明
0	0	0	8 位同步移位寄存器方式
0	1	1	10 位数据异步通信方式
1	0	2	11 位数据异步通信方式
1	1	3	11 位数据异步通信方式

上述 4 种工作方式中,第 1 种方式不属于异步通信方式,而是同步移位寄存器方式(主要

用于串并转换），后 3 种才是严格意义上的异步通信。

RB8 和 TB8：接收数据第 9 位和发送数据第 9 位。在工作方式 2 和工作方式 3 时，存放待发送数据帧和已接收数据帧的第 9 位的内容，主要用于多机通信或奇偶校验，具体用法稍后介绍。

SM2：多机通信控制位。用于多机通信和点对点通信的选择，也将稍后介绍。

REN：允许接收控制位。用于允许或禁止串行口接收数据。

2. PCON 寄存器

PCON 为电源控制寄存器（Power Control Register），字节地址为 87H，不可位寻址，其格式如图 7.8 所示。

SMOD	—	—	—	GF1	GF0	PD	TDL
8EH	8DH	8CH	8BH	8AH	89H	88H	87H
位 7	位 6	位 5	位 4	位 3	位 2	位 1	位 0

SMOD——波特率选择位
　　1：波特率在原有基础上加倍
　　0：波特率保持原来数值
位 4～位 6——没有定义
GF1 和 GF0——通用标志位
PD——掉电控制位
TDL——空闲控制位

图 7.8　PCON 电源控制寄存器

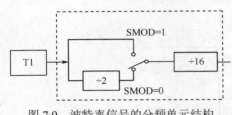

图 7.9　波特率信号的分频单元结构

SMOD：波特率选择位，用于决定串行通信时钟的波特率是否加倍。

如前所述，51 单片机串行通信以定时器 T1 为波特率信号发生器，其溢出脉冲经过分频单元（图 7.5 中的除号框）后送到收、发控制器中。分频单元的内部结构如图 7.9 所示。

图 7.9 中，T1 溢出脉冲可以有两种分频路径，即 16 分频或 32 分频，SMOD 就是决定分频路径的逻辑开关。分频后的通信时钟波特率为

$$\text{通信时钟波特率} = \frac{1}{t} \times \frac{2^{\text{SMOD}}}{32}$$

式中，t 为 T1 的定时时间，为

$$t = (2^n - a) \times \frac{12}{f_{osc}}$$

合并上面两式可得

$$\text{通信时钟波特率} = \frac{f_{osc}}{12 \times (2^n - a)} \times \frac{2^{\text{SMOD}}}{32}$$

这说明，晶振频率 f_{osc} 一定后，波特率的大小取决于 T1 的工作方式 n 和计数初值 a，也取决于波特率选择位 SMOD。

还需说明一点：串口通信在不同工作方式时的波特率是不同的，上述波特率只适用于方式 1 和方式 3，方式 0 和方式 2 的波特率分别见本章 7.3 和 7.5 节。

7.3　串行工作方式 0 及其应用

当 SM0 SM1=00 时为串口工作方式 0 状态，图 7.10 给出了工作方式 0 的逻辑结构示意图。

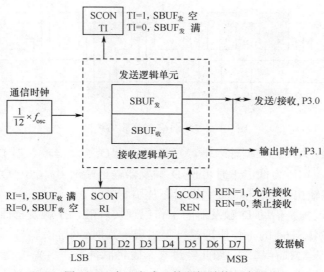

图 7.10 串口方式 0 的逻辑结构示意图

图 7.10 中，虚线框表示 51 单片机串口的主要硬件资源（为直观起见，SCON 被放在虚线框外）。发送和接收的数据帧都是 8 位 1 帧，低位先传输，不设起始位和停止位，且都经由 P3.0 引脚出入；通信时钟波特率固定为十二分频晶振，除供给内部收、发逻辑单元使用外，还通过引脚 P3.1 输出，作为接口芯片的移位时钟信号。

图 7.10 中标出了 SCON 中 TI、RI、REN 三个标志位的相关信息，编程时可以参考。

如前所述，工作方式 0 不是用于异步串行通信，而是用于串并转换，达到扩展单片机 I/O 口数量的目的。方式 0 通常需要与移位寄存器芯片配合使用。

以下举例说明方式 0 与部分移位寄存器的使用方法。

【实例 1】采用图 7.11 所示电路，在电路分析和程序分析的基础上，编程实现发光二极管的自上而下循环显示功能。

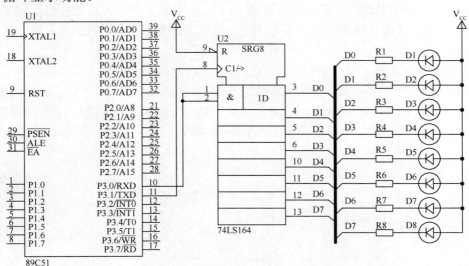

图 7.11 实例 1 电路原理图

【解】电路分析：图中使用的 74LS164 是一种 8 位串入并出移位寄存器，其引脚与内部结构如图 7.12 所示。

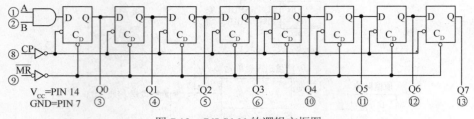

图 7.12 74LS164 的逻辑方框图

图 7.12 中，A、B 为两路数据输入端，经与门后接 D 触发器输入端 D；CP 为移位时钟输入端；$\overline{MR}$ 为清零端，$\overline{MR}$ 为低电平时可使 D 触发器输出端清 0；Q0~Q7 为数据输出端（也是各级 D 触发器的 Q 输出端）；带圈数字表示芯片引脚编号。

74LS164 的移位过程是借助 D 触发器的工作原理实现的，D 触发器原理已在 2.3.3 节有介绍，此处不再赘述。74LS164 的工作原理是：每出现一次时钟脉冲信号，前级 D 触发器锁存的电平便会被后级 D 触发器锁存起来。如此经过 8 个时钟脉冲后，最先接收到的数据位将被最高位 D 触发器锁存，并到达 Q7 端。其次接收到的数据位将被次高位 D 触发器锁存，并到达 Q6 端，以此类推。换言之，逐位输入的串行数据将同时出现在 Q0~Q7 端，从而实现了串行数据转为并行数据的功能。

基于上述分析，可以很容易地理解图 7.11 中 74LS164 与 51 单片机的接线原理：A 与 B 端并联接在单片机的 RXD（P3.0）端——串行方式 0 的数据发送/接收端；CP 端接在单片机的 TXD（P3.1）端——串行方式 0 的时钟输出端；$\overline{MR}$ 接 V_{CC}——本实例无须清 0 控制；Q0~Q7 端接发光二极管并行电路（参见图 7.11）。

编程分析：

① 编程设计中，首先要对串行口的工作方式进行设置（串口初始化）。本实例程序中，可利用语句"SCON=0"设置串口方式 0（SM0 SM1=00），并同时实现串口中断请求标志位清 0（RI=TI=0）和禁止接收数据（REN=0）的串口初始化设置。

② 被发送的字节数据只需赋值给寄存器 SBUF发，其余工作都将由硬件自动完成。但在发送下一字节数据前需要了解 SBUF发是否已为空，以免造成数据重叠。为此可采用中断或软件查询进行判别。

③ 根据图 7.11 电路，使二极管 D1 点亮，D2~D8 灯灭的 Q0~Q7 输出码应为 1111 1110B（0xfe），但考虑到串行数据发送时低位数据在先的原则，故送交 SBUF发的输出码应为 0111 1111B（0x7f）。为实现发光二极管由 Q0 向 Q7 方向点亮，SBUF发的输出码应循环右移，同时最高位用 1 填充，这些功能可通过 C51 语句 (LED>>1) | 0x80 实现。

实例 1 的参考程序如下：

```
#include<reg51.h>
void delay() {                              //延时
    unsigned int i;
    for(i=0; i<20000; i++) {}
}
void main(){
    unsigned char index,LED;                //定义循环指针和输出码变量
    SCON=0;                                 //串口初始化
    while(1){
        LED=0x7f;                           //输出码初值（D1 亮，其余灭）
```

```
    for(index=0; index<8; index++){      //控制循环范围
        SBUF=LED;                         //发送输出码
        do{}while(!TI);                   //判断发送是否结束
        LED=((LED>>1)|0x80);              //右移1位且高位填充1
        delay();
}}}
```

程序运行效果如图 7.13 所示。

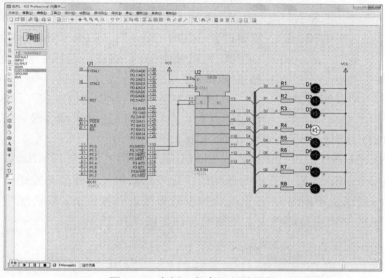

图 7.13 实例 1 程序运行效果图

7.4 串行工作方式 1 及其应用

当 SM0 SM1=01 时为串口工作方式 1 状态，图 7.14 给出了工作方式 1 的逻辑结构示意图。

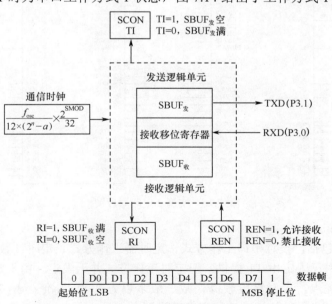

图 7.14 串口方式 1 的逻辑结构示意图

由图 7.13 可知，与方式 0 相比，方式 1 发生了如下变化。

① 通信时钟波特率是可变的，可由软件设定为不同速率，其值为

$$\frac{f_{osc}}{12\times(2^n-a)}\times\frac{2^{SMOD}}{32}$$

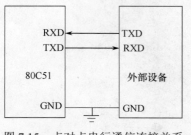

图 7.15　点对点串行通信连接关系

这表明，T1 初始化时需要设置 TMOD（GATE、C/$\overline{T}$、M1、M0）、PCON（SMOD），并确定计数初值 a。

② 发送数据由 TXD（P3.1）输出，接收数据由 RXD（P3.0）输入，且需经接收移位寄存器缓冲输入。初始化时，需要设置 SCON（RI、TI、REN、SM0、SM1）。

③ 数据帧由 10 位组成，包括 1 位起始位+8 位数据位+1 位停止位。

④ 方式 1 是 10 位异步通信方式（有 8 位数据位），主要用于点对点串行通信。通常采用 3 线式接线（见图 7.15），即主机 TXD、RXD 分别与外设 RXD、TXD 相接，两机共地。

【实例 2】两只 51 单片机进行串口方式 1 通信，其中两机 f_{osc} 约为 12MHz，波特率为 2.4kbps。甲机循环发送数字 0～F，并根据乙机的返回值决定发送新数（返回值与发送值相同时）或重复当前数（返回值与发送值不同时）；乙机接收数据后直接返回接收值；双机都将当前值以十进制数形式显示在各机的共阴极数码管上。电路原理图如图 7.16 所示。

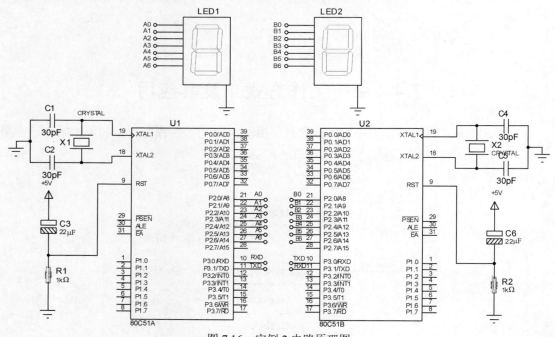

图 7.16　实例 2 电路原理图

【解】编程分析：

① 初始化工作包括：设置串口工作方式、定时器工作方式、定时计数初值等。如前所述，51 单片机串口波特率已限定由 T1 提供，但定时工作方式并无限定。由于定时方式 2 具有自动重装载计数初值的优点，定时精度较高，故一般多以方式 2 为准。表 7.2 给出晶振频率为 11.0592MHz、定时方式 2 时的标准波特率参数设置。

表 7.2 定时方式 2 时的标准波特率参数表

序号	波特率（bps）	SMOD	a
1	62500	1	0xff
2	19200	1	0xfd
3	9600	0	0xfd
4	4800	0	0xfa
5	2400	0	0xf4
6	1200	0	0xe8

可见，按题意要求，2.4kbps 波特率的对应参数可取为 SMOD=0、TH1=TL1=0xf4。

② 实例 2 对通信的实时性要求不高，故双机都可采用软件查询 TI 和 RI 的做法。程序流程图如图 7.17 所示。

图 7.17 实例 2 程序流程图

据此可完成两机的程序编写，其程序编译窗口分别如图 7.18 和图 7.19 所示。

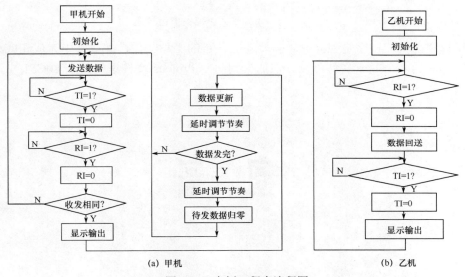

图 7.18 实例 2 甲机编译窗口

```
01  /*接收程序*/
02  #include<reg51.h>
03  #define uchar unsigned char
04  char code map[]={0x3F,0x06,0x5B,0x4F,0x66,0x6D,0x7D,0x07,0x7F,0x6F};//'0'~'9'
05
06  void main(void){
07      uchar receiv;              //定义接收缓冲
08      TMOD=0x20;                 //T1定时方式2
09      TH1=TL1=0xf4;              //2400b/s
10      PCON=0;                    //波特率不加倍
11      SCON=0x50;                 //串口方式1,TI和RI清零,允许接收;
12      TR1=1;                     //启动T1
13      while(1){
14          while(RI==1){          //等待接收完成
15              RI = 0;            //清RI标志位
16              receiv = SBUF;     //取得接收值
17              SBUF = receiv;     //结果返送主机
18              while(TI==0);      //等待发送结束
19              TI = 0;            //清TI标志位
20              P2 = map[receiv];  //显示接收值
21          }
22      }
23  }
```

图7.19 实例2乙机编译窗口

由于甲机和乙机的程序是独立的,需要建立各自的工程文件,并在其中完成相应程序的编辑和编译。形成的两个 hex 文件可以分别加载到同一 Proteus 文件里的两个 80C51 中,运行后的效果如图 7.20 所示。

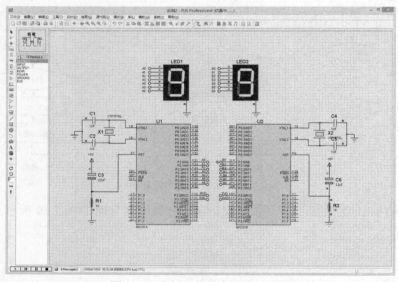

图7.20 实例2的程序运行效果图

7.5 串行工作方式2及其应用

当 SM0SM1=10 时为串口工作方式2,其逻辑结构示意图如图 7.21 所示。

由图 7.21 可知,与方式1相比,方式2发生了如下变化。

① 方式2为11位异步通信方式,数据帧由11位组成,包括1位起始位+8位数据位+1位可编程位+1位停止位。其中在发送时,TB8 的值可被自动添加到数据帧的第9位,并随数据帧一起发送。在接收时,数据帧的第9位可被自动送入 RB8 中。第9数据位可由用户安排,可以是奇偶校验位,也可以是其他控制位。

例如,欲发送数据 0x45(0100 0101B),因 0x45 中二进制数1的个数为奇数,因此奇偶校验值为1。将该校验值送入 TB8,发送时可连同数据 0x45 一起发出。接收端接收数据时会将该

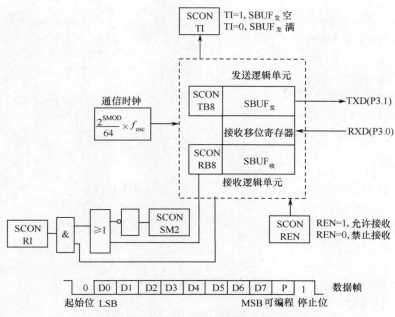

图 7.21 串口方式 2 的逻辑结构示意图

数取出放入 RB8 中。只要设法求出接收数据的实际奇偶校验值，再与 RB8 进行比较，即可判断收发过程是否有误。

② 通信时钟频率是固定的，可由 SMOD 设置为 1/32 或 1/64 晶振频率，即

$$\frac{2^{SMOD}}{64} \times f_{osc}$$

这表明，T1 初始化时仅需要设置 PCON（SMOD）。

③ 发送完成后（SBUF$_发$为空），TI 自动置 1；但接收完成后（SBUF$_收$为空），RI 的状态要由 SM2 和 RB8 共同决定。若 SM2=1，仅当 RB8 为 1 时，接收逻辑单元才能使 RI 置 1。若此时 RB8 为 0，则接收逻辑单元也无法使 RI 置 1。反之，若 SM2=0，则无论 RB8 为何值，接收逻辑单元都能使 RI 置 1。可见，方式 2 时，RB8 和 SM2 将共同对接收过程施加影响。

【实例 3】采用实例 2 的双机通信电路（见图 7.15），晶振频率为 11.0592MHz，串口方式 2，通信时钟波特率为 0.3456Mbps。通信中增加奇偶校验功能，即甲机在循环发送数据（0~F）的同时发送相应奇偶校验码，乙机接收后先进行奇偶校验。若结果无误，在向甲机返回的接收值中使可编程位清零；若结果有误，则使可编程位置 1。甲机根据返回值中的可编程位作出发送新数据或重发当前数据的抉择。甲、乙两机都在各自 BCD 数码管上显示当前数据。

【解】程序分析：

① 对于晶振频率 11.0592MHz，0.3456Mbps 的通信时钟波特率相当于 1/32 晶振频率，即应初始化 PCON 为 0x80（波特率加倍）。由于不是多机通信，故 SM2 为 0，据此可以初始化 SCON 为 0x90。

② 为获得发送或接收数据的奇偶校验位，每次发送或接收到数据后，要将数据存入累加器 ACC，从而获得奇偶标志位值。发送数据的校验位通过写入 TB8 输出，接收数据的校验位从 RB8 读取。

实例 3 的参考程序如下：

```
/*发送程序*/
#include<reg51.h>
```

```c
#define uchar unsigned char
char code map[]={0x3F,0x06,0x5B,0x4F,0x66,0x6D,0x7D,0x07,0x7F,0x6F};
                                                        //0~9 的字模
void delay(unsigned int time){
    unsigned int j=0;
    for(;time>0;time--)
        for(j=0;j<125;j++);
}
void main(void){
    uchar counter=0;                    //定义计数器
    PCON=0x80;                          //波特率加倍
    SCON=0x90;                          //方式 2,SM2=TI=RI=0,允许接收
    while(1){
        ACC=counter;                    //提取奇偶标志位值
        TB8=P;                          //组装奇偶标志位
        SBUF=counter;                   //发送数据
        while(TI==0);                   //等待发送完成
        TI=0;                           //清 TI 标志位
        while(RI==0);                   //等待乙机回答
        RI=0;
        if(RB8==0){                     //判断 RB8=1?
            P2=map[counter];            //若为 0,则显示已发送值
            if(++counter>9) counter=0;  //刷新发送数据
            delay(500);                 //调整程序节奏
}}}
/*接收程序*/
#include<reg51.h>
#define uchar unsigned char

void main(void){
uchar receive;                          //定义接收缓冲
char code map[]={0x3F,0x06,0x5B,0x4F,0x66,0x6D,0x7D,0x07,0x7F,0x6F};
                                        //0~9 的字模
    PCON=0x80;                          //波特率加倍
    SCON=0x90;                          //串口方式 2,TI 和 RI 清零,允许接收
    while(1){
    while(RI==1){                       //等待接收完成
        RI=0;                           //清 RI 标志位
        receive=SBUF;                   //取得接收值
        ACC=receive;                    //提取奇偶标志位值
        if(P==RB8) TB8=0;               //将校验结果装入第 9 位
            else TB8=1;
        SBUF=receive;                   //接收的结果返回主机
        while(TI==0);                   //等待发送结束
```

```
            TI=0;                              //清 TI 标志位
            P2=map[receive];                   //显示接收值
}}}
```

运行后的效果如图 7.22 所示。

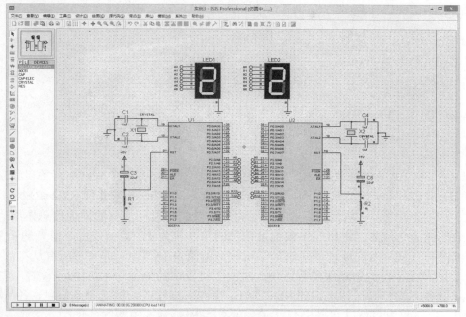

图 7.22 实例 3 的程序运行效果图

7.6 串行工作方式 3 及其应用

当 SM0 SM1=11 时为串口工作方式 3,其逻辑结构示意图如图 7.23 所示。

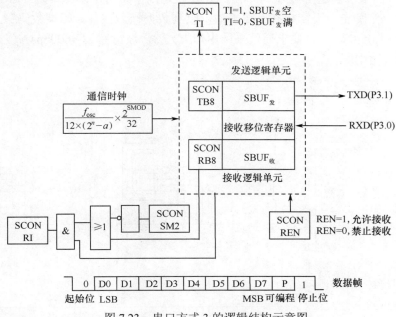

图 7.23 串口方式 3 的逻辑结构示意图

由图可知，方式 3 的波特率为可变的（与方式 1 相同），即

$$\frac{f_{osc}}{12\times(2^n-a)}\times\frac{2^{SMOD}}{32}$$

方式 3 也为 11 位异步通信方式（有 9 位数据位），主要用于要求进行错误校验或主从式系统通信的场合。

主从式系统通信的系统组成如图 7.24 所示。

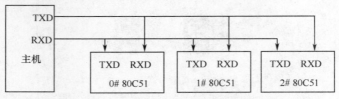

图 7.24 主从式系统组成示意图

图 7.24 为 80C51 多机系统，其中包含 1 个主机和 3 个从机。每个从机都有各自独立的地址，如 00H、01H 和 02H。从机初始化时都设置为串口方式 2 或方式 3，并使 SM2=REN=1，开放串口中断。在主机向某个目标从机传送数据或命令前，要先将目标从机的地址信息发给所有从机，随后才是数据或命令信息。主机发出的地址信息的第 9 位为 1，数据或命令信息的第 9 位为 0。

当主机向所有从机发送地址信息时，从机收到的第 9 位信息都是 1，所有从机都可激活中断请求标志 RI。在各自的中断服务程序中，对比主机发来的地址与本机地址，若相符则使本机的 SM2 为 0，若不相符则保持本机的 SM2 为 1。接着主机发送数据或命令信息，各从机收到的 RB8 都为 0，此时只有目标从机（SM2 为 0）可激活 RI，转入中断服务程序，接收主机的数据或命令；其他从机（SM2 为 1）不能激活 RI，所接收的数据或命令信息被丢弃，从而实现主机和从机的一对一通信。

主从式系统中，从机与从机之间的通信只能经过主机才能实现。

【实例 4】设有如图 7.25 所示的 1+2 主从式串行通信系统。K1、K2 为发送激发键，每按 1 次，主机向相应从机顺序发送 1 位 0～F 间的字符，发送的字符可用虚拟终端 TERMINAL 观察。从机收到地址帧后使发光二极管状态反转 1 次，收到数据帧后在其共阳型数码管上显示出来。系统晶振频率为 11.0592MHz。要求通信采用串口方式 3，波特率为 9600bps，发送编程采用查询法，接收编程采用中断法。

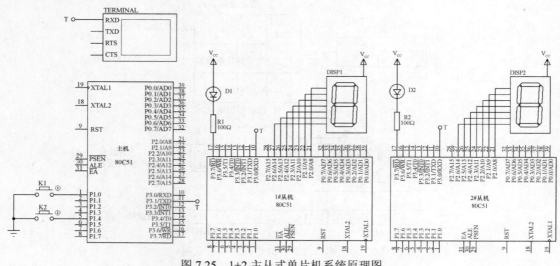

图 7.25 1+2 主从式单片机系统原理图

【解】图中 TERMINAL 是 Proteus 提供的用于观察串行通信数据的虚拟仪器，使用时只需将其 TXD 和 RXD 端分别与单片机 RXD 和 TXD 相连（本例主机无须 RXD，从机无须 TXD）。接线后双击可弹出参数设置窗口，如图 7.26 所示。

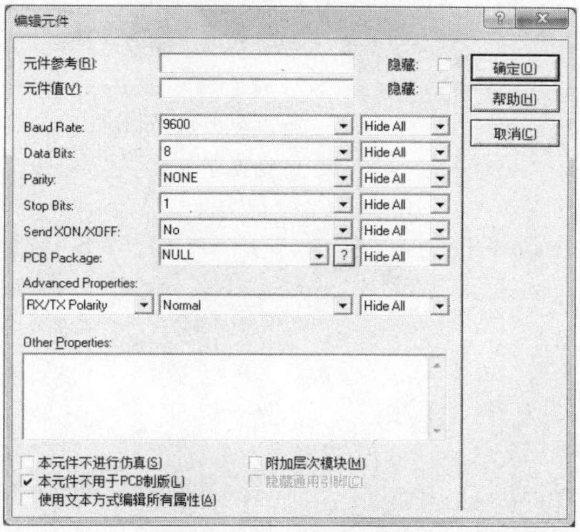

图 7.26　虚拟终端参数设置窗口

根据题意要求，在参数框内选择 9600 波特率、8 位数据、无奇偶校验等参数。

程序分析：查看表 7.2 可知，波特率初始化时选择 T1 定时器方式 2，TH1=TL1=0xfd，SMOD=0 可满足 9600bps 要求。

程序设计方法：主机在主函数中以查询法进行按键检测，并以键值作为发送函数的传递参数。在发送函数中查询 TI 标志位，分两步发送地址帧和数据帧；子机在初始化后进入等待状态。在中断接收函数中，先对地址帧进行判断，随后将接收的字符转化为数组顺序号，通过查表输出其显示字模。

实例 4 的参考程序如下：

```c
//多机通信（主机）程序
#include<reg51.h>
#define uchar unsigned char      //将 unsigned char 宏定义为 char,方便编程
#define NODE1_ADDR 1             //1#子机地址
#define NODE2_ADDR 2             //2#子机地址
uchar KeyValue=0;                //键值
uchar code str[]="0123456789ABCDEF";  //字符集
uchar pointer_1=0,pointer_2=0;   //子机当前发送字符指针

void delay(uchar time){          //延时
    uchar i,j;
    for(i=0;i<130;i++)
        for(j=0;j<time;j++);
}
void proc_key(uchar node_number){  //发送程序
    delay(200);
    SCON=0xc0;                   //串口方式 3、多机通信、禁止接收、中断标志清零
    TMOD=0x20;                   //T1 定时方式 2
```

```c
            TH1=TL1=0xfd;                   //9600bps
            TR1=1;                          //启动T1
            TB8=1;                          //发送地址帧
            SBUF=node_number;
            while(TI==0);                   //等待地址帧发送结束
            TI=0;                           //清TI标志
            TB8=0;                          //准备发送数据帧
            switch(node_number){            //切换子机
                case 1: {
                    SBUF=str[pointer_1++];              //1#子机字符帧
                    if(pointer_1>=16) pointer_1=0;      //修改发送指针
                    break;
                }
                case 2: {
                    SBUF=str[pointer_2++];              //2#子机字符帧
                    if(pointer_2>=16) pointer_2=0;      //修改发送指针
                    break;
                }
                default: break;
            while(TI==0);                               //等待数据帧发送结束
            TI=0;
}}
main(){
  while(1){
        P1=0xff;
        while(P1==0xff);                                //检测按键
        switch(P1){                                     //切换子机
            case 0xfe: proc_key(NODE1_ADDR);break;
            case 0xef: proc_key(NODE2_ADDR);break;
}}}

//多机通信（1#子机）
#include<reg51.h>
#define NODE1_ADDR 1
#define uchar unsigned char
sbit P3_7=P3^7;
uchar code table[16]={0xc0,0xf9,0xa4,0xb0,0x99,0x92,0x82,0xf8,
                     0x80,0x90,0x88,0x83,0xc6,0xa1,0x86,0x8e};
void display(uchar ch){
    if((ch>=48)&&(ch<=57)) P2=table[ch-48];
    else if((ch>=65)&&(ch<=70)) P2=table[ch-55];
}
main(){
    SCON=0xf0;                  //串口方式3、多机通信、允许接收、中断标志清零
```

```c
    TMOD=0x20;                    //T1 定时方式 2
    TH1=TL1=0xfd;                 //9600bps
    TR1=1;                        //启动 T1
    ES=1;EA=1;                    //开中断
    while(1);
}

void receive(void) interrupt 4{
    RI=0;
    if(RB8==1){
        if(SBUF==NODE1_ADDR){
            SM2=0;
            P3_7=!P3_7;
        }
        return;
    }
    display(SBUF);
    SM2=1;
}

//多机通信（2#子机）
#include<reg51.h>
#define NODE2_ADDR 2
#define uchar unsigned char
sbit P3_7=P3^7;
uchar code table[16]={0xc0,0xf9,0xa4,0xb0,0x99,0x92,0x82,0xf8,
                      0x80,0x90,0x88,0x83,0xc6,0xa1,0x86,0x8e};
void display(uchar ch){
    if((ch>=48)&&(ch<=57)) P2=table[ch-48];
    else if((ch>=65)&&(ch<=70)) P2=table[ch-55];
}
main(){
    SCON=0xf0;                    //串口方式 3、多机通信、允许接收、中断标志清零
    TMOD=0x20;                    //T1 定时方式 2
    TH1=TL1=0xfd;                 //9600bps
    TR1=1;                        //启动 T1
    ES=1;EA=1;                    //开中断
    while(1);
}
void receive(void) interrupt 4{
    RI=0;
    if(RB8==1){
        if(SBUF==NODE2_ADDR){
            SM2=0;
```

```
                P3_7=!P3_7;
            }
            return;
        }
        display(SBUF);
        SM2=1;
    }
```

可以看出，除地址编号外，两个子机的程序完全相同。实例 4 的程序运行效果如图 7.27 所示。将虚拟终端界面放大后（见图 7.28）可以看出，主机发送的字符与从机接收的字符完全一致。

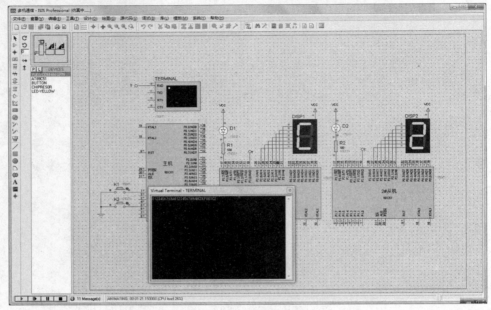

图 7.27　实例 4 的程序运行效果

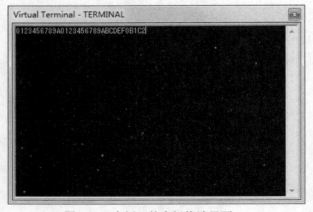

图 7.28　实例 4 的虚拟终端界面

实例 4 仿真视频

本 章 小 结

1. 串行通信的数据是按位进行传送的，每秒传送的二进制数码的位数称为波特率。串行通信只需要一对传输线就可以实现通信，其特点是通信成本低，但传送速度较慢。串行通信可分为单工、半双工和全双工 3 种制式。以字符或字节为单位组成数据帧进行的传送称为异步通信，以数据块为单位连续进行的传送称为同步通信。

2. MCS-51 内置有可编程的全双工异步串行通信接口，包括两个在物理上是相互独立的数据缓冲器 SBUF，两个串口控制寄存器，即 SCON 和 PCON。定时器 T1 作为波特率信号发生器。

3. 方式 0 是同步移位寄存器方式，采用 8 位数据帧格式，没有起始位和停止位，先发送或接收最低位。方式 0 主要用于单片机 I/O 接口的扩展。

4. 方式 1 采用 10 位数据帧格式，包括 1 个起始位、8 个数据位和 1 个停止位。方式 1 主要用于点对点通信。

5. 方式 2 和方式 3 采用 11 位数据帧格式，包括 1 个起始位、8 个数据位、1 个可编程位、1 个停止位。方式 2 和方式 3 的差异在于前者波特率为固定值，而后者为可变值，主要用于奇偶校验或多机主从式通信。

思考与练习题 7

7.1 单项选择题

（1）从串口接收缓冲器中将数据读入到变量 temp 中的 C51 语句是_____。
　　A．temp = SCON;　　B．temp = TCON;　　C．temp = DPTR;　　D．temp = SBUF;

（2）全双工通信的特点是，收发双方_____。
　　A．角色固定不能互换　B．角色可换但需切换　C．互不影响双向通信　D．相互影响互相制约

（3）80C51 的串口工作方式中适合多机通信的是_____。
　　A．工作方式 0　　B．工作方式 1　　C．工作方式 2　　D．工作方式 3

（4）80C51 串行口接收数据的次序是下述的顺序_____。
　　①接收完一帧数据后，硬件自动将 SCON 的 RI 置 1　　②用软件将 RI 清零
　　③接收到的数据由 SBUF 读出　④置 SCON 的 REN 为 1，外部数据由 RXD(P3.0)输入
　　A．①②③④　　B．④①②③　　C．④③①②　　D．③④①②

（5）80C51 串行口发送数据的次序是下述的顺序_____。
　　①待发数据送 SBUF　　　　　　　　②硬件自动将 SCON 的 TI 置 1
　　③经 TXD（P3.1）串行发送一帧数据完毕　④用软件将 SCON 的 TI 清零
　　A．①③②④　　B．①②③④　　C．④③①②　　D．③④①②

（6）80C51 用串口工作方式 0 时_____。
　　A．数据从 RXD 串行输入，从 TXD 串行输出
　　B．数据从 RXD 串行输出，从 TXD 串行输入
　　C．数据从 RXD 串行输入或输出，同步信号从 TXD 输出
　　D．数据从 TXD 串行输入或输出，同步信号从 RXD 输出

（7）在用接口传送信息时，如果用一帧来表示一个字符，且每帧中有一个起始位、一个结束位和若干个数据位，该传送属于_____。
　　A．异步串行传送　B．异步并行传送　C．同步串行传送　D．同步并行传送

（8）80C51 的串口工作方式中适合点对点通信的是_____。
　　A．工作方式 0　　B．工作方式 1　　C．工作方式 2　　D．工作方式 3

（9）80C51 有关串口内部结构的描述中，_____是不正确的。
　　A．51 内部有一个可编程的全双工串行通信接口

B. 51 的串行接口可以作为通用异步接收/发送器，也可以作为同步移位寄存器
C. 串行口中设有接收控制寄存器 SCON
D. 通过设置串口通信的波特率可以改变串口通信速率

（10）80C51 有关串口数据缓冲器的描述中，_____是不正确的。

A. 串行口中有两个数据缓冲器 SBUF
B. 两个数据缓冲器在物理上是相互独立的，具有不同的地址
C. SBUF发只能写入数据，不能读出数据
D. SBUF收只能读出数据，不能发送数据

（11）80C51 串口发送控制器的作用描述中，_____是不正确的。

A. 作用一是将待发送的并行数据转为串行数据
B. 作用二是在串行数据上自动添加起始位、可编程位和停止位
C. 作用三是在数据转换结束后使中断请求标志位 TI 自动置 1
D. 作用四是在中断被响应后使中断请求标志位 TI 自动清零

（12）下列关于 80C51 串口接收控制器的作用描述中，_____是不正确的。

A. 作用一是将来自 RXD 引脚的串行数据转为并行数据
B. 作用二是自动过滤掉串行数据中的起始位、可编程位和停止位
C. 作用三是在接收完成后使中断请求标志位 RI 自动置 1
D. 作用四是在中断被响应后使中断请求标志位 RI 自动清零

（13）80C51 串口收发过程中定时器 T1 的下列描述中，_____是不正确的。

A. T1 的作用是产生用以串行收发节拍控制的通信时钟脉冲，也可用 T0 进行替换
B. 发送数据时，该时钟脉冲的下降沿对应于数据的移位输出
C. 接收数据时，该时钟脉冲的上升沿对应于数据位采样
D. 通信波特率取决于 T1 的工作方式和计数初值，也取决于 PCON 的设定值

（14）有关集成芯片 74LS164 的下列描述中，_____是不正确的。

A. 74LS164 是一种 8 位串入并出移位寄存器
B. 74LS164 的移位过程是借助 D 触发器的工作原理实现的
C. 8 次移位结束后，74LS164 的输出端 Q0 锁存着数据的最高位，Q7 锁存着最低位
D. 74LS164 与 80C51 的串口方式 0 配合，可以实现单片机并行输出口的扩展功能

（15）与串口方式 0 相比，串口方式 1 发生的下列变化中，_____是错误的。

A. 通信时钟波特率是可变的，可由软件设置为不同速率
B. 数据帧由 11 位组成，包括 1 位起始位+8 位数据位+1 位校验位+1 位停止位
C. 发送数据由 TXD 引脚输出，接收数据由 RXD 引脚输入
D. 方式 1 可实现异步串行通信，而方式 0 则只能实现串并转换

（16）与串口方式 1 相比，串口方式 2 发生的下列变化中，_____是错误的。

A. 通信时钟波特率是固定不变的，其值等于晶振频率
B. 数据帧由 11 位组成，包括 1 位起始位+8 位数据位+1 位可编程位+1 位停止位
C. 发送结束后 TI 可以自动置 1，但接收结束后 RI 的状态要由 SM2 和 RB8 共同决定
D. 可实现异步通信过程中的奇偶校验

（17）下列关于串口方式 3 的描述中，_____是错误的。

A. 方式 3 的波特率是可变的，可以通过软件设定为不同速率
B. 数据帧由 11 位组成，包括 1 位起始位+8 位数据位+1 位可编程位+1 位停止位

C. 方式 3 主要用于要求进行错误校验或主从式系统通信的场合

D. 发送和接收过程结束后 TI 和 RI 都可硬件自动置 1

(18) 下列关于串行主从式通信系统的描述中，_____是错误的。

A. 主从式通信系统由 1 个主机和若干个从机组成

B. 每个从机都要有相同的通信地址

C. 从机的 RXD 端并联接在主机的 TXD 端，从机 TXD 端并联接在主机的 RXD 端

D. 从机之间不能直接传递信息，只能通过主机间接实现

(19) 下列关于多机串行异步通信的工作原理描述中，_____是错误的。

A. 多机异步通信系统中各机初始化时都应设置为相同波特率

B. 各从机都应设置为串口方式 2 或方式 3，SM2＝REN＝1，并禁止串口中断

C. 主机先发送一条包含 TB8＝1 的地址信息，所有从机都能在中断响应中对此地址进行查证，但只有目标从机将 SM2 改为 0

D. 主机随后发送包含 TB8＝0 的数据或命令信息，此时只有目标从机能响应中断，并接收到此条信息

(20) 假设异步串行接口按方式 1 每分钟传输 6000 个字符，则其波特率应为_____。

A. 800　　　　　B. 900　　　　　C. 1000　　　　　D. 1100

(21) 在一采用串口方式 1 的通信系统中，已知 f_{osc}＝6MHz，波特率＝2400，SMOD＝1，则定时器 T1 在方式 2 时的计数初值应为_____。

A. 0xe6　　　　　B. 0xf3　　　　　C. 0x1fe6　　　　　D. 0xffe6

(22) 串行通信速率的指标是波特率，而波特率的量纲是_____。

A. 字符/秒　　　　　B. 位/秒　　　　　C. 帧/秒　　　　　D. 帧/分

7.2　问答思考题

(1) 串行通信与并行通信有何不同？它们各有什么特点？

(2) 按照数据传送方向，串行通信可分为哪几种制式？它们各有什么特点？

(3) 何为异步串行通信？一帧数据串由哪些格式位组成？

(4) 51 单片机内置 UART 的全称是什么？有哪些基本用途？

(5) 51 单片机有两个数据缓冲器，分别用于发送数据和接收数据，为何只有一个公用地址却不会产生冲突？

(6) 51 单片机的 UART 中使用哪个定时器作为通信时钟发生器？时钟脉冲与接收和发送的数据有何对应关系？

(7) 异步串行通信的数据帧中，自动插入或过滤起始位、可编程位、停止位的工作是如何实现的？

(8) 在中断允许的前提下，一帧异步串行数据被发送或接收完成后，哪几个位寄存器将由硬件自动置 1？

(9) 在单片机晶振频率一定后，异步串行通信波特率大小取决于哪些参数？

(10) 异步串行通信中断响应后，中断请求标志的撤销需要采用什么方法？

(11) 51 单片机串行工作方式 0 为何不是严格意义上的异步串行通信？其主要用途是什么？

(12) 集成芯片 74LS164 的移位原理是什么？利用其扩展并行输出口的软硬件做法是什么？

(13) 点对点串行通信的双方需要共同遵守哪些约定？程序初始化时需要完成哪些设置？

(14) 根据第 7 章实例 3，简述点对点通信时进行奇偶校验的编程原理。

(15) 51 单片机主从式异步通信过程中，主机是如何与多个从机进行点对点通信的？

第8章　单片机接口技术

内容概述：
　　本章首先介绍有关单片机三总线与地址锁存原理的基本概念。在此基础上，介绍简单并行 I/O 口和可编程并行 I/O 口的扩展原理与应用。围绕单片机的测控应用主要介绍 A/D 和 D/A 转换原理以及开关量功率驱动等接口技术。

教学目标：
- 了解单片机三总线与地址锁存原理、单片机 I/O 口的主要扩展方法；
- 掌握常用芯片的 A/D 和 D/A 接口技术以及软件编程方法；
- 了解开关量功率驱动接口的设计与应用技术。

　　单片机在一块芯片上集成了计算机的基本功能部件，因而一片 80C51 单片机就是一个最小微机系统。在较简单的应用场合下，可直接采用单片机的最小系统。但在很多情况下，单片机内部 RAM、ROM、I/O 端口功能有限，不能满足使用要求，这就需要扩展。

　　此外，单片机用于测控目的时，需要把模拟信号转换为数字信号，把数字信号转换为模拟信号，以及把弱电的开关信号转换为对强电负载的控制，这就需要了解接口技术。

　　上述问题中，涉及的总线、I/O 扩展、A/D 转换、D/A 转换、隔离与驱动等内容都是计算机接口技术的基础，掌握这些知识对进一步提高单片机技术的应用能力是不可缺少的。

8.1　单片机的系统总线

8.1.1　三总线结构

　　计算机系统是由众多功能部件组成的，每个功能部件分别完成系统整体功能中的一部分，所以各功能部件与 CPU 之间就存在相互连接并实现信息流通的问题。如果所需连接线的数量非常多，将造成计算机组成结构的复杂化。为了减少连接线，简化组成结构，把具有共性的连线归并成一组公共连线，就形成了总线。例如，专门用于传输数据的公用连线称为数据总线（Data Bus，DB）；专门用于传输地址的公用连线称为地址总线（Address Bus，AB）；专门用于实施控制的公用连线称为控制总线（Control Bus，CB）。它们统称为"三总线"。

　　51 单片机属于总线型结构，片内各功能部件都是按总线关系设计并集成为整体的。51 单片机与外部设备的连接既可采用 I/O 口方式（即非总线方式，如以前各章中采用的单片机外接指示灯、按钮、数码管等应用系统），也可采用总线方式。一般微机的 CPU 外部都有单独的三总线引脚，而 51 单片机由于受引脚数量的限制，数据总线与地址总线采用复用 P0 口方案。为了将它们分开，需要在单片机外部增加接口芯片才能构成与一般 CPU 类似的片外三总线，如图 8.1 所示。

　　可以看出，8 位数据总线由 P0 口组成，16 位地址总线由 P0 和 P2 口组成，控制总线则由 P3 口及相关引脚组成。采用片外三总线连接外设可以充分发挥 51 单片机的总线结构特点，简化编程，节省 I/O 口线，便于外设扩展，如图 8.2 所示。为了能与 51 单片机片外总线兼容，各国公司设计开发了许多标准外围芯片，便于扩展已成为 51 系列单片机的突出优点之一。

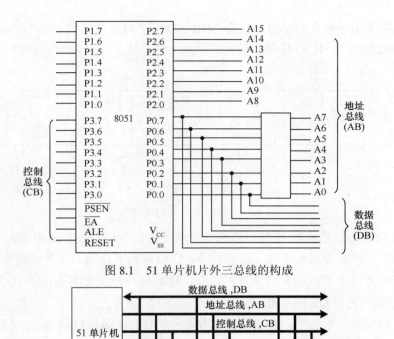

图 8.1　51 单片机片外三总线的构成

图 8.2　单片机的片外三总线结构

8.1.2　地址锁存原理及实现

由图 8.1 可以看出，P0 口既作为数据总线，又作为低 8 位地址总线使用，若不做处理两者会发生冲突。为此采用地址锁存器接口芯片，分时公用 P0 口，将地址信息与数据信息隔离开来。一种典型的 P0 口地址/数据接口电路如图 8.3 所示。

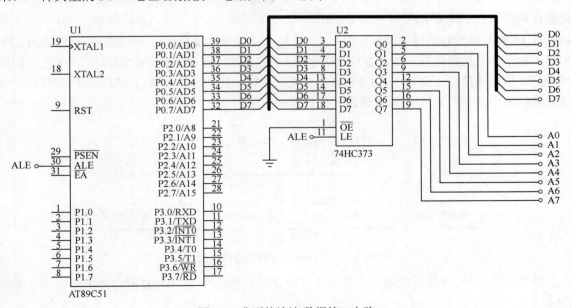

图 8.3　典型的地址/数据接口电路

图 8.3 中,用于地址锁存的接口芯片为 74HC373。与 74HC373 具有相同功能的芯片有多种商业型号,如 74LS373,54LS373 等,故一般统称为 74373。74373 的内部结构如图 8.4 所示。

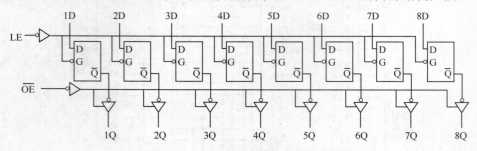

图 8.4 74373 芯片的内部结构

74373 由 8 个负边沿触发的 D 触发器和 8 个负逻辑控制的三态门所组成。其中,$\overline{OE}$ 端为三态门的控制端。当 $\overline{OE}$ 为低电平时三态门导通,D 触发器的 $\overline{Q}$ 端与片外输出端(1Q~8Q)取反后接通。当 $\overline{OE}$ 为高电平时三态门为高阻状态,$\overline{Q}$ 端与片外输出端(1Q~8Q)断开。因此,如果无须输出控制则可将 $\overline{OE}$ 端接地。

LE 端为 D 触发器的时钟输入端。当 LE 为高电平时,D 端与 $\overline{Q}$ 端接通;LE 由高电平向低电平负跳变时,$\overline{Q}$ 端锁存 D 端数据;LE 为低电平时,$\overline{Q}$ 端则与 D 端隔离。可见,如果在 LE 端接入一个正脉冲信号,便可实现 D 触发器的"接通—锁存—隔离"功能。

如此便能初步理解图 8.3 所示的 74373 接线原理:D0~D7 端接 P0 口,是要从单片机中分时地输出地址信息和输入/输出数据信息;$\overline{OE}$ 端接地是为了满足无缓冲直通输出要求;LE 端接单片机的 ALE 引脚是要利用其提供的触发信号。

如本书 2.1.2 节所述,ALE 引脚是 51 单片机的"地址锁存使能输出"端,是专为地址锁存设计的。下面以单片机执行一条片外 RAM 传送指令(MOVX)为例,说明 ALE 的时序关系。

图 8.5 是 MOVX 指令的部分时序图,可以看出在机器周期 S1P2~S2P2 期间 ALE 确有一个正脉冲出现,而在 S2P1~S3P1 期间,P0 引脚上也恰有一段低 8 位地址信息出现(A7~A0)。显然在此期间,ALE 的高电平可使 D 触发器的 $\overline{Q}$ 端接通 P0 端(读入地址信息),ALE 的下降沿可使 D 触发器的 $\overline{Q}$ 端锁存地址信息,而 ALE 的低电平又使 $\overline{Q}$ 端与 P0 隔离。在此之后,P0 引脚上出现的是数据信息(D0~D7)。结合图 8.3 中可知,在 S4P2~S6P2 期间,74373 的输出端为低 8 位地址信息,而 P0 口为 8 位数据信息。这样,在 74373 和 ALE 的配合下,P0 口便实现了分时输出低 8 位地址和输入/输出 8 位数据的功能。

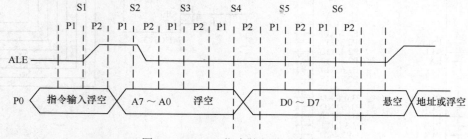

图 8.5 MOVX 指令的部分时序图

当然,P0 口的分时功能最终还是由于其内部具有地址/数据分时复用结构所致(详见本书 2.4.3 节)。

8.2 简单并行 I/O 口扩展

51 单片机共有 4 个 8 位并行 I/O 口，在组成应用系统时，若用 P0 和 P2 口作为地址/数据总线，留给用户使用的 I/O 口只有 P1 口和部分 P3 口，这往往不能满足要求，因此许多情况下需要扩展 I/O 口数量。

I/O 口扩展有 3 种方法：①采用锁存或缓冲功能的简单并行扩展；②采用串口方式 0 的串并转换扩展；③采用可编程控制功能芯片的并行扩展。其中，串口方式 0 已在第 7 章中介绍，此处不再赘述，本节介绍简单并行 I/O 口扩展。

8.2.1 访问扩展端口的软件方法

应当首先明确一点，采用 51 单片机片外总线的实质是将单片机的 64KB 片外 RAM 作为扩展端口和外接存储器的公用地址空间，统一编址。单片机对扩展端口的访问其实就是对片外 RAM 地址的访问。访问扩展端口既可采用汇编语言编程，也可采用 C51 语言编程，现分别介绍如下。

1. 汇编语言

如第 3 章 3.2.1 节所述，访问片外 RAM 需要采用 MOVX 指令。汇编语言中共有 4 条这类指令，每条指令中都包含着间接寻址的 16 位地址信息：

```
MOVX  A,@DPTR        ;A←(DPTR),DPL=A7~A0,DPH=A15~A8
MOVX  A,@Ri          ;A←(Ri),Ri=A7~A0,P2=A15~A8
MOVX  @DPTR,A        ;(DPTR)←A,DPL=A7~A0,DPH=A15~A8
MOVX  @Ri,A          ;(Ri)←A,Ri=A7~A0,P2=A15~A8
```

因而使用 MOVX 指令时，CPU 需要通过 P0 和 P2 口输出 16 位地址，通过 P0 口分时输入或输出 8 位数据。MOVX 指令的完整操作时序如图 8.6 所示，其中，图 8.6（a）对应于前两条指令，图 8.6（b）对应于后两条指令。理解这些时序对端口扩展电路的设计非常重要。

由图 8.6 可知，在 S1~S3 期间，CPU 主要进行 P0 口的低 8 位地址锁存过程，而 S4~S6 期间则是将扩展端口中的数据读入到单片机中，或将单片机中的数据写入到扩展端口中的过程。在读指令时序（见图 8.6（a））的 S4P1~S6P2 期间出现了一次 $\overline{RD}$ 负脉冲信号，在同期的写指令时序中（见图 8.6（b））则出现了一次 $\overline{WR}$ 负脉冲信号。$\overline{RD}$ 和 $\overline{WR}$ 信号都有外部相应引脚，即 P3.7（$\overline{RD}$）和 P3.6（$\overline{WR}$），它们是片外控制总线的组成部分。

2. C51 语言

C51 语言可以使用多种方法进行片外 RAM 绝对地址的访问。

方法 1：采用宏定义文件 absacc.h 定义绝对地址变量

宏定义文件 absacc.h 中包含绝对地址访问的函数原型，为了以字节形式对 xdata 存储空间寻址，需要在程序开始处添加如下两行语句：

```
#include<absacc.h>
#define 端口变量名 XBYTE [地址常数]
```

例如，欲对片外 RAM 0x1000 单元进行数据读操作，程序如下：

```
#include<absacc.h>
#define port XBYTE[0x1000];    //将片外 RAM 0x1000 单元定义为端口变量 port
main(void){
    unsigned chartemp;
```

```
        temp=port;              //将 0x1000 单元内容送入 temp
        while(1);
    }
```

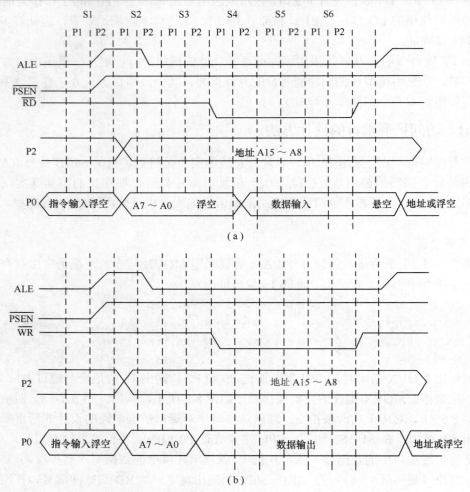

图 8.6 单片机片外 RAM 读、写指令时序

方法 2：采用指针访问片外 RAM 绝对地址

采用指针可对任意存储器地址进行操作。例如，对片外 RAM 0x1000 单元的操作如下：

```
    void main(void){
        unsigned char xdata *xdp;    //定义一个指向 xdata 存储空间的指针
        xdp=0x1000;                  //xdata 指针赋值，指向 xdata 存储器地址 0x1000
        *xdp=0x5a;                   //将数据 0x5a 送到 xdata 的 0x1000 单元
        ……
    }
```

方法 3：采用_at_关键字访问片外 RAM 绝对地址

使用_at_可对指定存储器空间的绝对地址进行定位，但使用_at_定义的变量只能为全局变量。例如：

```
    unsigned char xdata xram[0x80] _at_ 0x1000;
            //在片外 RAM 0x1000 处定义一个 char 型数组变量 xram，元素个数为 0x80
```

需要指出的是，采用上述 C51 语言访问片外 RAM，在本质上与用 MOVX 汇编指令访问片外 RAM 完全相同，都是片外总线方式的读/写过程，在接口电路中都要用到 $\overline{\text{RD}}$ 或 $\overline{\text{WR}}$ 引脚。

8.2.2 简单并行输出接口的扩展

在单片机的并行接口扩展中，常采用 TTL、CMOS 锁存器、缓冲器构成简单扩展接口，这类扩展电路的特点是电路口线少、利用率高。根据接口芯片的功能可以实现输出扩展或输入扩展两种类型，选择芯片的原则是"输入三态，输出锁存"，即扩展输入端的芯片应具有三态门功能，以使信号可控选通；扩展输出端的芯片则要具有锁存功能，以使输出端可与前级信号隔离。一般用于输出端扩展的芯片有 74273，74373，74573，74574 等。本节以 74273 为例介绍输出端的扩展接口。

74273 的外部引脚与内部逻辑关系如图 8.7 所示。由图 8.7（a）可知，74273 为 20 脚双列直插式芯片。

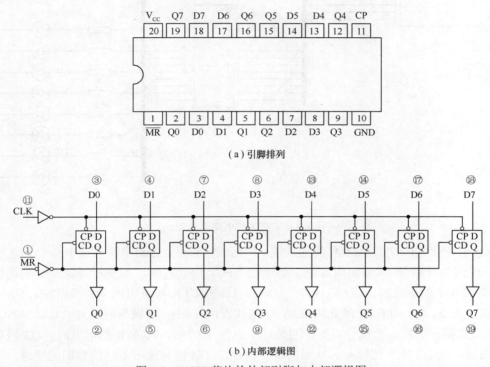

(a) 引脚排列

(b) 内部逻辑图

图 8.7　74273 芯片的外部引脚与内部逻辑图

由图 8.7（b）可以看出，74273 的内部具有 8 个带清零和负边沿触发功能的 D 触发器。其中，74273 的时钟端 CLK 与 D 触发器的时钟端 CP 相连，出现负跳变脉冲时可使 D0~D7 的输入数据锁存到 Q0~Q7 端输出；74273 的清零端 $\overline{\text{MR}}$ 与 D 触发器的清零端 CD 相连，出现低电平时可使输出端 Q0~Q7 同时清 0。由此不难理解 74273 的一般接线关系：D0~D7 与单片机的 P0 口相连，Q0~Q7 与外设输入端相连，CLK 接可产生负脉冲信号的控制端，$\overline{\text{MR}}$ 接 V_{CC}（无须输出端清 0 控制时）。

【实例 1】利用两片 74273 芯片设计单片机输出扩展电路，使 P0 口扩展成 16 位并行输出口，且使其外接的 16 只发光二极管按 1010 1010 0000 1111B 的规律发光。

【解】电路分析：要使两片 74273 锁存输出不同的数据，只要给每片 74273 的 CLK 端施加由不同地址信息与负脉冲合成的时钟信号即可。具体做法是：使用两片或门电路，在或门输入端各接一根地址线和一根公用的 $\overline{\text{WR}}$ 信号线，或门的输出端分别接到两片 74273 的 CLK 端。由于 74273 内部已有端口驱动功能，故本例中的 D1~D16 不必采用通常的低电平驱动方式，而可采用高电平驱动。实例 1 的电路原理图如图 8.8 所示。

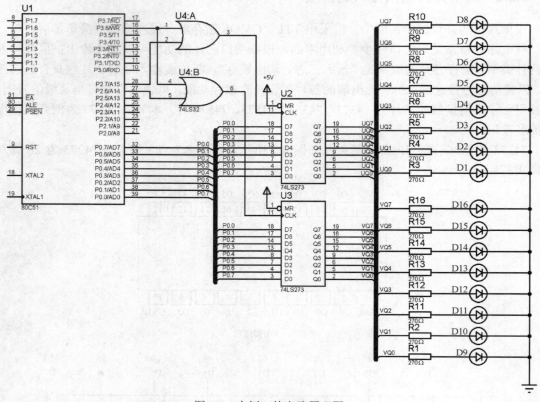

图 8.8 实例 1 的电路原理图

图 8.8 中，采用 P2.7 和 P2.6 作为地址线。根据或门特点，若两个输入端中有一个输入为 0，则相当于或门"开锁"，其输出值取决于另一输入端。由此可知，当执行写操作的地址中包含 P2.7=0 和 P2.6=1 的信息时，或门 U4:A "开锁"，U2 的 CLK 端可出现 $\overline{\text{WR}}$ 负脉冲，U2 可锁存 P0 口数据。相反，U3 的 CLK 端却因 P2.6=1 造成或门 U4:B "上锁"得不到 $\overline{\text{WR}}$ 负脉冲，无法锁存 P0 口数据；同理，当执行写操作的地址中包含 P2.7=1，P2.6=0 的信息时，U3 可以锁存 P0 口的数据，而 U2 则不能锁存。从而实现了两片 74273 锁存输出不同的数据的要求。

由于本例的 16 位地址中仅有 P2.7 和 P2.6 两位地址线起作用，其余地址线未起作用（可取任意值，一般取为 1），因此 U2 的选通地址为 01xx xxxx xxxx xxxx（如 0x7fff），U3 的选通地址为 10xx xxxx xxxx xxxx（如 0xbfff）。据此可以写出如下程序：

```
#include<absacc.h>
#define U2 XBYTE[0x7fff]          //定义 U2 为 0x7fff 的端口变量
#define U3 XBYTE[0xbfff]          //定义 U3 为 0xbfff 的端口变量

void main(void){
    U2=0xaa;                      //将亮灯数据 1010 1010B 送入 U2
    U3=0x0f;                      //将亮灯数据 0000 1111B 送入 U3
    while(1);
}
```

本例程序中采用了"宏定义文件 absacc.h 定义绝对地址变量"的做法，实例 1 的仿真效果如图 8.9 所示。

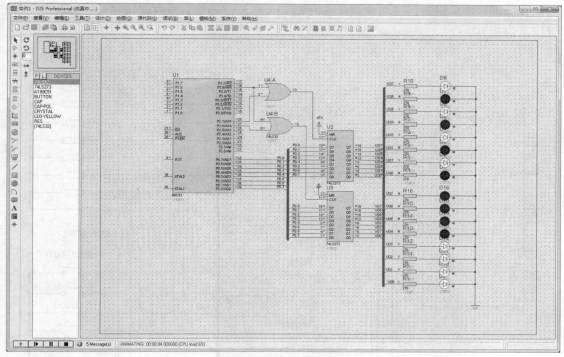

图 8.9　实例 1 的运行效果

编程时需特别注意：
① 头文件#include <absacc.h>不可缺少；
② 定义端口的格式一定不可出错：#define　端口变量名　XBYTE　〔端口地址〕

8.2.3　简单并行输入接口的扩展

单片机输入接口的扩展，一般选用具有三态缓冲功能的芯片实现，例如 74244、74245 等。下面以 74244 为例介绍输入端口的扩展，其内部逻辑结构如图 8.10 所示。

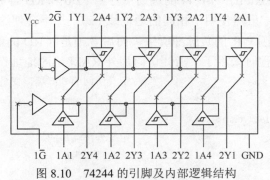

图 8.10　74244 的引脚及内部逻辑结构

由图 8.10 可知，74244 内部有 8 路三态门电路，分为两组。每组由 1 个选通端 $1\overline{G}$ 或 $2\overline{G}$ 控制 4 只三态门。当选通信号 $1\overline{G}$ 和 $2\overline{G}$ 为低电平时，三态门导通，数据从 A 端流向 Y 端。当选通信号 $1\overline{G}$ 和 $2\overline{G}$ 为高电平时，三态门截止，输入和输出之间呈高阻态。由此可知，74244 仅有缓冲输入功能，没有信号锁存功能。通常采用的接线关系是：选通端 $1\overline{G}$ 或 $2\overline{G}$ 接在可提供低电平信号的元件端,输入端 A 接在外部输入设备的输出端,输出端 Y 接在单片机的 I/O 口处。

【实例 2】 分析图 8.11 所示的端口扩展原理,编程实现键控 LED 的功能。具体要求为:启动后先置黑屏,随后根据按键动作点亮相应 LED(在按键释放后继续保持亮灯状态,直至新的按键压下为止)。

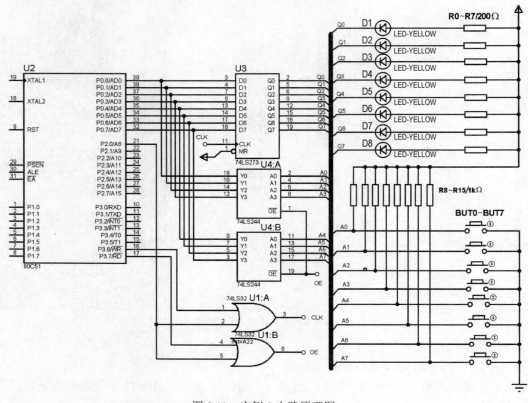

图 8.11 实例 2 电路原理图

【解】 电路分析:由图 8.11 可知,P0 口通过接口芯片被扩展为 8 路输出端口和 8 路输入端口,其中,74273 的时钟信号由 P2.0 和 $\overline{WR}$ 合成得到,根据 8.2.2 节的用法,74273 的地址为 xxxx xxx0 xxxx xxxx(如 0xfeff);74244 的选通信号由 P2.0 和 $\overline{RD}$ 合成得到,地址同样为 xxxx xxx0 xxxx xxxx(如 0xfeff)。虽然使用了相同的地址线 P2.0,却不会使这两个芯片产生地址冲突,其原因在于前者的选通是因 $\overline{WR}$ 的负脉冲所致,而后者则是因 $\overline{RD}$ 的低电平所致。

为实现题意要求,编程时采用了"指针访问片外 RAM 绝对地址"的方法,参考程序如下:

```
unsigned char xdata *PORT;        //定义访问的外部端口变量
void main(){
    unsigned char tmp;
    PORT=0xfeff;                  //定义外部端口的地址
    *PORT=0xff;                   //启动后置黑屏
    while(1){
        tmp =*PORT;               //从 74244 端口读取数据
        if(tmp!=0xff) *PORT=tmp;  //若有键动作,键值送 74273
    }
}
```

实例 2 的程序运行界面如图 8.12 所示。

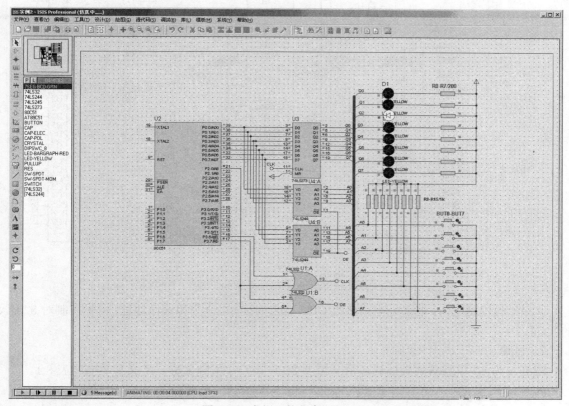

图 8.12 实例 2 的程序运行界面

8.3 可编程并行 I/O 口扩展

所谓可编程的接口芯片是指其功能可由微处理器的指令来加以改变的接口芯片，利用编程的方法，可以使一个接口芯片执行多种不同的接口功能。目前各国生产厂家已生产了很多系列的可编程接口芯片，例如可编程定时/计数器 8253、可编程串行接口 8250、可编程中断控制器 8259 等。8255A 是最常用的并行 I/O 口扩展可编程芯片之一。它和 MCS-51 相连后，可为外设提供 3 个 8 位的 I/O 端口，本节对其原理与基本应用进行简介。

8.3.1 8255A 的内部结构、引脚及地址

1. 内部结构

如图 8.13 所示为 8255A 的内部结构和引脚图。

由图 8.13（a）可见，8255A 内部有 4 个逻辑结构。

① A 口、B 口和 C 口：这是 8255A 连接外设的 3 个通道，每个通道有一个 8 位控制寄存器，对外有 8 根引脚，可以传送外设的输入/输出数据或控制信息。

② A 组和 B 组控制电路：这是两组控制 8255A 工作方式的电路。其中，A 组控制 A 口及 C 口的高 4 位，B 组控制 B 口及 C 口的低 4 位。

③ 数据总线缓冲器：这是一个双向三态 8 位驱动口，用于连接单片机的数据总线，传送数据或控制字。

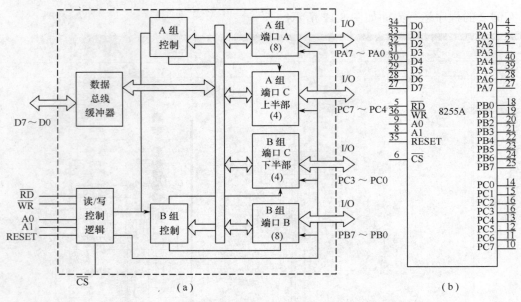

图 8.13 8255A 的内部结构和引脚

④ 读/写控制逻辑：这部分电路接收 CPU 送来的读、写命令和选口地址，用于控制对 8255A 的读/写。

2. 引脚

8255A 为 40 引脚双列直插式芯片（见图 8.13（b）），引脚名称、定义和功能见表 8.1。

表 8.1 8255A 引脚名称和定义一览表

名　称		定　义	功　能
D0～D7		数据总线	用于传送 CPU 和 8255A 之间的数据和控制信息
PA0～PA7 PB0～PB7 PC0～PC7		I/O 口线	24 条双向三态 I/O 总线，用于 8255A 与外设之间的数据传输
控制线	$\overline{RD}$	读信号线	低电平有效。当这个引脚为低电平时，CPU 对 8255A 进行数据读的操作
	$\overline{WR}$	写信号线	低电平有效。当这个引脚为低电平时，CPU 对 8255A 进行数据写的操作
	RESET	复位信号	高电平有效。复位发生后，8255A 的内部寄存器清零，所有口都为输入方式
寻址线	$\overline{CS}$	片选信号	低电平有效，当此引脚为低电平时，8255A 内部数据总线的三态门开放，CPU 可以对该芯片进行访问
	A0、A1	内部寄存器选择位	A1 A0=00 时，选择 A 口控制寄存器 A1 A0=01 时，选择 B 口控制寄存器 A1 A0=10 时，选择 C 口控制寄存器 A1 A0=11 时，选择控制字寄存器
V_{CC}、GND		电源线	+5V、地线

注意：A 口、B 口、C 口是按寄存器的称呼，而 PA0～PA7、PB0～PB7、PC0～PC7 是按引脚的称呼，两者既有联系又有区别，类似于 P0 口与 P0.0～P0.7 引脚的关系。

3. 与单片机的连线

8255A 与 51 单片机的连接一般采用总线方式，典型接线方法如图 8.14 所示。

8255A 的数据端 D0～D7 直接和单片机的 P0 口对应相连、复位端 RESET 接单片机的复位端 RST、内部寄存器选择位 A0～A1 和片选端 $\overline{CS}$ 可接单片机的 P2 口（如 P2.0、P2.1、P2.7）、$\overline{RD}$ 和 $\overline{WR}$ 分别接单片机的 $\overline{RD}$ 和 $\overline{WR}$ 引脚。由此可确定这一接线关系时，8255A 内部各寄存器的地址如下：

0xxx xx00 xxxx xxxx → 0x7cff → PA 口
0xxx xx01 xxxx xxxx → 0x7dff → PB 口
0xxx xx10 xxxx xxxx → 0x7eff → PC 口
0xxx xx11 xxxx xxxx → 0x7fff → 控制口

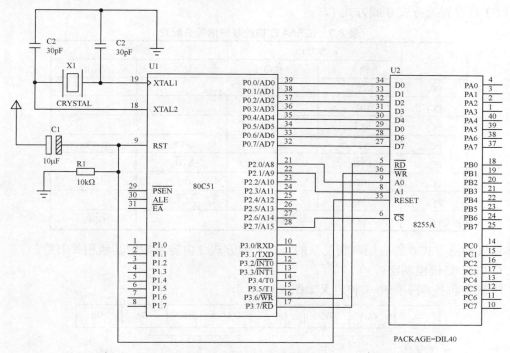

图 8.14　8255A 与 80C51 的典型接线方法

8.3.2　8255A 的控制字

8255A 的 3 个端口具体工作在什么状态，是通过 CPU 对控制口写入的"方式选择控制字"来决定的。8255A 有两个控制字：方式选择控制字和 C 口置/复位控制字，以 D7 位的值作为区分标志。

1. 方式选择控制字

方式选择控制字的格式和定义如图 8.15 所示。

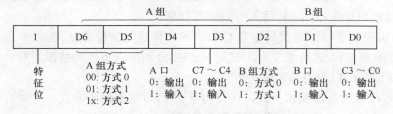

图 8.15　方式选择控制字的格式和定义

由图 8.15 可知，方式选择控制字的最高位（D7）是该控制字的特征位，固定为 1；A 组可以有 3 种工作方式，即方式 0、方式 1 和方式 2；而 B 组只有两种工作方式，即方式 0 和方式 1。工作方式的具体定义如下：

方式 0（基本输入/输出方式）——可无条件进行的单向输入或单向输出工作方式，A、B、C 3 个端口都可以独立地设置为二者之一。

方式 1（应答输入/输出方式）——在联络信号控制下进行的单向输入或单向输出工作方式，只有 A 和 B 口具有方式 1，C 口用作 A 口和 B 口的联络线（联络信号的具体定义见表 8.2）。

方式 2（双向总线方式）——在联络信号控制下进行的既能输入又能输出的工作方式，只有 A 口才具有方式 2，C 口的 PC3～PC7 作为联络线（联络信号的具体定义见表 8.2）；B 口及 PC0～PC3 可设置为方式 0 或方式 1。

表 8.2 8255A C 口的联络信号分配表

C 口	方式 1		方式 2	
	输入	输出	输入	输出
PC₀	INTR$_B$	INTR$_B$		
PC₁	IBF$_B$	$\overline{OBF}_B$		
PC₂	SET$_B$	$\overline{ACK}_A$		
PC₃	INTR$_A$	INTR$_B$	INTR$_A$	INTR$_A$
PC₄	$\overline{STB}_A$	I/O	$\overline{STB}_A$	
PC₅	IBF$_A$	I/O	IBF$_A$	
PC₆	I/O	$\overline{ACK}_A$		$\overline{ACK}_A$
PC₇	I/O	$\overline{OBF}_A$		$\overline{OBF}_A$

本章仅介绍方式 0 的应用，较复杂的方式 1 和方式 2 内容请参阅其他相关书籍。

2. C 口置/复位控制字

C 口置/复位控制字的格式和定义如图 8.16 所示。

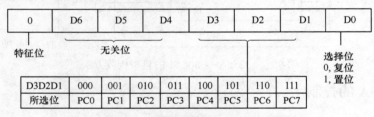

图 8.16 C 口置/复位控制字的格式和定义

由图 8.16 可见，置/复位控制字的最高位（D7）是该控制字的特征位，固定为 0。通过 D3、D2、D1、D0 位的编码关系可实现 C 口中具体某位（PC7～PC0）置 1 或清 0 的功能，而不影响其他位的状态。

例如，要使 PC3=1，则需将控制字 0000 0111B（0x07）写入控制字寄存器，而要使 PC3=0，则需将控制字 0000 0110B（0x06）写入控制字寄存器。

注意：使用该控制字时，每次只能对 C 口中的一位进行置位或复位。

【实例 3】按照图 8.14 的接线关系，试对 8255A 分别按以下 3 种情况进行初始化：

① A 口、B 口、C 口均为基本输出方式；

② A 口与上 C 口为基本输出方式，B 口与下 C 口为基本输入方式；

③ A 口为应答输入方式，B 口为应答输出方式。

【解】由前已知，A、B、C 3 个控制寄存器的地址分别为 0x7cff、0x7dff、0x7eff，控制字寄存器地址为 0x7ffff。程序初始化部分如下：

① A 口、B 口、C 口均为基本输出方式

```
#include<reg51.h>
#include<absacc.h>
#define 8255_con XBYTE [0x7fff]        //定义控制字寄存器地址
```

```
    void main(){
        8255_con=0x80;                    //将控制字 1000 0000B 送入控制字寄存器
        ……
    }
```

② A 口与上 C 口为基本输出方式，B 口与下 C 口为基本输入方式

```
    #include<reg51.h>
    #include<absacc.h>
    #define 8255_con 0x7fff               //定义控制字寄存器地址
    void main(){
        XBYTE [8255_con]=0x83;            //将控制字 1000 0011B 送入控制字寄存器
        ……
    }
```

③ A 口为应答输入方式，B 口为应答输出方式

```
    #include<reg51.h>
    unsigned char xdata 8255_con _at_ 0x7fff;  //定义控制字寄存器地址
    void main(){
        8255_con=0xb4;                    //将控制字 1011 0100B 送入控制字寄存器
        ……
    }
```

【实例 4】试将 8255A 的 A 口设置为输出口，B 口设置为输入口，并将 B 口读入的开关状态送到 A 口，控制其外接的 8 位 LED 显示。电路原理图如图 8.17 所示。

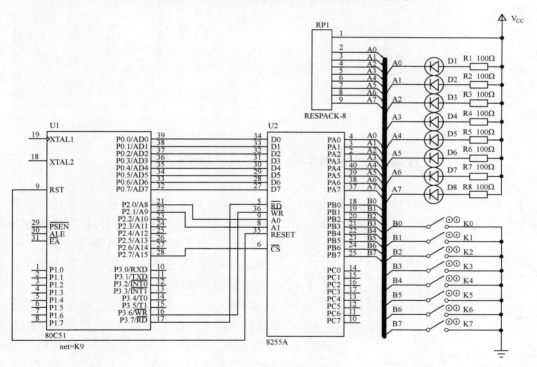

图 8.17 实例 4 电路原理图

【解】根据题意要求和图 8.15 的定义，本例的方式选择控制字应为 1000 0010B（0x82），参考程序如下：

```c
#include<reg51.h>
unsigned char xdata CONW_at_0x7fff;        //控制口定义
unsigned char xdata PORTA_at_0x7cff;       //A 口定义
unsigned char xdata PORTB_at_0x7dff;       //B 口定义
void main( ){
    CONW=0x82;                             //控制字寄存器初始化
    while(1){
        PORTA=PORTB;                       //将 B 口输入值送 A 口输出
    }
}
```

实例 4 的程序运行效果如图 8.18 所示。

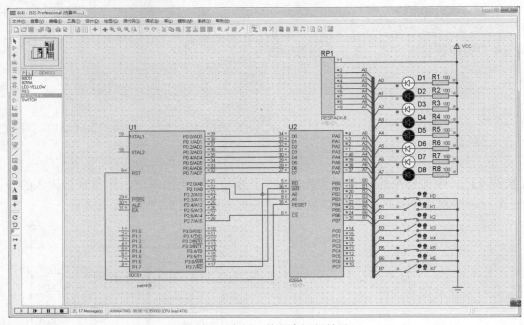

图 8.18　实例 4 的程序运行效果

8.4　D/A 转换与 DAC0832 应用

D/A 转换器（Digital to Analog Converter）是一种能把数字量转换为模拟量的电子器件（简称为 DAC）。A/D 转换器（Analog to Digital Converter）则相反，它能把模拟量转换成相应数字量（简称为 ADC）。在单片机测控系统中经常要用到 ADC 和 DAC，它们的功能及其在实时控制系统中的地位如图 8.19 所示。

图 8.19 中，被控对象的过程信号由变送器或传感器变换成相应的模拟电量，然后经多路开关汇集给 ADC，转换后的数字量送给单片机。单片机进行运算和处理，结果可有两种输出形式：通过人机交互单元（如打印、显示等）报告当前状态（当地功能）；通过 DAC 变换成模拟电量对被控对象进行调整。如此往复，以实现目标控制要求。

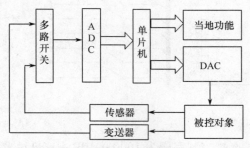

图 8.19　单片机和被控对象间的接口示意图

由此可见，ADC 和 DAC 是连接单片机和被控对象的桥梁，在测控系统中占有重要的地位。由于 A/D 转换需要用到 D/A 转换的原理，故本书采用先介绍 D/A，然后再介绍 A/D 的做法。本节以最具代表性的 8 位 D/A 转换集成芯片 DAC0832 为例，介绍其工作原理及单片机接口方法。

8.4.1 DAC0832 的工作原理

D/A 转换的基本功能是将一个用二进制数表示的数字量转换为相应的模拟电量。对于 DAC0832 而言，实现这种转换的基本方法是使二进制数的每 1 位，产生一个正比于其权值大小的支路电流。支路电流的总和即为电流形式的 D/A 转换结果。图 8.20 是一种利用 T 形电阻网络实现的 8 位 D/A 转换原理示意图。

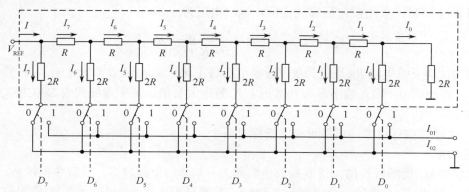

图 8.20　T 形电阻网络 D/A 转换原理图

图 8.20 中，虚线框是由 R-$2R$ 组成的电阻网络，这种电阻网络，无论从哪个 R-$2R$ 节点看，等效电阻都是 R。因此，从参考电压 V_{REF} 端形成的总电流为

$$I = \frac{V_{REF}}{R}$$

支路电流与其所在支路位置有关，具体大小为

$$I_i = \frac{I}{2^{n-i}}$$

式中，$n=8$，$i=0 \sim 7$。

由 $D_0 \sim D_7$ 口输入的数字量相当于支路的逻辑开关。若某位的值为 0，相应的支路电流将流向电流输出端 I_{02}（内部接地）。反之若某位数值为 1，相应的支路电流将流向电流输出端 I_{01}。显然，I_{01} 中的总电流与"逻辑开关"为 1 的各支路电流的总和成正比，即与 $D_0 \sim D_7$ 口输入的二进制数成正比，其简单推导过程为

$$I_{01} = \sum_{i=0}^{n-1} D_i I_i = \sum_{i=0}^{n-1} D_i \frac{I}{2^{n-i}} = \sum_{i=0}^{n-1} D_i \frac{V_{REF}}{R \cdot 2^{n-i}}$$

$$= (D_7 \cdot 2^7 + D_6 \cdot 2^6 + \cdots + D_1 \cdot 2^1 + D_0 \cdot 2^0) \frac{V_{REF}}{256 \cdot R} = B \cdot \frac{V_{REF}}{256 \cdot R}$$

可见，DAC0832 是电流输出型，转换结果取决于参考电压 V_{REF}、待转换的数字量 B 和电阻网络 R。若在此基础上外接运算放大器，可将输出电流 I_{01} 转换为输出电压 V_o，DAC0832 的电压转换原理如图 8.21 所示。

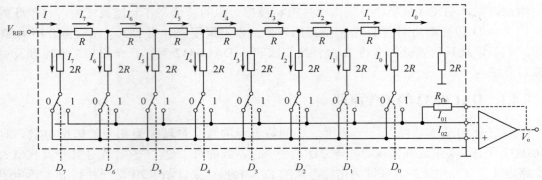

图 8.21 DAC0832 的电压转换原理

由图 8.21 可见，采用反向运算放大后，输出电压为

$$V_o = -I_{01}R_{fb} = -B \cdot \frac{V_{REF}}{256 \cdot R} R = -B \cdot \frac{V_{REF}}{256}$$

这表明，将反馈电阻 R_{fb} 取值为 R，转换电压将正比于 V_{REF} 和 B（与 R 无关）。输入数字量 B 为 0 时，V_o 也为 0；输入数字量为 0xff 时，V_o 为最大负值。图中虚线代表 DAC0832 的组成，R_{fb} 已集成在片内。

DAC 的性能指标很多，但最重要的指标有两个。

1. 分辨率

通常将 DAC 能够转换的二进制数的位数称为分辨率。位数越多，分辨率也越高，一般为 8 位、10 位、12 位、16 位等。分辨率为 8 位时，若满量程电压为 10V，则它能输出可分辨的最小电压为 10V/255≈39.1mV。使用时应根据需要选择分辨率指标，DAC0832 的分辨率为 8 位。

2. 转换时间

转换时间是指将一个数字量转换为稳定模拟信号所需的时间，一般为几十纳秒（ns）至几微秒（μs）。使用时应根据需求选择转换时间，DAC0832 的转换时间为 1μs。

8.4.2 DAC0832 与单片机的接口及编程

DAC0832 是采用 CMOS 工艺制成的 20 引脚双列直插式 8 位 DAC，工作电压为+5V～+15V，参考电压为-10V～+10V，其内部结构如图 8.22 所示。

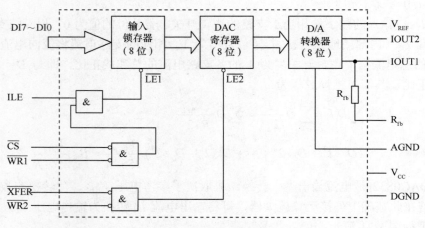

图 8.22 DAC0832 内部结构

图 8.22 中,虚线框内为 DAC0832 的主要结构,虚线框外线条代表 DAC0832 的引脚。由图可知,DAC0832 由一个 8 位输入锁存器、一个 8 位 DAC 寄存器和一个 8 位 D/A 转换器构成。输入锁存器可以存放由数字信号输入端 D0~D7 送来的数字量,锁存由 $\overline{LE1}$ 控制。DAC 寄存器可以存放输入锁存器输出的数字量,锁存由 $\overline{LE2}$ 控制。D/A 转换器则用于实现数字量向模拟量的转换。

输入锁存器和 DAC 寄存器由 5 个外部引脚控制,其中 ILE、$\overline{CS}$ 和 $\overline{WR1}$ 共同决定 $\overline{LE1}$ 的状态,$\overline{WR2}$ 和 $\overline{XFER}$ 共同决定 $\overline{LE2}$ 的状态。当 ILE=1,$\overline{CS}$=0,$\overline{WR1}$=0 时,输入锁存器锁存 D0~D7 的输入信号;当 $\overline{WR2}$=0,$\overline{XFER}$=0 时,DAC 寄存器锁存输入锁存器的输出信号。

采用输入锁存器和 DAC 寄存器二级锁存可增强信号处理的灵活度,可使用户根据实际需要选择直通、单缓冲和双缓冲 3 种工作方式。

1. 直通方式

直通方式时所有 4 个控制端都接低电平,ILE 接高电平。数据量一旦由 D0~D7 输入,就可通过输入锁存器和 DAC 寄存器直接到达 D/A 转换器。直通方式时,通常采用 I/O 口方式接线,接口关系如图 8.23 所示。

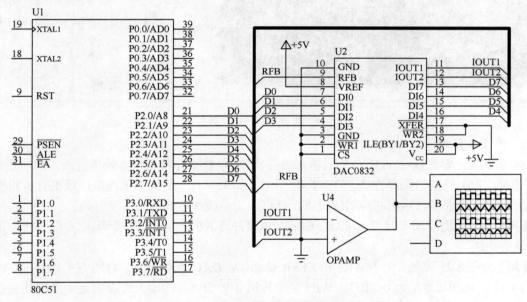

图 8.23 DAC0832 直通方式接口

【实例 5】 根据图 8.23 电路,编程实现由 DAC0832 输出一路正弦波的功能。

【解】 参考程序如下:

```
#include<reg51.h>
#include<math.h>
#define PI 3.1415
unsigned int num;
void main(){
  while(1){
    for(num=0; num<360; num++)
      P2=127+127*sin((float)num/180*PI);
} }
```

程序运行波形图如图 8.24 所示,由于运算放大器的反向输出原因,图中的电压波形与 D/A 转换的电流波形是相反的。

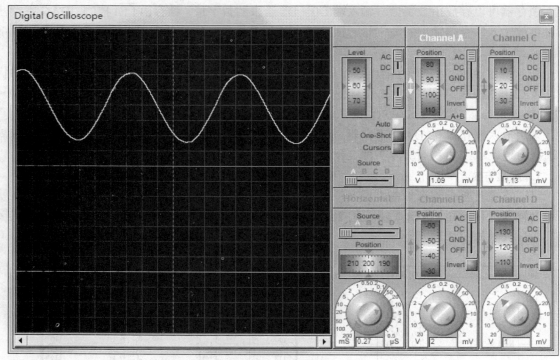

图 8.24 实例 5 程序运行波形图

2. 单缓冲方式

单缓冲方式是指 DAC0832 内部的输入锁存器和 DAC 寄存器有一个处于直通方式,另一个处于受 MCS-51 控制的锁存方式。在实际使用中,如果只有一路模拟量输出,或虽有多路模拟量输出但并不要求多路输出同步的情况下,就可采用单缓冲方式。

【实例 6】 采用如图 8.25 所示的 DAC0832 单缓冲方式的电路原理图,编程实现一路三角波发生器的功能。

【解】 由图 8.25 可见,由于 $\overline{WR2}$ 和 $\overline{XFER}$ 接地,故 DAC 寄存器处于直通方式。ILE 接 V_{CC}、$\overline{CS}$ 接单片机 P2.0(地址为 0xfeff)、$\overline{WR1}$ 接单片机 $\overline{WR}$ 引脚,故输入寄存器处于受控状态。整个 DAC0832 处于单缓冲工作方式。为了产生锯齿波形,只要在定时循环体中使数字量按线性增加的规律输出即可。实例 6 参考程序如下:

```
#include<absacc.h>
#define DAC0832 XBYTE[0xfeff]      //设置 DAC0832 的访问地址
unsigned char num;
void main(){
  while(1){
    for(num=0; num<255; num++)     //上升段波形
        DAC0832=num;
    for(num=255;num>0; num--)      //下降段波形
        DAC0832=num;               //DAC0832 转换输出
}}
```

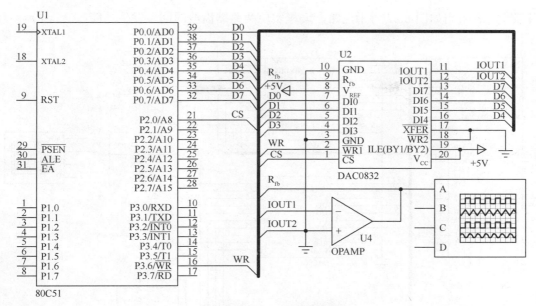

图 8.25　实例 6 电路原理图

程序运行波形图如图 8.26 所示。

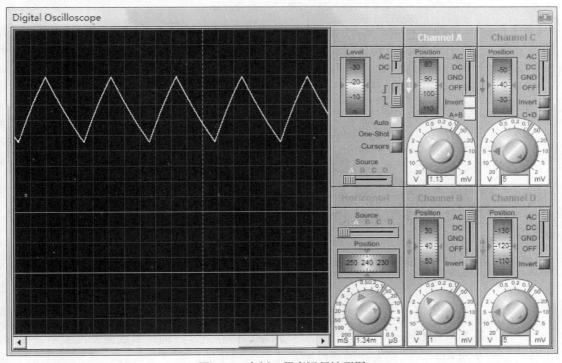

图 8.26　实例 6 程序运行波形图

3. 双缓冲方式

双缓冲方式可使两路或多路并行 DAC 同时输出模拟量。在这种方式下，输入寄存器和 DAC 寄存器都要有独立的地址。工作时可在不同时刻把要转换的数据分别锁存到各输入寄存器中，然后再用一个锁存 DAC 寄存器的命令同时启动多个 D/A 转换器，即可实现多通道的同步模拟量数据输出。

【实例 7】 采用如图 8.27 所示电路,编程实现两路锯齿波的同步发生功能。

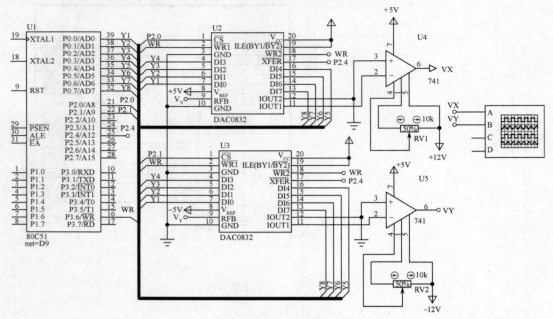

图 8.27　实例 7 电路原理图

【解】 图 8.27 中使用 P2.0 和 P2.1 分别与两路 D/A 转换器的 $\overline{CS}$ 端相连,用于控制两路数据的输入锁存;P2.4 与两路 D/A 转换器的 $\overline{XFER}$ 端相连,$\overline{WR}$ 端与 $\overline{WR1}$、$\overline{WR2}$ 端相连,用于同时控制两路数据的 DAC 寄存器。

实例 7 参考程序如下:

```
#include<absacc.h>
#define   DAC1   XBYTE[0xfeff]        //1#DAC 输入锁存器的地址
#define   DAC2   XBYTE[0xfdff]        //2#DAC 输入锁存器的地址
#define   DAOUT  XBYTE[0xefff]        //DAC 寄存器的共同地址
void main(void){
    unsigned char num;                //需要转换的数据
    while(1){
        for(num=0; num<255; num++){
            DAC1=num;                 //上锯齿送入 1#DAC
            DAC2=255-num;             //下锯齿送入 2#DAC
            DAOUT=num;                //两路同时进行 D/A 转换输出
}}}
```

程序中语句 DAOUT = num 的作用只是启动 DAC 寄存器,传输什么数据并没关系。实例 7 的波形图如图 8.28 所示,可见发生的两路波形是完全同步的。

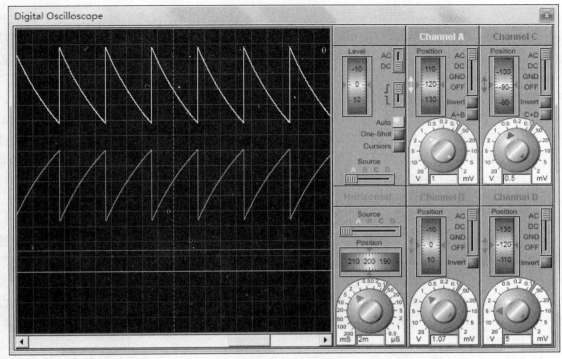

图 8.28 实例 7 的波形图

8.5 A/D 转换与 ADC0809 应用

A/D 转换常用技术有：计数式 A/D 转换、逐次逼近式 A/D 转换、双积分式 A/D 转换、并行 A/D 转换、串并行 A/D 转换及 V/F 变换等。在这些转换中，主要区别是速度、精度和价格，一般来说速度越快、精度越高，则价格也较高。逐次逼近式 A/D 转换既照顾了速度，又具有一定的精度，是目前应用最多的一种。本节仅针对逐次逼近式 A/D 转换中的 ADC0809 芯片介绍其工作原理和接口应用。

8.5.1 逐次逼近式模数转换器的工作原理

逐次逼近式 A/D 转换器由电压比较器、D/A 转换器、控制逻辑电路、N 位寄存器和锁存缓存器组成，工作原理如图 8.29 所示。

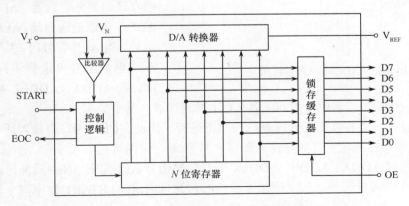

图 8.29 逐次逼近式 ADC 工作原理图

逐次逼近的转换方法是用一系列的基准电压同输入电压比较，以逐位确定转换后数据的各位是 1 还是 0，确定次序是从高位到低位进行。当模拟量输入信号（V_X）送入比较器后，启动信号（START）通过控制逻辑启动 A/D 转换。首先，控制逻辑使 N 位寄存器最高位（D_{n-1}）置 1，其余位清 0，经 D/A 转换后得到大小为 $1/2V_{REF}$ 的模拟电压 V_N。将 V_N 与 V_X 比较，若 $V_X \geqslant V_N$，则保留 $D_{n-1}=1$；若 $V_X<V_N$，则 D_{n-1} 位清 0。随后控制逻辑使 N 位寄存器次高位 D_{n-2} 置 1，经 D/A 转换后再与 V_X 比较，确定次高位的取值。重复上述过程，直到确定出 D_0 位为止，控制逻辑发出转换结束信号（EOC）。此时 N 位寄存器的内容就是 A/D 转换后的数字量数据，在锁存信号（OE）控制下由锁存缓存器输出。整个 A/D 转换过程类似于用砝码在天平上称物体的重量，是一个逐次比较逼近的过程。ADC0809 就是采用这一工作原理的 A/D 转换芯片。

衡量 ADC 的主要技术指标如下。

1. 分辨率

A/D 转换器的分辨率是指转换器对输入电压微小变化的分辨能力。习惯上以转换后输出的二进制数的位数表示，位数越多分辨率也越高。例如对于 8 位的 ADC，其数字输出量的变化范围为 0～255，当输入电压的满刻度为 5V 时，数字量变化一个字所对应输入模拟电压的值为 5V/255≈19.6mV，其分辨能力为 19.6mV。而对于 10 位的 ADC，在 5V 同等条件下，分辨能力约为 4.9mV。常用 ADC 分辨率有 8 位、10 位、12 位、14 位等。ADC0809 的分辨率为 8 位。

2. 转换时间

转换时间是指 ADC 完成一次转换所需要的时间。转换时间的倒数为转换速率，即每秒转换的次数，常用单位为 ksps，表示每秒采样千次。使用时应根据需求选择转换时间，ADC0809 的转换时间约为 100μs，相当于 10ksps。

8.5.2 ADC0809 与单片机的接口及编程

ADC0809 为双列直插式 28 引脚芯片，工作电压 5V，功耗 15mW，内部结构如图 8.30 所示。

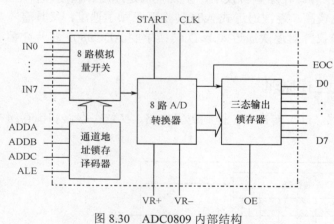

图 8.30 ADC0809 内部结构

ADC0809 内部由 8 路模拟量开关、通道地址锁存译码器、8 位 A/D 转换器和三态数据输出锁存器组成。其中，IN0～IN7 为 8 路模拟量输入端，可以分别连接 8 路单端模拟电压信号。由于芯片内部只有一个 8 位的 A/D 转换器，因此，输入的 8 路信号只能由通道地址锁存译码器分时选通。ADDA、ADDB、ADDC 为通道选通端，ALE 为选通控制信号。当 ALE 有效时，3 个选通信号的不同电平组合可选择不同的通道。例如，当 ADDA、ADDB、ADDC 端口的电平为 000 时，IN0 通道选通；为 001 时，IN1 通道选通，其余类推。

数据转换过程需要在外部工作时钟的控制下进行，因此，CLK 端口应接入适当的时钟源。

ADC0809 工作控制逻辑（时序图）如图 8.31 所示。由图可见：

通道选通数据 ADDA、ADDB、ADDC、选通控制信号 ALE 和模拟信号 IN 出现后，START 正脉冲信号可启动 A/D 转换过程（要求不严格时，允许 ALE 与 START 使用同一正脉冲）；

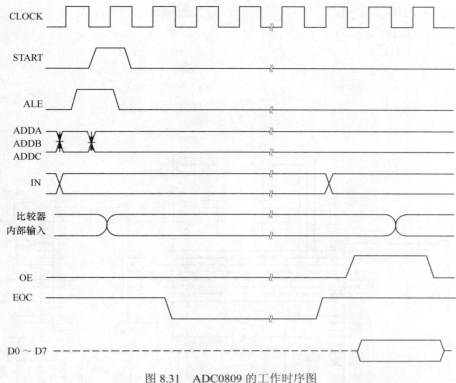

图 8.31 ADC0809 的工作时序图

A/D 转换启动后，EOC 自动从高电平变成低电平。A/D 转换期间，EOC 始终保持低电平。转换结束后，EOC 自动从低变成高电平。

EOC 为高电平后，若使 OE 为高电平，转换结果 data 便可锁存到 D0～D7 上。CPU 读取转换数据后，再使 OE 变为低电平，一次 A/D 转换过程结束。

【实例8】根据图 8.32 所示的 ADC0809 数据采集电路，将由 IN7 通道输入的模拟量信号进行 A/D 转换，结果以十六进制数形式显示。设 ADC0809 芯片的工作时钟由虚拟信号发生器提供，频率为 5kHz。

【解】电路分析如下：由于 Proteus 中 ADC0809 模型不可仿真，只能用 ADC0808 代换（性能相同）。由于通道选通端 ADDA、ADDB、ADDC 是经 74373 接 P0.0、P0.1、P0.2，故通道 IN7 的低 8 位地址为 xxxx x111B。START 和 ALE 信号由 P2.0 和 $\overline{WR}$ 经或非门 U5:A 合成；OE 信号由 P2.0 和 $\overline{RD}$ 经或非门 U5:B 合成，操作这些信号的高 8 位地址应为 xxxx xxx0B。于是，为选通通道 IN7 且启动 A/D 转换，可执行一条向地址 xxxx xxx0 xxxx x111B（0xfeff）写数的命令（形成 START 和 ALE 正脉冲），而为读取 A/D 转换结果，可执行一条由地址 0xfeff 读数的命令（形成 OE 正脉冲）。A/D 转换结束时，EOC 引脚将出现负脉冲，经非门 U4:A 送到 P3.3（$\overline{INT1}$），可作为读取 A/D 转换数据的中断请求信号或查询电平。图中采用 BCD 数码管，可将十六进制数直接输入显示。

双击图 8.32 中的虚拟信号发生器 U1CLOCK，在弹出的设置窗口中将工作时钟频率改为"5k"，如图 8.33 所示。

实例 8 参考程序如下：

```
#include<reg51.h>
#include<absacc.h>
#define  AD_IN7  XBYTE[0xfeff]        //IN7 通道访问地址
```

```
    sbit ad_busy=P3^3;                  //A/D转换结束标志定义
    void main(void){
        while(1){
            AD_IN7=0;                   //启动 IN7 通道 A/D 转换
            while(ad_busy==1);          //等待 A/D 转换结束
            P1=AD_IN7;                  //转换数据显示
    }}
```

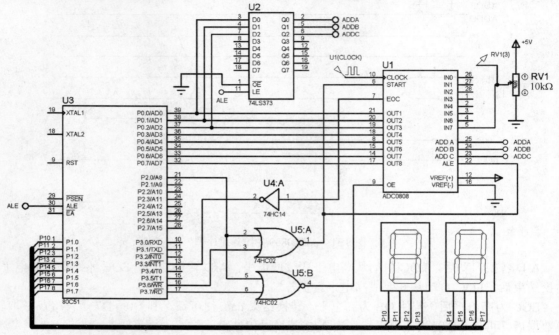

图 8.32　实例 8 电路原理图

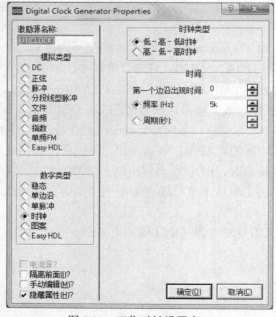

图 8.33　工作时钟设置窗口

注意：程序中"启动 IN7 通道 A/D 转换"一句是一个虚写的操作。实际上，写什么数据无关紧要，主要是由写操作命令使单片机 $\overline{WR}$ 引脚产生一个负脉冲。实例 8 的程序运行效果如图 8.34 所示。

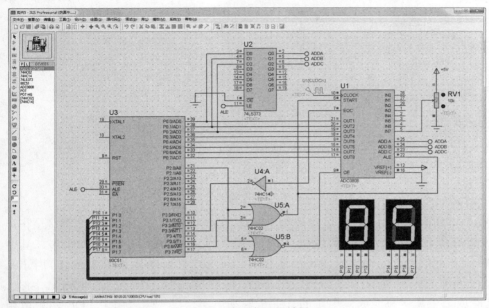

实例 8 仿真视频

图 8.34　实例 8 的程序运行效果

8.6　开关量功率接口技术

在微机测控系统中，有许多驱动电流大、驱动电压高、甚至需要在交流电下工作的外部设备，如电机、继电器、交流接触器、电磁阀等。而单片机输出的是 TTL 电平信号，驱动能力非常有限，因此，如何将单片机输出的"弱电"控制信号，变成能为大功率外设使用的"强电"驱动信号，就成为单片机开关量信号应用的重要问题。本节将以此为出发点，介绍几种单片机开关量的功率接口技术。

8.6.1　开关量功率驱动接口

单片机端口本身的驱动能力有限，其中，P0 口输出驱动能力最强，在输出高电平时，可提供 800μA 的电流；输出低电平（0.45V）时，吸电流能够达到 3.2mA。而 P1、P2、P3 可提供的驱动电流只有 P0 口的一半。所以任何一个口要想获得较大的驱动能力，只能用低电平输出。当 P0 和 P2 口作为总线方式使用时，只有 P1 和 P3 口可以用作输出口，可见其驱动能力是极其有限的。在单片机测控系统中，根据驱动电流和驱动功率的要求，可以分别采用三态门或 OC 门驱动电路、小功率晶体管驱动电路、达林顿驱动电路等。

1. 三态门和 OC 门驱动电路

（1）TTL 三态门缓冲器

74LS244、74LS245 等门电路芯片具有 TTL 三态门缓冲器，其高电平输出电流为 15mA，低电平输入电流为 24mA，均大于单片机 I/O 口，一般可用于光耦隔离器、LED 数码块等小电流负载的驱动。

（2）集电极开路门（OC 门）

OC 门驱动电路的输出级是一个集电极开路的晶体管，所以又称为开集输出，电路原理如图 8.35（a）所示。

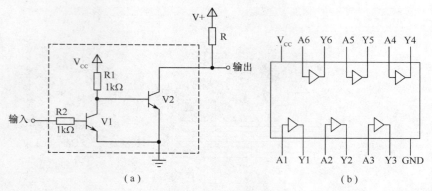

图 8.35　OC 门驱动电路

由图 8.35（a）可知，在应用 OC 门组成控制电路时，OC 门输出端必须外加一个接至正电源的上拉电阻才能正常工作。电源 V+可以比 TTL 电路的 V_{CC}（一般为+5V）高很多，其中 74LS06、74LS07 等芯片的 OC 门输出级耐压高达 30V（74LS07 芯片结构如图 8.35（b）所示）。此时，输出电流由外部电压源 V+提供。输出低电平时，吸收电流的能力也高达 40mA。因此，OC 门是一种既能放大电流，又能放大电压的开关量驱动电路。在实际应用中，OC 门可以用于低压开关量的输出控制场合，如低压电磁阀、指示灯、直流电机、微型继电器、LED 数码块等。

2. 小功率晶体管驱动电路

OC 门的驱动电流在几十毫安量级，如果被驱动设备所需驱动电流要求在几十到几百毫安时，可以通过小功率晶体管电路驱动。三极管具有放大、饱和及截止 3 种工作状态，在开关量驱动应用中，一般控制三极管工作在饱和区或截止状态，尽量减小饱和到截止的过渡时间。当晶体管作为开关元件使用时，输出电流为输入电流乘以晶体管的增益。例如，某晶体管在 500mA 和 10V 处，典型正向电流增益为 30，则要开关 500mA 的负载电路时，其基极至少应提供 17mA 的电流，故一般晶体管的前级驱动电路常采用 OC 门电路。采用 7407 作为前级驱动的一种晶体管驱动电路如图 8.36 所示，图中 R1 为 7407 的输出上拉电阻。常用于功率驱动的 PNP 晶体管有 9013、8050，NPN 晶体管有 9015、8550 等。其中，9013 的驱动能力为 40mA，8050 的驱动能力为 500mA。

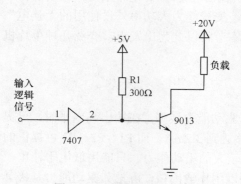

图 8.36　晶体管驱动电路

3. 达林顿驱动电路

对于晶体管开关电路，输出电流是输入电流乘以晶体管的增益，因此，在应用中，为保证足够大的输出电流，必须采用增大输入驱动电流的办法。

达林顿管内部由两个晶体管构成达林顿复合管，具有输入电流小、输入阻抗高、增益高、输出功率大、电路保护措施完善等特点。在应用中，可直接与单片机的 I/O 口连接驱动外部设备，典型电路如图 8.37（a）所示。达林顿管的输出驱动电流可达到几百毫安，能够用于驱动中规模继电器、小功率步进电机、电磁开关等。典型达林顿驱动芯片有 ULN2003、ULN2068 等（ULN2003 芯片结构如图 8.37（b）所示）。

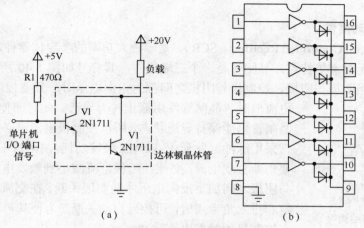

图 8.37　达林顿驱动电路

4. 光电隔离驱动器件

在开关量输出通道中，为防止现场强电磁干扰或工频电压通过输出通道反串到测控系统，一般都采用通道隔离技术。实现通道隔离的常用器件是光电耦合器，即由一个发光二极管与一个光敏三极管或光敏晶闸管组成的电-光-电转换器件。发光二极管中通过一定电流时会发出光信号，被光敏器件接收后可使其导通。而当该电流撤掉后，发光二极管熄灭，光敏器件截止，从而达到信号传递和通道隔离的目的。光电耦合器也常与其他驱动器件组合在一起，构成既有驱动又有隔离功能的隔离驱动光电耦合器，如达林顿光电耦合器、晶闸管光电耦合器件等。图 8.38 为两种典型的光电耦合器内部结构。

图 8.38（a）为 TLP521-2 型普通型光电耦合器，图 8.38（b）为 HCPL-4701 型达林顿光电耦合器。以后者为例，其主要参数为：隔离电压，3.75kV；输出电压，18V；封装类型，DIP8。

5. 电磁继电器驱动电路

电磁继电器是较为常用的开关量输出方式。与晶体管相比，继电器的输入端与输出端有较强的隔离作用。输入部分通过直流控制，输出部分可以接交流大功率设备，达到通过弱电信号控制高压、交直流大功率设备的目的。例如，控制线圈为 380Ω 时，可直接通过+5V 输入驱动，驱动电流为 13mA，而触点可通过的电流最高可以达到几十安培。典型直流电磁继电器驱动电路如图 8.39 所示。

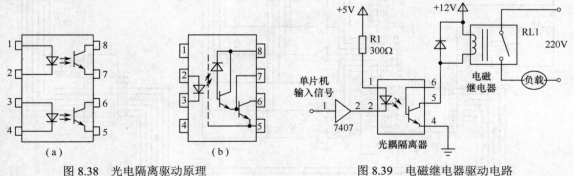

图 8.38　光电隔离驱动原理　　　　　图 8.39　电磁继电器驱动电路

图 8.39 中，7407 作为光耦隔离器的驱动器，而光耦隔离器又作为电磁继电器的隔离驱动器。在继电器关断的瞬间，会产生反向高压冲击电磁线圈，一般需要反接一个保护二极管，用于反向电流的泄放。

6. 晶闸管驱动器件

晶闸管（Silicon Controlled Rectifier，SCR），是一种大功率的半导体器件，具有用小功率控制大功率、开关无触点等特点。晶闸管是一个三端器件，其符号如图 8.40 所示。图 8.40（a）为单向晶闸管，当阳极与阴极、控制极与阴极之间都为正向电压时，只要控制极电流达到触发电流值时，晶闸管将由截止转为导通。此时即使控制极电流消失，晶闸管仍能保持导通状态，所以控制极电流没必要一直存在，故通常采用脉冲触发形式，以降低触发耗能。晶闸管不具有自关断能力，要切断负载电流，必须使阳极电流减小到触发电流以下，或当阳极与阴极之间加上反向电压才能实现关断。在交流回路中，当电压过零和进入负半周时，可控硅自动关断。为使其再次导通，必须重新在控制极加触发电流脉冲。

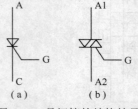

图 8.40 晶闸管的结构符号

双向晶闸管在结构上相当于两个单向晶闸管的反向并联，但共享一个控制极，当两个电极 A1 和 A2 之间的电压大于 1.5V 时，不论极性如何，均可利用控制极 G 触发电流控制其导通，其结构符号如图 8.40（b）所示。晶闸管在交直流电机调速系统、调功系统、随动系统中应用广泛。

8.6.2 开关量功率驱动接口应用举例

本书以前的显示电路为突出数码管显示控制方法，均忽略了显示器的驱动问题。事实上，如果电路的驱动能力不够，就会使显示器的亮度降低；若驱动能力过强，则会使器件处于超负荷状态，容易造成器件损坏。

【实例 9】编程实现如图 8.41 所示的 6 位脉冲计数器功能，将由 T0 引脚传入的脉冲信号以十进制数形式显示出来。显示电路采用 TTL 和 OC 门功率驱动接口，脉冲信号由虚拟信号发生器提供。

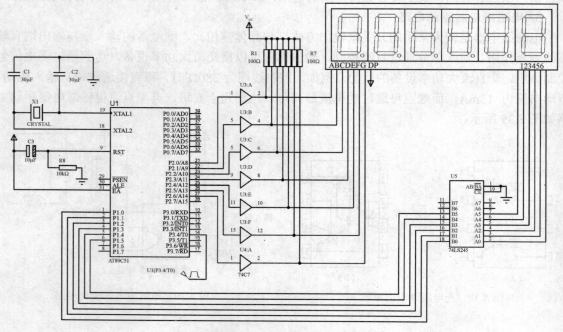

图 8.41 实例 9 电路原理图

【解】电路分析：图中采用了共阳极六联 LED 数码管动态显示方案，以 TTL 三态门缓冲器 74LS245 和 OC 门 7407 作为数码管的驱动电路。其中，74LS245 用于位码的驱动，7407 用于段码的驱动。7407 需要外接上拉电阻，输出低电平时的吸电流能力为 30～40mA，可以满足一般数码管的段码功率要求。数码管显示器与单片机连接采用了非总线方式。

脉冲信号选择频率 50Hz（占空比 30%）、电压幅值 5V 的方波，设置窗口如图 8.42 所示。

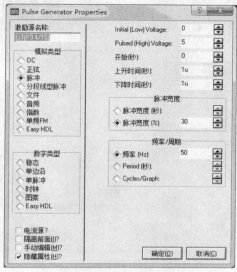

图 8.42 脉冲信号参数的设置

实例 9 的参考程序如下：

```c
#include<reg51.h>
char bit_tab []={0x20,0x10,0x08,0x04,0x02,0x01};       //显示位编码
char disp_tab []={0xC0,0xF9,0xA4,0xB0,0x99,0x92,0x82,0xF8,0x80,0x90};
                                                        //字形码
void delay(unsigned int time){                          //延时
    char j;
    for(;time>0;time--)
        for(j=225;j>0;j--);
}
void main(){
    unsigned int count;                                 //定义 T0 计数值
    unsigned char led_point;                            //定义数码管指针
    TMOD=0x0D;                                          //设置 T0 计数方式 1
    TR0=1;                                              //启动 T0
    while(1){
        count=TH0*256+TL0;                              //获取 T0 计数值
        for(led_point=0; led_point<6; led_point++){     //动态显示环节
            P1=bit_tab[5-led_point];                    //输出位码
            P2=disp_tab[count%10];                      //输出计数值
            count/=10;                                  //清除计数值末位
            delay(500);
}}}
```

实例 9 程序运行效果如图 8.43 所示。

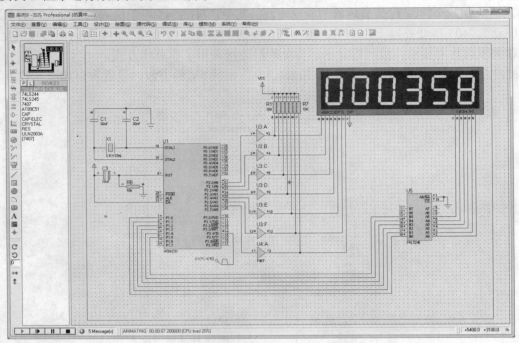

图 8.43 实例 9 程序运行效果图

【实例 10】图 8.44 是单向晶闸管灯光控制电路，负载为 4 个白炽灯。试在电路分析的基础上进行编程，实现 4 个白炽灯均在电压过零时刻由左向右循环点亮的功能。

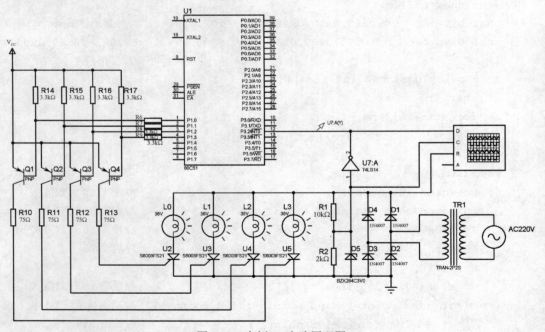

图 8.44 实例 10 电路原理图

【解】电路分析：电源 AC 220V 经变压器 TR1 降压至 36V 后由二极管 D1～D4 进行全波整流，电阻 R2 上的脉动直流分压先经齐纳二极管 D5 稳压，再经施密特触发器 74LS14 整形后可形成与交流电压零点对应的正脉冲信号，以此作为单片机 $\overline{INT0}$ 中断请求信号。单片机 P1.0～

· 188 ·

P1.4 口输出的"0"电平可使三极管 Q1~Q4 处于导通状态,其集电极电流作为单向晶闸管 U2~U5 的触发电流。U2~U5 与负载 L0~L3 的供电必须是过零点的脉动直流电压,否则晶闸管无法关断。

图 8.44 中,电阻阻值的选取比较重要,其中 R1 和 R2 的取值需保证 R2 上的分压处于 D5 和 74LS14 的工作电压范围内,以形成过零方波脉冲;R6~R9 与 R14~R17 的取值需保证 Q1~Q4 工作在晶体管开关状态,以提供足够的触发电流。

白炽灯的闪烁效果受交流电压频率的影响很大,高于 5Hz 后便无法肉眼识别,为此本例将电源频率设置为 5Hz。电源属性设置窗口如图 8.45 所示。

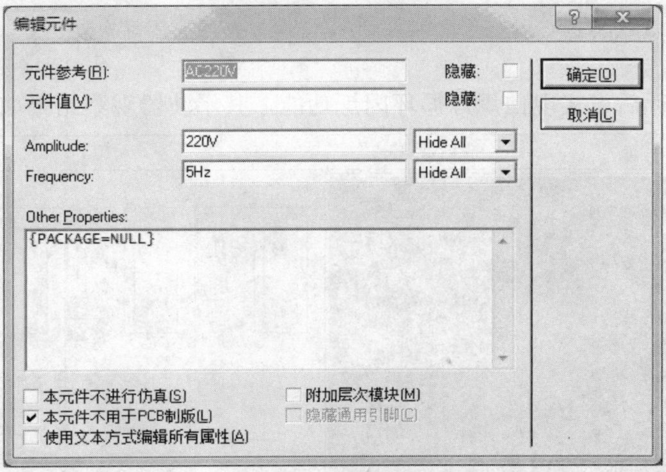

图 8.45 电源属性设置窗口

编程分析:在 $\overline{INT0}$ 中断函数中,对 P1.0~P1.4 口进行循环控制,先使晶闸管过零触发导通(输出 0,白炽灯亮),导通后延时 20μs 便切断晶闸管的控制极电流(输出 1,白炽灯继续亮),直到脉动直流电压降至 0V 后,晶闸管自行关断,白炽灯灭。

实例 10 的参考程序如下:

```
#include<reg51.h>
unsigned char delay_par=0x8;            //闪灯次数初值
unsigned char light_code=0xf7;          //闪灯位置初值
void delay(){                           //20μs 触发维持时间
    unsigned char i=5;
    if(i>=0)i--;
}
void main(){
    TCON=0x01;                          //中断下降沿触发方式
    EA=1;                               //开中断
    EX0=1;
    while(1);
}
void INT0_srv(void) interrupt 0{
    P1=light_code;                      //触发晶闸管
    delay();                            //延时 20μs
    P1=0xff;                            //关断触发
```

```
            delay_par--;                          //控制闪灯次数
            if(delay_par==0){                     //控制闪灯位置
                switch(light_code){
                    case 0xf7:light_code=0xfb;break;
                    case 0xfb:light_code=0xfd;break;
                    case 0xfd:light_code=0xfe;break;
                    case 0xfe:light_code=0xf7;break;
                    default:break;
                }
                delay_par=0x8;                    //重置闪灯次数
            }}
```

实例 10 程序运行后可实现白炽灯循环闪烁功能,其示波器观察结果如图 8.46 所示。

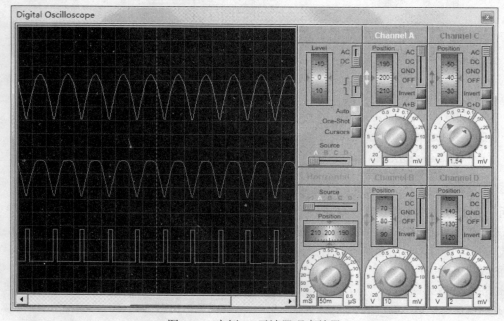

实例 10 仿真视频

图 8.46 实例 10 示波器观察结果

示波器由上至下的 3 条波形依次为:全波整流电压、稳压管输出电压、施密特触发器输出电压。

本 章 小 结

1. 总线是一组传送信息的公共通道,包括地址总线、数据总线、控制总线,其特点是结构简单、形式规范、易于扩展。

2. P0 口具有分时输出地址和数据的功能,需要在 P0 口外加一个地址锁存器,将地址信息的低 8 位锁存输出。常用地址锁存芯片为 74LS373。

3. 总线方式的外设占用片外 RAM 地址空间,由 P2 口输出高 8 位地址,P0 口输出低 8 位地址。总线方式外设地址的 4 种访问方法:MOVX 指令、宏定义、指针变量和定位关键词。

4. D/A 转换的工作原理是利用电子开关使 T 形电阻网络产生与输入数字量成正比的电流 I_{01},再利用外接反相运算放大器转换成电压 V_o。DAC0832 是具有直通、单缓冲和双缓冲 3 种工作方式的 8 位电流型 D/A 转换器。

5. ADC0809 是采用逐次逼近式原理的 8 位 A/D 转换器,其内置有 8 路模拟量切换开关,输出具有三态锁存功能。

6. 8255A 是可编程并行扩展芯片,具有 4 个逻辑结构:A～C 3 个通道;A 和 B 组两组控制电路;双向三态 8 位数据缓冲器;读/写控制逻辑。8255A 有两个控制字:方式选择控制字和 C 口置/复位控制字。

7. 开关量功率输出接口的主要驱动方式为:三态门或 OC 门驱动电路、小功率晶体管驱动电路、达林顿驱动电路、光电隔离驱动器件、电磁继电器驱动电路、晶闸管驱动器件等。

思考与练习题 8

8.1 单项选择题

(1) 下列型号的芯片中,_____是数模转换器。
   A. 74LS273   B. ADC0809   C. 74LS373   D. DAC0832

(2) 下列型号的芯片中,_____是模数转换器。
   A. 74LS273   B. ADC0809   C. 74LS373   D. DAC0832

(3) 下列型号的芯片中,_____是可编程并行 I/O 口扩展芯片。
   A. 74LS273   B. 8255A   C. 74LS373   D. DAC0832

(4) 若 8255A 芯片的控制寄存器地址是 0xe003,则其 A 口和 B 口的地址是_____。
   A. 0xe001、0xe002   B. 0xe000、0xe001   C. 0xe004、0xe005   D. 0x0a、0x0b

(5) 80C51 用串行接口扩展并行 I/O 口时,串行接口工作方式应选择_____。
   A. 方式 0   B. 方式 1   C. 方式 2   D. 方式 3

(6) 下列关于总线的描述中,_____是错误的。
   A. 能同时传送数据、地址和控制三类信息的导线称为系统总线
   B. 数据既可由 CPU 传向存储器或 I/O 端口,也可由这些部件传向 CPU,所以数据总线是双向的
   C. 地址只能从 CPU 传向存储器或 I/O 端口,所以地址总线是单向的
   D. 控制信息的传向由具体控制信号而定,所以控制总线一般是双向的

(7) 下列关于 51 单片机片外总线结构的描述中,_____是错误的。
   A. 数据总线与地址总线采用复用 P0 口方案   B. 8 位数据总线由 P0 口组成
   C. 16 位地址总线由 P0 和 P1 口组成   D. 控制总线由 P3 口和相关引脚组成

(8) 下列关于地址锁存接口芯片 74373 原理的描述中,_____是错误的。
   A. 74373 由 8 个负边沿触发的 D 触发器和 8 个负逻辑控制的三态门电路组成
   B. 在 74373 的 LE 端施加一个负脉冲触发信号后,8 个 D 触发器都可完成一次"接通-锁存-隔离"的操作
   C. 80C51 的 ALE 引脚是专为地址锁存设计的,其输出脉冲可用作 74373 的触发信号
   D. 执行片外 RAM 写指令后,74373 的输出端上为低 8 位地址,输入端则是 8 位数据

(9) 下列关于 I/O 口扩展端口的描述中,_____是错误的。
   A. 51 单片机 I/O 扩展端口占用的是片外 RAM 的地址空间
   B. 访问 I/O 扩展端口只能通过片外总线方式进行
   C. 使用 MOVX 指令读取 I/O 扩展端口的数据时,CPU 时序中含有 $\overline{RD}$ 负脉冲信号
   D. 使用 C51 指针读取 I/O 扩展端口的数据时,CPU 时序中没有 $\overline{RD}$ 负脉冲信号

（10）关于集成扩展芯片 74273 的下列描述中，_____是错误的。

    A．74273 由 8 个 D 触发器组成，可实现 8 位并行输入接口的扩展功能

    B．时钟端的触发信号可先将输入端的数据锁存到输出端，随后再使两端间产生隔离

    C．采用总线方式扩展输出端口时，应将 80C51 写端口的时序信号与该端口的地址选通信号一同作为 74273 的触发信号

    D．本章实例 1 的做法是，将 80C51 的 $\overline{WR}$ 引脚与某根地址线引脚通过一个或门接到 74273 的时钟端 CLK

（11）假设 80C51 的 $\overline{WR}$ 引脚和 P2.5 引脚并联接在一个或门输入端上，或门输出端则连到 74273 的时钟端上。若 80C51 执行一条写端口指令后 74273 可以被触发，则该端口的地址（假定无关地址位都为1）是_____。

    A．0xfeff   B．0xdfff   C．0x7fff   D．0xefff

（12）关于集成扩展芯片 74244 的下列描述中，_____是错误的。

    A．74244 由 8 个三态门电路组成，可实现两路 4 位并行输入接口的扩展功能

    B．当选通信号为高电平时三态门导通，反之三态门截止，输入和输出之间呈高阻状态

    C．采用总线方式扩展输入端口时，应将 80C51 读端口的时序信号与该端口的地址选通信号一同作为 74244 的选通信号

    D．本章实例 2 的做法是，将 80C51 的 $\overline{RD}$ 引脚与某根地址线引脚通过一个或门接到 74244 的选通端 $\overline{OE}$

（13）80C51 外接一个可编程并行接口芯片 8255A 时，需占用_____扩展端口地址。

    A．1个   B．2个   C．3个   D．4个

（14）使用 8255A 可以扩展出_____8 位的 I/O 端口。

    A．1个   B．2个   C．3个   D．4个

（15）欲将 8255A 的 A 口与上 C 口设置为基本输入方式，B 口与下 C 口设置为基本输出方式，则控制字应为_____。

    A．0x83   B．0x88   C．0x98   D．0x99

（16）8255A 与 80C51 采用典型总线接线方式时，若 8255A 的 $\overline{CS}$、A1 和 A0 脚分别接 80C51 的 P2.2、P2.1 和 P2.0 脚，则 8255A 的控制口地址（假定无关地址位都为1）应是_____。

    A．0xf9ff   B．0xf8ff   C．0xfbff   D．0xfaff

（17）下列关于 DAC0832 的描述中，_____是错误的。

    A．DAC0832 是一个 8 位电压输出型数模转换器

    B．它由一个 8 位输入锁存器、一个 8 位 DAC 寄存器和一个 8 位 D/A 转换器组成

    C．它的数模转换结果取决于芯片参考电压 VREF、待转换数字量和内部电阻网络

    D．DAC0832 可以选择直通、单缓冲和双缓冲 3 种工作方式

（18）DAC0832 的 5 个外部控制引脚决定了其工作方式，当采用 LE 接 V_{CC}，$\overline{CS} = \overline{WR1} = \overline{WR2} = \overline{XFER}$ 并接 GND 时，其工作方式是_____。

    A．直通方式   B．单缓冲方式   C．双缓冲方式   D．错误接线状态

（19）DAC0832 与反向运算放大器组合后可将数字量直接转换为电压量输出。若参考电压取为 5V，则数字量变化一个 LSB 时，输出电压的变化量约为_____。

    A．−100mV   B．−50mV   C．−30mV   D．−20mV

（20）ADC0809 芯片是 m 路模拟输入的 n 位 A/D 转换器，m 和 n 是_____。

    A．8，8   B．8，9   C．8，16   D．1，8

（21）下列关于模数转换器 ADC0809 工作原理的描述中，_____是错误的。

    A．ADC0809 由电压比较器、D/A 转换器和锁存缓存器等核心单元所组成

B. 当待转换电压送入电压比较器后，START 引脚上的一个正脉冲可启动 A/D 转换过程

C. 转换过程是按照从低位开始逐位修正数字转换量的，直至最高位修正后转换结束

D. 转换结束后，数字转换量由锁存缓存器输出，EOC 引脚发出一负脉冲表示转换结束

(22) 若 ADC0809 的 ADDA、ADDB 和 ADDC 引脚分别接 GND、V_{CC} 和 V_{CC} 时，选中的多路模拟量是第_____通道。

  A. 0   B. 3   C. 5   D. 7

(23) 模数转换器 ADC0809 工作时序的下列描述中，_____是正确的。

  ① EOC 引脚由高电平变为低电平，并维持到转换结束

  ② 转换结束后 EOC 引脚由低电平变为高电平

  ③ START 引脚上的一个正脉冲使得 A/D 转换开始

  ④ OE 引脚变为高电平后转换结果锁存到输出端，CPU 读取数据后 OE 变为低电平

  A. ①③②④   B. ③①②④   C. ①④③②   D. ③④①②

(24) 欲通过 80C51 的 P1 口实现 1 个 12V、100mA 直流电动机的开关控制功能，下列功率驱动接口方案中_____是合理的。

  A. 三态门缓冲器 74LS244   B. OC 门电路 7407

  C. 达林顿驱动器 ULN2003   D. 直流电磁继电器

8.2 问答思考题

(1) 何为总线？与非总线方式相比总线方式有什么优点？

(2) 51 单片机的外部总线引脚是如何定义的？怎样实现 P0 口的地址/数据复用功能？

(3) 51 单片机的扩展端口占用哪个存储空间？读/写这些端口使用的汇编语言指令属于什么类型？读/写指令中的哪些时序信号可以用于地址选通？

(4) 访问单片机的扩展端口可以使用哪些软件方法？简述其中的 C51 方法。

(5) 何为简单并行扩展接口？选择相应接口芯片的原则是什么？

(6) 利用 51 单片机的串行接口扩展 8 位并行输出端口的工作原理是什么？这种扩展需要什么外部硬件条件？

(7) 可编程芯片 8255A 的哪些功能可以通过编程得到改变？扩展后的端口地址取决于哪些引脚的接线？

(8) 简述利用 T 形电阻网络进行 D/A 转换的工作原理，DAC0832 的转换结果与哪些物理量有关？

(9) 若想将第 8 章实例 6 的前级缓冲后级直通的单缓冲方式改为前级直通后级缓冲的单缓冲方式，电路接线图应当如何改变？

(10) 简述逐次逼近式模数转换的工作原理，ADC0809 的转换精度与哪些因素有关？

(11) 如将第 8 章实例 8 的数据采集方案改为依次对 IN0～IN7 进行循环采集，则程序需做什么修改？

(12) 为什么 OC 门在应用时输出端需外接一个上拉电阻到电源？不接上拉电阻到电源会出现什么现象？

(13) 在一个以 LED 指示灯为输出负载（假定发光电流为 600μA）的 80C51 应用系统中，如果不便采用 I/O 口功率驱动方案，应采取什么措施？

(14) 假设有一 20A 直流开关量输出控制的 80C51 应用系统，请选择驱动方案并进行必要分析。

(15) 试对第 8 章实例 10 中的电路原理图和程序设计进行要点小结，并说明采用中断方案的必要性。

第9章 单片机应用系统的设计与开发

内容概述：
本章先介绍单片机系统的设计开发过程和单片机系统设计中的抗干扰技术，最后通过一个智能仪器的软硬件设计实例对本书各章介绍的单片机原理加以综合应用。

教学目标：
- 了解单片机系统的典型组成，以及在设计开发过程中应当注意的事项；
- 了解单片机系统设计中常用的几种软硬件抗干扰技术；
- 了解智能仪器的构成以及程序设计中的实时性问题。

9.1 单片机系统的设计开发过程

单片机由于其"面向控制"、使用灵活等一系列特点广泛应用于机电一体化的自动控制系统、智能化产品、家电、通信和军事等领域。

9.1.1 单片机典型应用系统

一个完整的单片机应用系统由单片机最小系统、前向通道、后向通道、人机交互通道与计算机相互通道组成（见图9.1）。

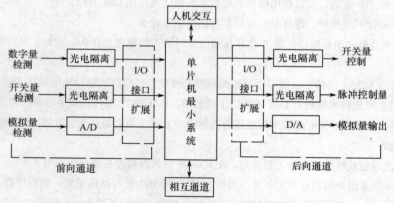

图9.1 单片机典型系统应用

① 单片机最小系统：由单片机芯片和必要的振荡电路与复位电路构成。它只能完成单片机的一些基本操作和控制，例如无须端口驱动/隔离/扩展时的开关量输入/输出功能等。

② 前向通道：它是单片机与采集对象相连的部分，是应用系统的输入通道，通常与现场采集对象相连，也是现场干扰进入的主要通道和整个系统抗干扰的重点部位。参量信号可以有多种形式，如开关量、模拟量、频率量等。由于许多参量信号不能满足计算机输入的要求，故需要加入形式多样的信号变换与调节电路，如测量放大器、A/D变换和整形电路等。

③ 后向通道：它是应用系统的输出通道，大多数需要功率驱动。此外，因其靠近工作控制对象现场，控制对象的大功率负荷容易从后向通道进入计算机系统，因此，后向通道的隔离对

系统的可靠性影响极大。根据输出控制的不同要求，后向通道电路有模拟电路、数字电路和开关电路等，有电流输出、电压输出、开关量输出以及数字量输出。

④ 人机交互通道：它是用户为了对应用系统进行干预以及了解系统运行状态所设置的通道。主要有键盘、显示器和打印机等通道接口。人机交互通道一般为数字电路，多数采用内总线接口形式。

⑤ 计算机相互通道：它解决计算机系统之间的相互通信问题，要组成大的测控系统，相互通道不可缺少。大多数单片机设有串行口，相互通道一般为数字系统，抗干扰能力强，但大多数都需要长线传输，因此，如何解决长线传输驱动、匹配和隔离很重要。

9.1.2 单片机应用系统的开发过程

单片机应用系统是根据用户所提出的功能和技术要求，设计并制作出的符合要求的产品或装置。单片机虽说功能比较齐全，是一个完整的计算机，但它本身无自开发能力，必须借助开发工具来开发应用软件以及对硬件系统进行诊断。单片机应用系统开发和应用的具体过程与一般微机的开发、应用在方法和步骤上基本相同。对于一个实际的课题和项目，从任务的提出到系统的选型、确定、研制直至投入运行要经过一系列的过程，该过程的一般形式如图9.2所示。

1. 总体论证

一个产品或项目提出之后，要完成其任务，第一步首先要进行总体论证，主要是对项目进行可行性分析，即对所研制任务的功能和技术指标详细分析、研究，明确功能的要求；对技术指标进行一些调查、分析和研究；对产品项目的先进性、可靠性、可维护性、可行性以及功能/价格比进行综合考虑；同时还要对国内外同类产品或项目的应用和开发情况予以了解。当用户提出的要求过高，在目前条件下难以实现时，应根据自己的能力和情况提出合理的功能要求及技术指标。

2. 总体设计

在产品或项目的功能和技术指标确定之后，应根据系统的组成进行总体设计。

对于一个功能相对独立的产品来说可直接进行产品的总体设计，而对于一个综合性的应用课题或项目，它可能涉及的面比较宽，使用的技术也较多，比如通信、网络、管理以及集散型控制技术等。首先要确定系统的组成和管理，上位机一般由系统微机担任，而现场的实时检测、控制和设置等由单片机担任，二者之间的通信方式、通信协议等也就大致确定，这部分任务交由系统软件的开发者完成。单片机应用系统的开发可相对独立地来进行。

单片机应用系统的总体设计主要包括系统功能（任务）的分配、确定软硬件任务及相互关系、单片机系统的选型以及拟定调试方案和手段等。系统任务的分配、确定软硬件任务及相互关系包括两方面的含义：一是确定必须由硬件或软件完成的任务，相互之间是不能替代的；二是有些任务双方均能完成，还有些任务需要软硬件配合才能完成。这就要综合考虑软硬件的优势和其他因素，如速度、成本、体积等，从而进行合理的分配。

在确定用单片机来实现产品或项目的功能后还涉及单片机的选型问题，因为目前单片机的品种非常丰富，资源和性能也不尽相同。如何选择性价比最优、开发容易及开发周期短的产品，是开发者要考虑的主要问题之一。目前我国销售的主流单片机有 MCS-51、PIC、MSP430、AVR等系列。选择单片机总体上应从两方面考虑：其一是目标系统需要哪些资源；其二是根据成本的控制选择价格最低的产品，即所谓性价比最高原则。

在软硬件任务明确的情况下，软硬件设计可分别进行了。

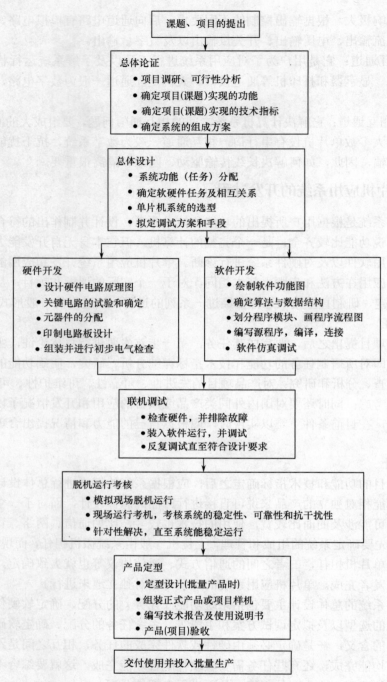

图 9.2 单片机应用系统开发过程

3. 硬件开发

硬件开发的第一步是电路原理图的设计，它包括常规通用逻辑电路的设计和特殊专用电路的原理设计，特别是专用电路的原理设计，它一般没有现成的电路，要根据要求首先进行原理设计，有条件的话可利用软件模拟仿真。在理论分析通过的基础上可进行实际电路的试验、调试和确认。整个系统的硬件电路原理图设计完毕并确认无误后，可进行元器件的配置，即将系统所有元器件（外形尺寸不同）购齐以备绘制印制电路板使用。印制电路板的设计也可以委托相关厂家，但需要提供系统电路原理图中所有元器件的型号、参数和尺寸，如有特别要求（元器件的布局）应事先提出。印制电路板制作出来之后，要用万用表进行检查，对照设计图检查有无短路、断路和连接错误，检查后可进行元器件的焊接和装配。

4. 软件开发

单片机软件开发过程与一般高级语言的软件开发基本相同，主要区别在于：第一，它是根据所用单片机的型号进行系统资源的分配；第二，软件的调试环境不同。编写源程序可以采用汇编语言和 C51 语言，也可以采用混合编程，即用 C51 编写主程序，用汇编语言编写硬件有关的程序。

一般地讲，软件的功能分为两大类：一类是执行软件，它能完成各种实质性的功能，如测量、计算、显示、打印及输出控制等；另一类是监控软件，它是专门用来协调各个执行模块和操作者的关系的，在系统软件中充当组织调度角色。设计人员在进行程序设计时应从以下几个方面加以考虑：

① 根据软件功能要求，将系统软件分成若干个相对独立的部分，设计出合理的软件总体结构，使其清晰、简洁、流程合理。

② 功能程序实行模块化、子程序化，既便于调试、连接，又便于移植、修改。

③ 在编写应用软件之前，应绘制出程序流程图，这不仅是程序设计的一个重要组成部分，而且是决定着成败的关键部分。从某种意义上讲，多花一些时间来设计程序流程图，就可以节约几倍于源程序编写、调试时间。

④ 要合理分配系统资源，包括 ROM、RAM、定时/计数器及中断源等，其中最关键的是片内 RAM 分配。对于汇编语言编程需要人为筹划各个资源的使用，但若使用 C51，则只需设置合理的变量类型，编译系统将会自动进行资源分配。

⑤ 注意在程序的有关位置处写上功能注释，以提高程序的可读性。

5. 联机调试

经过总体设计、硬件设计、软件设计、元器件安装以及程序写入系统存储器芯片后，系统样机即可运行。然而，一次性开机即成功几乎是不可能的，多少会出现一些硬件、软件上的错误，这就需要通过调试来发现错误并加以改正。由于 MCS-51 单片机本身并无开发能力，因此，编制开发应用软件，对硬件电路进行诊断、调试都必须借助仿真开发工具进行。仿真开发工具的基本功能是模拟用户的实际样机，并且能随时观察运行的中间过程而不改变运行中原有的数据和结果。为此要求仿真开发工具应当具有如下最基本的功能：

- 用户样机硬件电路的诊断与检查；
- 用户样机程序的输入与修改；
- 程序的运行、调试（单步运行、断点运行）及状态查询等功能；
- 将程序固化到程序存储器中。

目前国内使用较多的开发系统大致分为以下两类。

（1）通用型单片机开发系统

这是目前国内使用最多的一类开发装置，如上海复旦大学的 SICE-Ⅱ、南京伟福（Wave）公司的在线仿真器等。它们都采用国际上流行的独立型仿真结构，配备有 EPROM 读出/写入器、仿真插头和其他外设，通过 USB 接口与计算机相连，连接关系如图 9.3 所示。

在调试用户样机时，需要先拔掉用户样机中的 MCU 芯片，用仿真插头插入此处，实现与计算机的联机。用户通过集成开发软件可编辑、修改样机源程序，通过编译、连接形成目标码，并传送到在线仿真器中。这时用户可用单步、断点、跟踪、全速等方式运行用户程序，同时，

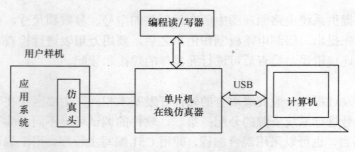

图 9.3 通用型单片机开发系统

单片机的系统状态可实时显示在屏幕上。如果一切正常，可通过编程读/写器将调试后的用户程序固化到用户样机的 MCU 中。最后拔掉仿真插头，插入用户样机的 MCU，系统即可脱离计算机独立运行了。

这类仿真开发系统的最大优点是可以充分利用通用计算机系统的软、硬件资源，开发效率较高。

（2）软件模拟开发系统

软件模拟开发系统是一种完全依靠软件手段进行开发的系统，开发系统与用户样机在硬件上没有任何联系，Proteus 就是这样的一种先进的仿真开发系统。

利用 Proteus 开发、调试用户样机与采用上述硬件仿真器的实际调试过程几乎完全相同。实践证明，Proteus 是单片机应用产品研发的灵活、高效的设计与仿真平台，它可明显提高研发效率，缩短研发周期，节约研发成本，同时也促进了单片机产品研发过程的改革。有 Proteus 参与的单片机系统开发过程一般分为 4 步（以一个 LCD 显示器为例）。

① 在 Proteus 平台上进行单片机系统电路设计(见图 9.4)、选择元器件、接插件、连接电路和电气检测等。

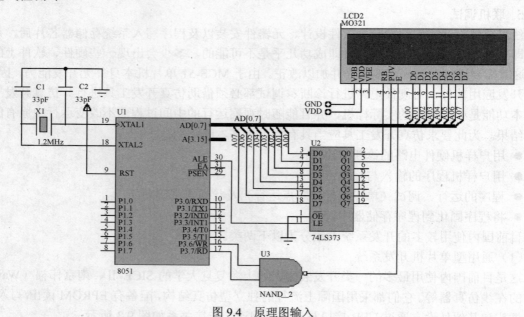

图 9.4 原理图输入

② 在 Proteus 平台上进行单片机系统源程序设计、编程、汇编编译、调试，最后生成目标代码文件（*.HEX）。具体如图 9.5 所示。

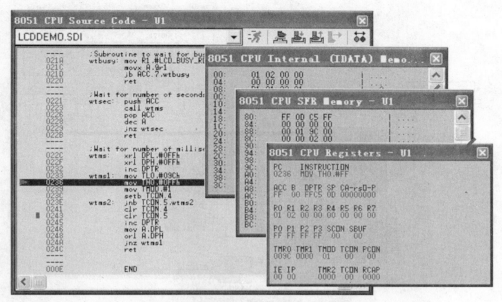

图 9.5　单片机程序编程、编译和调试

③ 在 Proteus 平台上将目标代码文件加载到单片机系统中（见图 9.6），并实现单片机系统的实时交互、协同仿真。具体如图 9.7 所示。

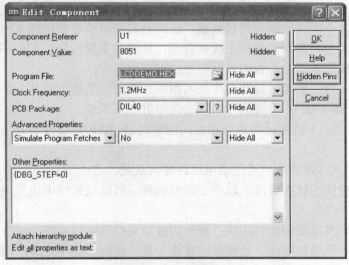

图 9.6　可执行文件加载

④ 仿真正确后，制作实际单片机系统电路，并将目标代码文件（*.HEX）下载到实际单片机中运行、调试，直至运行成功。

Proteus 仿真开发软件具有很强的系统开发调试功能，能够对单片机进行实物级的仿真。从程序的编写、编译到调试、目标板的仿真运行一应俱全，其中硬件模拟功能可进行模拟电路、数字电路和数模混合电路的特性分析和检验。大量内置控件如显示器、电位器、按键、开关以及指示灯等可在仿真运行时产生直观的人机互动效果。以虚拟方式提供的调试仪器，如示波器、逻辑分析仪、信号发生器等，可方便地进行电路测试和运行监测；系统提供有丰富的软件调试功能，可用单步、断点、全速等方式运行用户程序。在编程语言上不仅支持汇编语言编程，在第三方软件支持下还可进行 C51 语言编程。

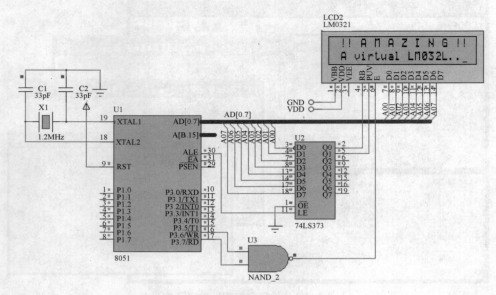

图 9.7 交互式仿真运行

9.2 单片机系统的可靠性技术

随着单片机在各个领域中的应用越来越广泛,对其可靠性要求也越来越高。单片机系统的可靠性由多种因素决定,其中系统抗干扰性能是可靠性的重要指标。工业环境有强烈的电磁干扰,因此必须采取抗干扰措施,否则难以稳定、可靠地运行。

工业环境中的干扰一般是以脉冲形式进入微机系统的,渠道主要有 3 条:

① 空间干扰(场干扰),电磁信号通过空间辐射进入系统;

② 过程通道干扰,干扰通过与系统相连的前向通道、后向通道及与其他系统的相互通道进入;

③ 供电系统干扰,电磁信号通过供电线路进入系统。

一般情况下,空间干扰在强度上远小于其他两种,故微机系统中应重点防止过程通道与供电系统的干扰。

抗干扰措施有硬件措施和软件措施。硬件措施如果得当,可将绝大部分干扰拒之门外,但仍然会有少数干扰进入微机系统,故软件措施作为第二道防线必不可少。由于软件抗干扰措施是以 CPU 为代价的,如果没有硬件消除绝大多数干扰,CPU 将疲于奔命,无暇顾及正常工作,这样会严重影响系统的工作效率和实时性。因此,一个成功的抗干扰系统是由硬件和软件相结合构成的。

9.2.1 硬件抗干扰技术概述

1. 光电隔离

在输入和输出通道上采用光电隔离器来进行信息传输是很有好处的,它将微机系统与各种传感器、开关、执行机构从电气上隔离开来,这样很大一部分干扰将被阻挡。

2. 配置去耦电容

数字电路的开关动作很快,如 TTL 的动作时间为 5~10ns,这样便会产生瞬变电流,在电源内阻抗和公共阻抗作用下,产生开关噪声。开关噪声使电源电压发生振荡。为了抑制数字集成电路芯片的开关噪声,同时,吸收该集成电路开门和关门瞬间的充放电能量,一般在印制电子线路板上,为各个集成电路配置去耦电容。

去耦电容可以按照 $C=1/f$ 选用,其中 f 为电路频率,即 10MHz 取 $0.1\mu F$,100MHz 取 $0.01\mu F$。去耦电容应直接跨接在芯片的源和地之间,数字电路每一颗芯片原则上应配置一个去耦电容,以便随时充放电。

3. 模拟地和数字地的分离

在单片机构成的数据采集系统中,往往既有数字信号又有模拟信号。由于单片机工作频率较高,易于产生开关噪声等高频干扰信号,这些干扰信号经过地线传入模拟量输入电路,会引起模拟量的输入采集信息的误差。为避免模拟信号与数字信号间的相互窜扰,在模拟、数字混合的单片机系统,将模拟部分和数字部分的地信号相分离为模拟地和数字地,模拟和数字部分各自构成独立回路,与此同时,模拟地和数字地通过电感或磁珠相连接,形成"分区集中并联一点接地",这样,既可以保证模拟和数字部分具有相同的地电位参考平面,又使得地线电流不会流到其他功能单元的回路中,避免各个单元的相互干扰。另外,在 PCB 设计时,地线应该尽量加粗,必要时可以采用"铺地"技术,以减少地线的阻抗。

4. "看门狗"技术

应用系统工作在恶劣环境或大噪声的干扰环境下,由于外界干扰对 CPU 的影响,使得程序不能按照正常的设计要求运行,出现程序跑飞或死循环的现象。对此,可以通过"看门狗"电路强制 CPU 复位,使系统重新进入正常运行的轨道。

单片机在正常工作的情况下,通过定时器设置产生脉冲信号,将该脉冲信号送入"看门狗"电路"喂狗","看门狗"在定时"吃到"脉冲的情况下,不产生复位的操作。当单片机工作系统出现异常,不能再定时向"看门狗"提供定时脉冲"喂狗"时,"看门狗"电路自动产生复位信号,通过硬件驱动单片机系统复位,从而,使"跑飞"或陷入死循环的 CPU 重新运行程序,摆脱由于干扰而造成系统异常的状态。

9.2.2 软件抗干扰技术概述

在提高硬件系统抗干扰能力的同时,软件抗干扰以其设计灵活、节省硬件资源、可靠性好也越来越受到重视。

1. 指令冗余

CPU 取指令过程是先取操作码,再取操作数。当 PC 受干扰出现错误时,程序便脱离正常轨道"乱飞",若乱飞到某双字节指令,且取指令时刻落在操作数上,误将操作数当作操作码,程序将出错。若"飞"到了三字节指令,出错概率更大。

在关键地方人为插入一些单字节指令,或将有效单字节指令重写称为指令冗余。通常是在双字节指令和三字节指令后插入两字节以上的 NOP。这样即使程序飞到操作数上,但由于空操作指令 NOP 的存在,从而避免了后面的指令被当作操作数执行,使程序自动纳入正轨。

此外,在对系统流向起重要作用的指令如 RET、RETI、LCALL、LJMP、JC 等之前插入两条 NOP,也可将乱飞程序纳入正轨,确保这些重要指令的执行。

2. 软件陷阱

当乱飞程序进入非程序区,冗余指令便无法起作用。通过软件陷阱,可以拦截乱飞程序,将其引向指定位置,再进行出错处理。软件陷阱是指用来将捕获的乱飞程序引向复位入口地址 0000H 的指令。通常在 EPROM 中非程序区填入以下指令作为软件陷阱:

```
            NOP
            NOP
            LJMP    0000H
```

其机器码为 0000020000。

考虑到程序存储器的容量，软件陷阱一般每 1KB 空间有 2~3 个就可以进行有效拦截了。

3. 软件"看门狗"技术

若失控的程序进入"死循环"，通常采用"看门狗"技术使程序脱离"死循环"。通过不断检测程序循环运行时间，若发现程序循环时间超过最大循环运行时间，则认为系统陷入"死循环"，需进行出错处理。

"看门狗"技术可由硬件实现，也可由软件实现。在工业应用中，严重的干扰有时会破坏中断方式控制字，关闭中断，使得系统无法定时"喂狗"，使硬件看门狗电路失效。而软件"看门狗"可有效地解决这类问题。

9.3 单片机系统设计开发应用举例——智能仪器

本节通过一个单通道通用型智能仪器的软硬件系统设计，将分散在上述各章节中的单片机原理加以综合应用，以此掌握单片机应用系统的设计要领。

9.3.1 功能概述

智能仪器是一种依靠嵌入式计算机技术发展的新型电子测控单元，其基本功能是根据传感器的实时信号和仪器设定的目标参数进行测量与控制。目前市售的一种典型智能仪器形式如图 9.8 所示。

图 9.8 一种典型的智能仪器形式

由图可见，智能仪器由面板和机箱组成，而系统电子元件安装于机箱内的线路板上。面板是为实现人机交互而设计的，由 4~6 位数码管显示器、3~5 个薄膜按键和若干个 LED 状态指示灯组成。由于按键数量很少，智能仪器通常都不采用 0~9 数字按键方案，而是通过【增大】和【减小】两个功能键，与【设置/切换】和【确认】等键配合，实现对智能仪器内置参数的设定与输出控制功能。

本例总体设计目标是实现一路电压信号输入和两路报警开关量输出控制功能。其中信号电压范围为 0~5VDC，A/D 采样分辨率为 8bit，数码管显示信息为：1 位参数字符和 3 位十进制采样值。控制参数有两个，即下限报警值（L）和上限报警值（H）。当采样值大于 H 时，高位报警继电器接通（用 LED 状态灯 D1 亮表示）；当采样值小于 L 时，下位报警继电器接通（用 D2 亮表示）；当采样值介于 L 和 H 之间时，两路报警器功能均被解除（用 D1 和 D2 均熄灭表示）。

该系统具体功能为，仪器上电后自动进入测控状态，显示器显示实时采样值，同时 D1 和 D2 实时切换报警状态。若按下 0#键，进入参数设置状态（测控转入后台但仍继续进行），显示器显示工作参数 L（在最左位）及其参数当前值（在最右 1~3 位）；若按压 2#或 3#键，可对当前参数值作加 10 或减 10 计算并更新显示；若按压 1#键可确认修改结果（下次再进入参数设置状态时可以此结果作为新的当前值,否则修改后的参数值不被保存),并转入下一参数 H 的设置过程(同理不再赘述)。再次按压 0#键或 1#键均可退出参数设置状态,返回测控状态。

9.3.2 硬件电路设计

本方案选用了一只四联共阴极数码管作为显示器,按照动态显示原理接线,其中段码通过锁存器 74LS245 驱动后接于 P0 口,位码由 4 只 PNP 型三极管驱动后接于 P2.0~P2.3。A/D 转换器采用 ADC0809,以通用 I/O 口方式与单片机连接,其并行数据输出端直接连接于 P1 口,4 个控制端 CLOCK、START、EOC 和 OE 分别接于 P2.4~P2.7,采用查询法等待转换结束,转换时钟利用定时器中断产生。4 个面板按键通过 8 位串行输入并行输出移位寄存器 74LS164 与单片机接口,其移位时钟端(8 脚)与单片机的 TXD 引脚相连,串行数据端(1 和 2 脚)与单片机的 RXD 引脚相连。

硬件系统电路原理图如图 9.9 所示。

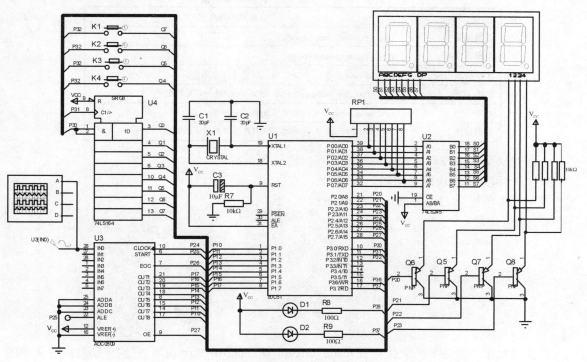

图 9.9 硬件电路原理图

图 9.9 中,信号源采用 Proteus 软件提供的虚拟信号发生器,波形为正弦波,频率为 0.1Hz,偏离电压为 2.5V,信号幅度为 2.5V。信号由 ADC0809 的通道 0 接入(选通引脚 ADDA~ADDC 均接地)。

9.3.3 软件系统设计

软件系统采用一个由多个功能模块构成的程序,模块之间相互依赖,它们之间的关系如图 9.10 所示。

从图 9.10 中可以看到,程序由两个主要的功能模块组成——控制模块和菜单模块。这两个模块能够同时运行。这里,"同时"的意思是指在用户进行菜单操作时,程序还能实时采集数据并进行控制。"控制"和"菜单"这两个主要模块都是建立在其他小模块的基础上的,比如控制

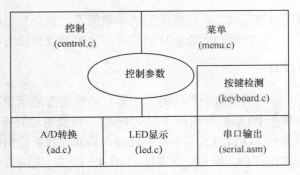

图 9.10 软件系统结构组成

模块建立在 A/D 转换和 LED 显示的基础上,菜单建立在按键检测和 LED 显示的基础上,而按键检测又建立在串口输出的基础上。表 9.1 列出了各个模块的主要函数。

表 9.1 各个模块的主要函数和功能

模块	主要函数和功能
控制模块	void control_thread(void);
菜单模块	void menu_thread(void);
A/D 转换模块	char ad(void);//进行 A/D 转换,结果通过返回值输出
LED 显示	void print(char name,unsigned int value);//输出名称和数值
串口输出	void serial(char byte);//将字节 byte 串口输出
按键检测	unsigned char get_key(void);//检测并返回被按下的键值

下面对这个程序设计过程中的一些重点问题进行说明。

1. 控制和菜单模块的"同时"运行

控制和菜单模块的调用执行都在 main.c 中,代码如下:

```
...
void main(){
   ...
   while(1){
      menu_thread();
      control_thread();
}}
```

在主函数中,始终循环交替调用 menu_thread( )和 control_thread( ),它们分别对应着菜单的线程函数和控制模块的线程函数。只有在 menu_thread( )被调用时,菜单里的参数项才会在显示器上刷新,用户通过键盘对菜单的操作才能够得到程序的响应和处理。只有在 control_thread( )被调用时,才会进行 A/D 采样并刷新显示器上的内容,控制报警器的动作。要想使两个模块看起来是同时执行的,就要求 menu_thread( )和 control_thread( )各自的执行时间都不能很长。如果 menu_thread( )执行的时间较长,那么在这期间程序不会进行采样,报警器状态也就不会随之变化。同理,如果 control_thread( )执行的时间过长,在函数返回前,用户按压键盘的操作不会得到程序响应。

在这两个函数中,control_thread( )的逻辑较为简单,代码如下:

```
void control_thread() {
  //第 1 步:A/D 转换
  unsigned char value=ad();
```

```c
            //第2步:根据采样值控制LED灯
            if(value>param_value[1]){
                P36=1;
                P37=0;
            } else if(value<param_value[1] && value>param_value[0]) {
                P36=0;
                P37=0;
            } else {
                P36=0;
                P37=1;
            }
            //第3步:如果菜单是关闭的,显示采集到的数值
            if(menu_status==1) {
                print('h',value);
            }}
```

每次 control_thread( ) 被调用时,都会依次执行 A/D 转换采样、根据采样值控制 LED 灯以及显示采样值这 3 步操作,执行时间都不会很长。所以用户按压键盘、修改参数的操作会很及时、流畅地得到程序的响应。但是,从用户打开菜单到修改若干参数,到最后关闭菜单的过程一定会持续较长的时间,如果 menu_thread( ) 函数设计成要等到菜单关闭才返回,那么采样和控制的过程一定会受到严重的干扰。

2. 菜单线程的短时运行

菜单线程的代码在 menu.c 中实现,下面列出代码的主要框架:

```c
void menu_thread(void){
  ...
    char key=get_key();
    if(menu_status==MENU_OFF){
       //当前菜单为关闭状态时
       if(key==0){                            //若按键0已被按下
          menu_status=MENU_ON;                //置当前菜单为打开状态
          ...
       }
    } else {
       //如果当前菜单为打开状态,则进行以下操作:
       if(key==0){
          //若按键0按下,则切换到下一个参数
          if(++_menu_idx==MENU_NUM){          //判断是否所有参数都循环到了
              menu_status=MENU_OFF;           //若已循环完成,设置菜单关闭状态
          }
       } else if(key==1){
          //若按键1按下,则保存键值,并切换到下一个参数
          ...
       } else if(key==2){
          ...
       } else if(key==3){
```

```
            ...
        }
    }
    if(menu_status==MENU_ON){
        //菜单状态为开时,显示参数值
        print(_menu_name[_menu_idx],_menu_value[_menu_idx]);
}}
```

如前面所分析的，menu_thread( )不能设计为用户关闭菜单后才返回。在本书给出的实现方案中，菜单模块通过两个非常重要的变量来记录菜单的状态：_menu_status 表示菜单的开/关状态，_menu_idx 表示当前打开的是第 1 或者第 2 个菜单项。每次执行 menu_thread( )时，首先通过调用 unsigned char get_key( )得到当前被按压过的键值，并记录在变量 key 中。然后用两层嵌套的 if-else 语句，处理在_menu_status==MENU_ON（即菜单为打开状态）和_menu_status==MENU_OFF（即菜单为关闭状态）这两种状态下按压 0#～3# 4 个按键所应该执行的不同操作。例如在_menu_status==MENU_OFF 时，如果按压 0#键就打开菜单，修改_menu_status=MENU_ON；在_menu_status==MENU_OFF 时，如果按压 0#键则切换到下一个参数，即++_menu_idx。在函数的最后，会根据菜单的状态，将当前打开的菜单项显示在显示器上。

因此，不论菜单是何种状态，也无论是否有键被按下，menu_thread( )函数都会在很短的时间里完成操作并返回。不过，从上面的代码框架可以看到，在 menu_thread( )里会调用 unsigned char get_key( )以获得被按下的键值。为满足 menu_thread( )每次执行的时间都不能很长这一要求，无论是否有键被按下，也无论用户是否按下这个键不抬起，函数 get_key( )都必须既能检测到按键，又能在很短的时间里返回。下面我们就来解释 get_key( )是如何实现的。

3. 按键检测的短时运行

在解释按键检测函数 unsigned char get_key( )之前，我们先来解释如何检测某一个键是否被按下了。

由图 9.9 的按键检测电路可知，要检测第 1 个按键是否被按下，需要通过 74LS164 将低电平送到 Q7 端，同时将高电平送到 Q6、Q5 和 Q4，然后检测 P3.2 是否为低电平。如果是，表示第 1 个按键被按下，否则表示没按下。这部分功能在 keyboard.c 的 char_check_key(unsigned char key_idx) 中实现，代码如下：

```
char_check_key(unsigned char key_idx){        //检查按键状态
    serial(~(0x01<<_key_idx));                //将待查按键键码转换成扫描码后输出
    if(_p32==0){                              //根据 P3.2 状态决定返回值
        return KEY_DOWN;
    }else{
        return KEY_UP;
}}
```

这个函数是 unsigned char get_key( )的重要组成部分。在本例中，在调用 get_key( )时，若得到返回值 0～3，则说明该值所对应的按键被用户按下后又抬起，即完成了一次完整的触键操作。如果返回-1，说明没有检测到哪一个键被按下过。此外，如果用户一直压下某个键不松开，在此期间调用函数，也会得到返回值-1。

unsigned char get_key( )函数的实现依赖于两个重要的全局变量：_key_status 和_key_idx。程序代码如下：

```c
char get_key(void) {
    char result=-1;
    if(_key_status==CHECK_KEY_DOWN){
        if(_check_key(_key_idx)==KEY_DOWN){
            _key_status=CHECK_KEY_UP;
        } else {
            if(++_key_idx==4){
                _key_idx=0;
        }}
    } else if(_key_status==CHECK_KEY_UP){
        if(_check_key(_key_idx)==KEY_UP){
            result=_key_idx;
            _key_status=CHECK_KEY_DOWN;
            if(++_key_idx==4){
                _key_idx=0;
    }}}
    return result;
}
```

按键检测分为两个阶段，第一阶段的目标是发现哪个键被按下了。在这个阶段里，_key_status==CHECK_KEY_DOWN，当满足这个条件时，程序会检测当前的_key_idx 表示的按键是否被按下，即调用_check_key(_key_idx)并判断返回值是否为 KEY_DOWN。如果条件不满足，则令_key_idx 加 1 表示下一个键，get_key( )函数返回。待到下一次 get_key( )再被调用时，程序检查_key_idx 所指的另一个键是被按下。直到当某个键确实被按下时，例如 2 号键被按下，那么在按下的这个期间，一定会发生一次 get_key( )的调用，且这一次调用是_key_idx==2，因此就会有_check_key(_key_idx)==KEY_DOWN，于是程序进入第 2 阶段，_key_status 被修改为 CHECK_KEY_UP。

在_key_status==CHECK_KEY_UP 的第 2 阶段，_key_idx 的值不会再被修改，而是锁定在刚才检测到的被按下的键上，对于刚才的例子就是_key_idx=2。在这个阶段，每次 get_key( )被调用时，都会检查 2 号键是否被抬起，即判断_check_key(_key_idx)==KEY_UP 是否成立。如果条件不成立，说明此刻检查时，2 号键还没有被用户松开，于是 get_key( )继续返回-1；如果条件成立，说明用户按下 2 号键之后又松开了，于是 get_key( )会返回 2，同时_key_status 被改回 CHECK_KEY_DOWN，下次调用时再重复前面的过程。

9.3.4 仿真开发过程

按照 4.4 节介绍的方法，在 Proteus 中绘制系统原理图，在 Keil 中建立项目，并添加编写的程序文件。项目编译和连接通过后的界面如图 9.11 所示。

由图 9.11 可见，该项目由 7 个程序文件所组成，其中 6 个为 C 语言文件，一个为汇编语言文件（串口输出功能采用汇编语言与 C51 语言混合编程）。系统的全部源程序清单如下：

（1）main.c 文件

```c
void ad_init();
void control_thread();
void menu_thread();
```

```c
void main(){
  ad_init();
  while (1){
    menu_thread();
    control_thread();
}}
```

图 9.11 软件编程界面图

（2）control.c 文件

```c
#include<reg51.h>
sbit P36=P3^6;
sbit P37=P3^7;
unsigned char ad();
void print(char name,unsigned int value);
extern unsigned char param_value[2];
extern char menu_status;

void control_thread(){
  unsigned char value =ad();          //A/D 转换
  if(value >param_value[1]){          //根据采样值控制 LED 灯
     P36=0;
     P37=1;
  } else if(value<=param_value[1] && value>=param_value[0]){
     P36=0;
     P37=0;
  } else {
     P36=1;
     P37=0;
```

```c
    }
    if(menu_status==1) {          //如果菜单是关闭的,显示采集到的数值
        print('',value);
}}
```

(3) menu.c 文件

```c
#define  MENU_ON  0
#define  MENU_OFF 1
#define  MENU_NUM 2
#define  MENU_MAX 240
#define  MENU_MIN 10
unsigned char param_value []={100,150};
unsigned char menu_status=MENU_OFF;
char _menu_name []={'L','H'};                  //参数名的符号
unsigned char _menu_value []={0,0};            //供显示用的参数数组
unsigned char _menu_idx=0;                     //参数序号
char get_key();
void print(char name,unsigned int value);
void menu_thread(void) {
    char i=0;
    char key=get_key();
    if (menu_status==MENU_OFF) {               //当前菜单为关闭状态时
        if(key==0){                            //若按键 0 已被按下
            menu_status=MENU_ON;               //置当前菜单为打开状态
            _menu_idx=0;                       //设置参数序号 0
            //将所有参数当前值取出,送入供显示的参数数组中
            for(i=0;i<MENU_NUM;i++){
                _menu_value [i]=param_value [i];
    }}
    }else{                            //如果当前菜单为打开状态,则进行以下操作
        if(key==0){                   //若按键 0 按下,则不保存键值,仅切换到下一个参数
        if(++_menu_idx==MENU_NUM){    //判断是否所有参数都循环到了
            menu_status=MENU_OFF;     //若已循环完成,设置菜单关闭状态
        }
    } else if(key==1){                //若按键 1 按下,则保存键值,并切换到下一个参数
        param_value [_menu_idx]=_menu_value [_menu_idx];
            if(++_menu_idx==MENU_NUM) {
                menu_status=MENU_OFF;
            }
        } else if(key==2) {    //若按键 2 按下,则参数值加 10
            _menu_value [_menu_idx]+=10;
            if(_menu_value [_menu_idx]>MENU_MAX){
                _menu_value [_menu_idx]=MENU_MAX;
            }
        } else if(key==3){     //若按键 3 按下,则参数值减 10
```

```c
            _menu_value[_menu_idx]-=10;
            if(_menu_value[_menu_idx]<MENU_MIN){
                _menu_value[_menu_idx]=MENU_MIN;
}}}
    if(menu_status==MENU_ON) {//菜单状态为开时,显示参数值
        print(_menu_name[_menu_idx], _menu_value[_menu_idx]);
}}
```

(4) keyboard.c 文件

```c
#include<reg51.h>
#define  CHECK_KEY_DOWN    0        //处在检测按键压下阶段标志
#define  CHECK_KEY_UP      1        //处在检测按键抬起阶段标志
#define  KEY_UP   0                 //按键抬起标志
#define  KEY_DOWN 1                 //按键压下标志
sbit _p32=P3^2;

char _key_status=CHECK_KEY_DOWN;            //按键检测状态(初值为检测压下阶段)
char _key_idx =0;                           //按键序号
void serial(char byte);
char _check_key(unsigned char _key_idx) {   //检查按键状态
    serial(~(0x01<<_key_idx));              //将待查按键键码转换成扫描码后输出
    if(_p32 ==0){                           //根据P3.2状态决定返回值
        return KEY_DOWN;
    } else {
        return KEY_UP;
}}
char get_key(void) {
    char result=-1;                         //无键按下时键值为-1
    if(_key_status==CHECK_KEY_DOWN) {       //如果当前处于检查压下阶段,进行以
                                            //下操作

        if(_check_key(_key_idx)==KEY_DOWN){ //判断当前扫描键的状态,若为压下标
                                            //志则

            _key_status=CHECK_KEY_UP;       //将检查阶段标志设置为抬起
        } else {                            //否则,将检查阶段标志设置为压下
            if(++_key_idx==4){              //判断是否4个按键已经轮流扫描一遍
                _key_idx=0;                 //是,则将待扫描按键号设为0
        }}
    } else if(_key_status==CHECK_KEY_UP){   //如果当前处于检查抬起阶段,进行以
                                            //下操作

        if(_check_key(_key_idx)==KEY_UP) {  //判断当前扫描键的状态,若为抬起标
                                            //志则

            result=_key_idx;                //键值输出
            _key_status=CHECK_KEY_DOWN;     //按键检查阶段标志改为压下
            if(++_key_idx==4) {             //判断是否4个按键已经轮流扫描一遍
                _key_idx=0;                 //是,则将待扫描按键号设为0
```

```
        }}}
        return result;
    }
```

(5) led.c 文件

```c
#include<reg51.h>
char code map1[]={0x3F,0x06,0x5B,0x4F,0x66,0x6D,0x7D,0x07,0x7F,0x6F};
                                                //'0'~'9'
char code map2[]={0x00,0x76,0x38};      //' ','H','L'
char _convert(char c){                  //将待显示字符转换为显示字符
    if(c==' ')
        return map2[0];
    else if(c=='H')
        return map2[1];
        else if(c=='L')
        return map2[2];
    else if(c>='0' && c<='9')
        return map1[c-'0'];
    return 0;
}
void _delay(){                          //软件延时函数
  int i=0,j=0;
  for(i=0;i<10;i++){
      for(j=0;j<10;j++){
}}}
void print(char name,unsigned int value){  //数码管显示函数(字符、数值)
    char buf[4]="    ";
    char i,pos=0xf7;
    for(i=3;i>1;i--){
        buf[i]='0'+value%10;
        value/=10;
        if(value==0){
            break;
    }}
    buf[0]=name;
    for(i=0;i<4;i++){
        P2=P2|0x0f;
        P2=P2&pos;
        P0=_convert(buf[3-i]);
        pos=(pos>>1)|0x80;              //更新导通位码
        _delay();
}}
```

(6) ad.c 文件

```c
#include<reg51.h>
    sbit P24=P2^4;
```

```c
    sbit P25=P2^5;
    sbit P26=P2^6;
    sbit P27=P2^7;

unsigned char ad(){
    P25=0;
    P25=1;
    P25=0;
    while(!P26);
    P27=1;
    return P1;
}

void ad_init(){
    TMOD=0x02;
    TH0=0;
    TL0=0;
    ET0=1;
    TR0=1;
    EA=1;
}

void _ad_clock(void) interrupt 1{
    P24=~P24;
}
```

（7）serial.asm 文件

```
        PUBLIC  _SERIAL          ;混合编程文件的标准前缀
        DE  SEGMENT  CODE
        RSEG  DE
_SERIAL: MOV  SCON,#0            ;串口方式 0
        MOV  SBUF,R7             ;输出数据送入缓冲区
        JNB  TI,$                ;等待移位结束
        CLR  TI                  ;清理标志位
        RET
        END
```

系统运行效果如图 9.12 所示，参数设置状态运行效果如图 9.13 所示。

实际运行情况表明，测控与参数设置这两个环节的确是"同时"进行的。具体表现为，若参数 L 设置为 100，某一时刻的采样值为 60，那么在进行参数设置过程中，处于后台运行的控制程序还会使报警器灯 D1 在此时点亮。若将参数 L 修改为 30，只要确认保存参数后，不等关闭菜单显示，D1 就会熄灭了。

采用并行结构编程是一种非常有用的设计思想，其要点在于可使多个程序"同时"拥有运行权限，对外表现出实时多任务的效果。这类程序的关键在于每个程序都不能占据过多的机时，因此必须设法将长时运行改为短时运行。本例中采用的运行标记设置的做法就是一个具体的体现。

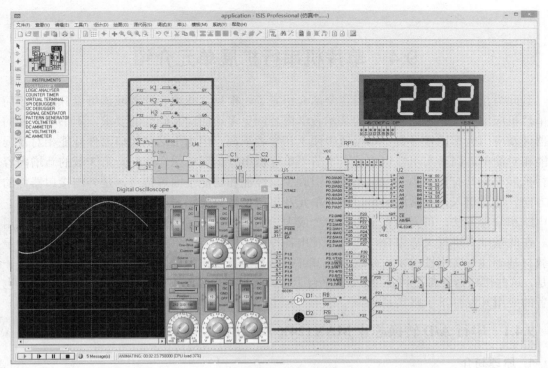

图 9.12 测控状态运行效果

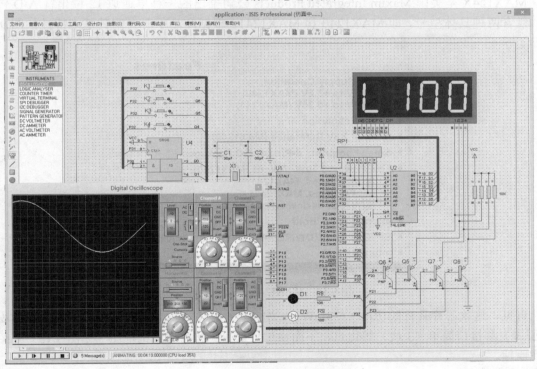

图 9.13 参数设置状态运行效果

智能仪器仿真视频

9.4 单片机串行扩展单元介绍

到此为止，本书的基本教学内容全部介绍完了，根据这些内容读者应该可以开发出较简单的单片机应用系统。考虑到教材的基本教学内容应更多地面向基础性的要求，本书中选择的接口器件及应用大都比较经典，难度适中便于初学者掌握。但由于这些接口器件性能相对较弱，功能相对简单，因而实用性也较差。本节"单片机串行扩展单元介绍"是第 3 版的新增内容。串行扩展单元具有体积小、占用单片机引脚少、性能和功能全面等特点，是外围接口器件的发展方向。通过引入几种常用的串口扩展单元及字符型液晶显示器模块，并介绍其工作原理、接口电路和编程方法，可为学有余力的读者或大学生科技创新活动提供一些实用性较强的应用方案。在此基础上进行灵活组合，即可开发出各种有实用价值的单片机应用系统，从而有助于克服教材基础性与实用性的矛盾问题。该节可根据教学需要作为选修或自学内容安排。值得一提的是，这些接口器件都是可在 Proteus 平台上仿真运行的，因而不仅有助于读者学习掌握，也为读者的应用开发打下了坚实基础。

9.4.1 串行 A/D 转换芯片 MAX124X 及应用

1. 原理简介

MAX124X 是美国 Maxim Integrated Products 公司推出的一种单通道 12 位串行 A/D 转换器，包含两种具体型号，即 MAX1240 和 MAX1241。根据产品手册介绍其基本特性如图 9.14 所示。

```
_____Features
• Single-Supply Operation:
    +2.7V to +3.6V (MAX1240)
    +2.7V to +5.25V (MAX1241)
• 12-Bit Resolution
• Internal 2.5V Reference (MAX1240)
• Small Footprint: 8-Pin DIP/SO Packages
• Low Power: 3.7µW (73ksps, MAX1240)
    3mW (73ksps, MAX1241)
    66µW (1ksps, MAX1241)
    5µW (power-down mode)
• Internal Track/Hold
• SPI/QSPI/MICROWIRE 3-Wire Serial Interface
• Internal Clock
```

图 9.14 MAX124X 的基本特性

可见，这款芯片具有低功耗（≤3mW）、高精度（12 位）、宽电压（2.7～5.25V）、体积小（8 引脚）和接口简单（3 线）等优点，下面通过外部引脚和内部结构框图（见图 9.15）介绍其工作原理。

由图 9.15 可知，待检测模拟信号经由 AIN（引脚 2）送到 12 位逐次逼近型（SAR）A/D 转换器中，在逻辑控制单元（Control Logic）、内部时钟单元（INT Clock）和参考电压（REF 引脚 4 或 2.5V Reference）的作用下进行模数转换，结果经输出移位寄存器（Output Shift Register）转为串行数据经由 DOUT（引脚 6）输出。$\overline{\text{SHDN}}$ 是关断控制（引脚 3），低电平时可使 A/D 转换器处于休眠状态以减少功耗。串行输出过程中，SCLK（引脚 8）负责提供移位时钟脉冲，$\overline{CS}$（引脚 7）提供低电平使能信号。整个模块的工作时序如图 9.16 所示。

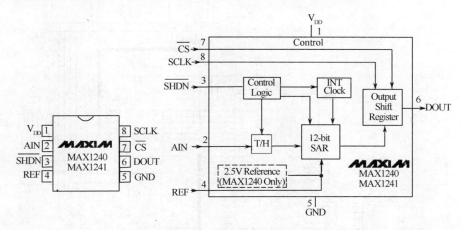

图 9.15　MAX124X 的外部引脚和内部结构框图

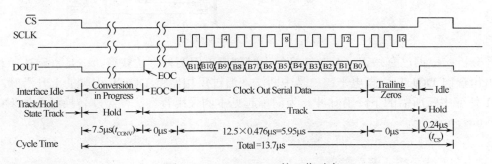

图 9.16　MAX124X 的工作时序

由图 9.16 可知，一次完整 A/D 转换过程的时序如下：
- 先使片选信号 $\overline{CS}$ 拉低，同时保持时钟端 SCLK 为低电平，本轮 A/D 转换即可启动；
- A/D 转换完成后，数据输出端 DOUT 将由低电平自动翻转为高电平；
- 在 SCLK 端送入移位时钟脉冲，下降沿时位数据出现在 DOUT 端（高位在先）；
- 连续送入 13 个移位脉冲后本轮 A/D 转换的数据输出完毕；
- 使片选信号 $\overline{CS}$ 拉高，为下一轮模数转换做准备。

2. 应用举例

【实例 1】利用 MAX1241 芯片设计一个单片机 A/D 转换器，将电位器的 5V 可调电压转换为十进制数字量并动态显示在四联共阴极数码管上。

【解】实例 1 电路如图 9.17 所示，图中 MAX1241 的 3 个引脚 DOUT、SCLK 和 $\overline{CS}$ 分别与 80C51 单片机的 P1.0、P1.1 和 P1.2 相连。在不考虑节能问题的情况下，$\overline{SHDN}$ 引脚直接接高电平。四联共阴极数码管的接线可参考图 9.9，原理不再赘述。

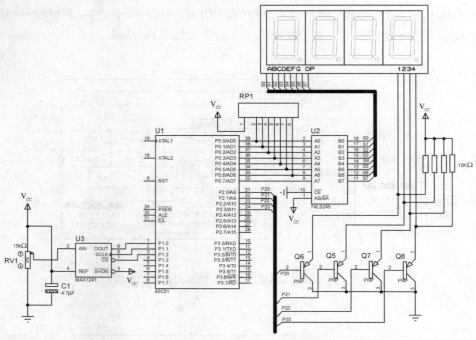

图 9.17 实例 1 电路原理图

编程分析：根据已有知识，A/D 转换结束时刻可以用两种方法获得，一是查询法，利用条件循环语句查询 DOUT 引脚电平；二是中断法，通过反相器将 DOUT 引脚的上升沿脉冲转换成 80C51 外部中断所需的下降沿脉冲。为简单起见本例采用查询法，A/D 转换函数如下：

```
unsigned int ad(){                //A/D 转换函数
    unsigned int result=0;
    unsigned char i=0;
    lcs=0;                        //仿照转换时序开始 A/D 转换
    while(dout==0);               //等待转换结束
    for(;i<12;i++){               //串行方式输出转换结果
        sclk=1;                   //形成移位脉冲
        delay();
        sclk=0;
        result<<=1;               //转换结果拼装到变量 result 中
        result|=dout;
    }
    sclk=1;                       //发出第 13 个移位脉冲
    delay();
    sclk=0;
    lcs=1;                        //结束 A/D 转换
    return result;                //返回转换结果
}
```

可见，A/D 转换函数是按转换时序编写的，在查询 DOUT 引脚电平得知转换结束后，用软件方式使 P1.1 引脚连续输出 13 个移位时钟脉冲，期间利用 result|=dout;语句将位数据拼装成并行数据。由于 MAX1241 是 12 位模数转换器，故转换结果存放变量 result 应声明为整型。

四联 LED 显示器的动态显示函数与本章智能仪器实例中的显示函数（P200）基本相同，就不再分析了，实例 1 的完整程序和仿真运行结果分别如图 9.18 和图 9.19 所示。

```c
01  #include <REG51.H>
02  char map[] = {0x3F,0x06,0x5B,0x4F,0x66,0x6D,0x7D,0x07,0x7F,0x6F};
03  sbit lcs = P1^2;                    //1241引脚定义
04  sbit sclk = P1^1;
05  sbit dout = P1^0;
06  void print(unsigned int value);     //显示函数
07  void delay();                       //延时函数
08  unsigned int ad();                  //AD转换函数
09  void main() {
10      unsigned int value = 0;
11      while (1) {
12          value = ad();               //得到AD转换结果
13          print(value);               //显示转换结果
14  }}
15  unsigned int ad() {                 //AD转换函数
16      unsigned int result = 0;
17      unsigned char i = 0;
18      lcs = 0;                        //仿照转换时序开始AD转换
19      while(dout == 0);               //等待转换结束
20      for ( ; i < 12 ; i++) {         //提取转换结果
21          sclk = 1;
22          delay();
23          sclk = 0;
24          result <<= 1;
25          result |= dout;
26      }
27      sclk = 1;                       //发出第13个脉冲
28      delay();
29      sclk = 0;
30      lcs = 1;                        //结束AD转换
31      return result;                  //返回转换结果
32  }
33  void print(unsigned int value) {
34      char p_buf[4] = "    ";
35      char i,pos=0xf7;
36      for (i=0; i < 4 ; i++) {        //拆解转换数据
37          p_buf[i] = value % 10;      //存入显示缓存
38          value /= 10;
39          if (value == 0) break;
40      }
41      for (i = 0 ;i < 4 ;i++) {
42          P2 = P2 | 0x0f;             //形成段码
43          P2 = P2 & pos;
44          P0 = map[p_buf[i]];         //显示缓存内容
45          pos = (pos >> 1)| 0x80;     //刷新段码
46          delay();
47  }}
48  void delay() {
49      char i;
50      for (i = 0 ; i < 100 ; i++);
51  }
```

图 9.18　实例 1 的完整程序

由图 9.19 可知，MAX1241 仅占用 51 单片机的 3 个引脚，而采样分辨率却较之先前介绍的 ADC0809 大大提高（满度计量值由 255 提高到 4095），因而利用该款 ADC 可以满足多数情况的数据采集精度要求。

9.4.2　串行 D/A 转换芯片 LTC145X 及应用

1. 原理简介

LTC145X 是美国 LINEAR 公司推出的一种单通道 12 位串行 D/A 转换器，包含 3 种具体型号，即 LTC1451/LTC1452/LTC1453。根据产品手册其基本特性如图 9.20 所示。

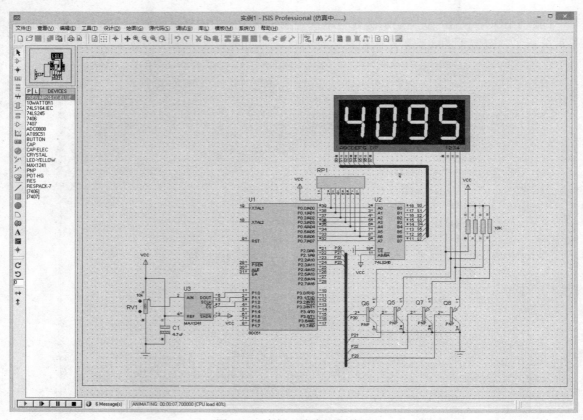

图 9.19 实例 1 仿真运行结果

图 9.20 LTC145X 的基本特性

可见,这款芯片同样具有低功耗(≤400μA)、高精度(12 位)、宽电压(2.7~5.25V)、体积小(8 引脚)和接口简单(3 线)等优点。此外,该芯片具有 Rail-to-Rail(轨至轨)的特性,其内部运算放大器的最大输出电压可以达到电源电压 V_{CC}。下面通过外部引脚和内部结构框图(见图 9.21)介绍其工作原理。

由图 9.21 可以看出,该芯片主要由 12 位移位寄存器(Shift Register)、DAC 寄存器、D/A 转换器和运算放大器组成。串行输入信号在 CLK 移位时钟脉冲(引脚 1)和 $\overline{CS}$/LD 片选信号(引脚 3)的配合下由 D_{IN}(引脚 2)送入移位寄存器中,同时也经由 D_{OUT}(引脚 4)作为级联输出。待 12 位串行数据到齐后,以并行方式通过 DAC 寄存器进入 D/A 转换器。D/A 转换形成的电流信号再经运算放大器变换为电压信号由 V_{OUT}(引脚 7)输出。整个模块的工作时序如图 9.22 所示。

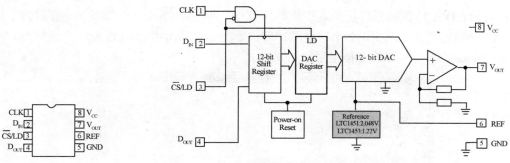

图 9.21 LTC145X 的外部引脚与内部结构框图

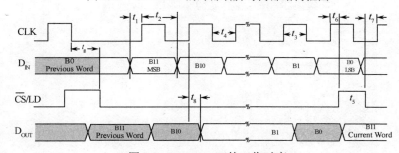

图 9.22 LTC145X 的工作时序

由图 9.22 可知，一次完整 D/A 转换过程的时序如下：
- $\overline{CS}/LD$ 信号拉低；
- D_{IN} 端出现 1bit 数据（高位在先）；
- CLK 端发 1 正脉冲，上升沿时将数据写入移位寄存器；
- 上两步重复 12 次，可将 12 位数据串入 LTC145X；
- D/A 转换后使 $\overline{CS}/LD$ 信号拉高，为下一轮转换做准备。

2. 应用举例

【实例 2】利用 LTC1451 芯片设计一个单片机 D/A 转换器，使其具有负半周正弦波信号发生功能，并通过虚拟示波器检查波形效果。

【解】实例 2 电路如图 9.23 所示。图中 LTC1451 的 3 个引脚 D_{IN}、CLK 和 $\overline{CS}/LD$ 分别接在 80C51 的 P3.0、P3.1 和 P3.2 端。由于无须考虑其他串行芯片的级联问题，故 D_{OUT} 引脚悬空。

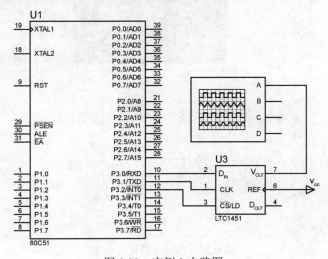

图 9.23 实例 2 电路图

编程分析：D/A 转换编程可仿照其工作时序进行，即先使 $\overline{CS}$/LD 引脚发一个正脉冲，然后依次在 CLK 和 D_{IN} 引脚上发送 12 个移位脉冲和位数据，此后再由 $\overline{CS}$/LD 发一个正脉冲，本轮 D/A 转换便完成了。实例 2 的完整程序如图 9.24 所示。

```c
#include <REG51.H>
#include <math.h>
sbit din = P3^0;
sbit clk = P3^1;              //定义芯片引脚变量
sbit cs = P3^2;
#define PI 3.1415

void da(unsigned int value);

void main() {
    unsigned int num,value;
    while (1) {
        for (num = 180 ; num < 360 ; num++){    //负半周正弦波形
            value = 2047 + 2047 * sin((float)num / 180 * PI);
            da(value);
        }
    }
}

void da(unsigned int v){       //DA转换
    char i = 11;
    cs = 1;
    cs = 0;                    //CS引脚置高电平
    for ( ; i >= 0 ; i--){
        din = (v >> i) & 0x01; //分解并行数据，串行送入DIN引脚
        clk = 1;               //发生时钟脉冲
        clk = 0;
    }
    cs = 1;                    //发出第13个脉冲
    cs = 0;                    //CS引脚置低电平
}
```

图 9.24 实例 2 的完整程序

程序中语句 din =(v>>i) & 0x01;的作用是将并行数据分解成位数据，即先将有效位数据右移至字节最低位，然后将除了最低位之外的所有高位清零（整个字节的值非 0 即 1），结果赋值给位变量 din，从而实现了数据的并串转换。实例 2 的程序运行效果如图 9.25 所示。

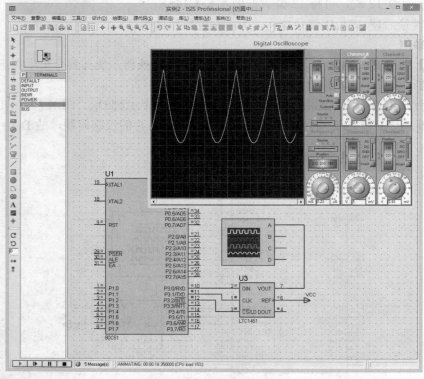

图 9.25 实例 2 的运行效果

理论上 12 位 DAC 的转换精度是 8 位 DAC 的 16 倍，因而由虚拟示波器观察到的电压输出波形较之先前介绍的 DAC0832 平滑很多。此款 DAC 实现的高精度 D/A 转换已在过程控制领域得到广泛应用。

9.4.3 串行 E²PROM 存储器 AT24CXX 及应用

1. 原理简介

E²PROM 指的是"电可擦除可编程只读存储器"，即"Electrically Erasable Programmable Read-Only Memory"。其特点是存储器中的数据信息在失电情况下不会丢失，且存储内容可用电信号擦写（早期产品需用紫外线擦除，专用编程电压写入）。E²PROM 还不能取代普通 RAM，原因是其工艺复杂，耗费的门电路过多，且有效重编程次数也相对较低。根据数据总线的不同，E²PROM 分为串行和并行两种形式。串行 E²PROM 按总线形式又分为 3 种，即 I²C 总线、Microwire 总线及 SPI 总线，本节以美国 Atmel 公司 I²C 总线系列中的 AT24CXX 为例，介绍其原理与应用。根据产品手册 AT24CXX 的基本特性如图 9.26 所示。

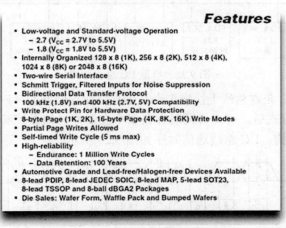

图 9.26 AT24CXX 的基本特性

可见，这款芯片具有宽电压（1.8～5.5V）、接口简单（2 线）、体积小（8 引脚）和可靠性高（可存储 100 年）等优点。下面通过外部引脚和内部结构框图（见图 9.27）介绍其工作原理。

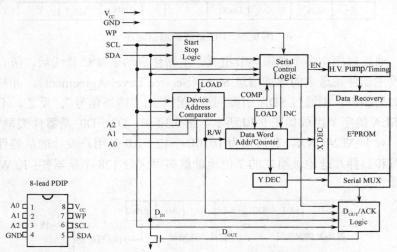

图 9.27 AT24CXX 的外部引脚与内部结构框图

由图 9.27 可以看出，该芯片主要由片内控制单元（启动停止逻辑、串行控制逻辑、器件地址比较器、数据地址/计数器）和 E²PROM 阵列等组成。串行输入信号 SDA（引脚 5）在同步脉冲信号 SCL（引脚 6）和 WP 写保护信号（引脚 7）的配合下，通过片内控制单元进行 E²PROM 指定单元的读写操作。片内升压单元可提供编程高电压（因而系统只用单电源即可），AT24CXX 的芯片地址由 A0～A2 三个引脚的电平状态决定（接 V_{CC} 或接地），写保护信号 WP 为 1 时可使整个存储区变为只可读取。

如前所述，AT24CXX 对外通信采用 I²C 总线。I²C 总线是 Philips 公司开发的两线制串行通信接口，是 Inter Integrated Circuit Bus 的缩写，即"内部集成电路总线"。所有器件通过 SDA 和 SCL 两根线连接到 I²C 总线上，典型总线结构如图 9.28 所示。

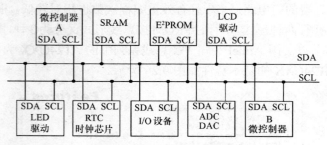

图 9.28 典型 I²C 总线结构

在 I²C 总线协议中，允许总线上挂接多个从器件（如存储器），每个从器件均有唯一"从片地址"。采用总线仲裁方式后，可允许同时存在多个主器件（如微控制器），不过在单片机系统中多为"一主多从"结构。I²C 总线通信时序如图 9.29 所示。

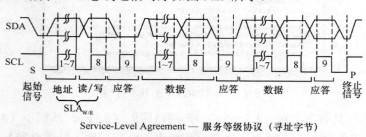

图 9.29 I²C 总线的通信时序

可以看出，通信时序由多个逻辑环节组成。主器件启动了 I²C 总线后，所有从器件均处于接收状态，接收主器件发送来的寻址信息 SLA（Service Level Agreement），并与自身的"从片地址"比较：如果相符，则通过 SDA 引脚回送低电平的"应答信号"；反之，不做任何响应。

寻址信息 SLA 的字节组成如图 9.30 所示。图 9.30 中，D3～D0 是器件类型识别符的编码，用户无权更改。对于 AT24CXX，其值均为 1010B；A2～A0 是用户设计的从器件片选地址。由器件类型识别符和器件片选地址组成的 7 位地址最多可区分 128 个从器件；R/$\overline{W}$ 是控制数据传输方向的读写标志位。

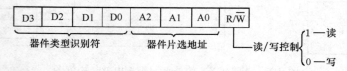

图 9.30 SLA 的字节组成

若主器件和从器件都是 I^2C 总线接口设备，图 9.29 所示通信时序中的逻辑环节可以由内置硬件自动完成。对于无 I^2C 总线接口的主器件如 51 单片机，为使其能与 AT24CXX 通信，可以利用两条 I/O 口线通过软件方法模拟 I^2C 总线时序。图 9.31 为多片 AT24CXX 与 80C51 的模拟 I^2C 总线接口关系。

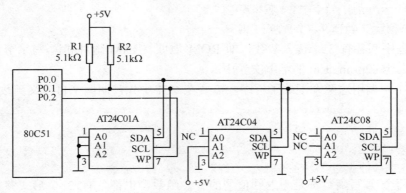

图 9.31　多片 AT24CXX 与 80C51 的模拟 I^2C 总线接口关系

在图 9.31 所示情况下，3 块 AT24CXX 芯片的 SLA 分别为：1010000xB（AT24C01A），101001xxB（AT24C04）和 10101xxxB（AT24C08），图中接线标注为 NC 的代表悬空，电平可为任意值。需要强调的是，I^2C 总线端口输出为开漏结构，总线上必须有外接上拉电阻，其值可选 5～10kΩ（51 单片机的 P1～P3 口已有内置上拉电阻，可以不再外接）。

2. 应用举例

【实例 3】在第 4 章实例 5 的基础上增加 1 只掉电存储器 AT24C01C 电路，通过编程使其具有掉电锁存按键次数的功能，即每次开机的计数初值均为前次退出程序时的最终值（首次运行时初值为 0）。

【解】根据产品数据手册，AT24C01C 是 1K 位器件，其容量为 128 字节×8。为简单起见，不妨将 AT24C01 的从器件地址设为 000B（A2～A0 均接地），故器件的从片地址为 1010000B；SCL 和 SDA 引脚接在 P3.0 和 P3.1 端口；WP 引脚接地（可读/写状态）。其余电路与第 4 章实例 5 相同，本实例电路图如图 9.32 所示。

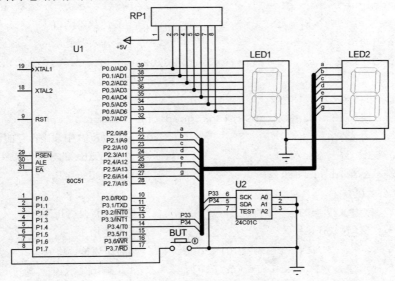

图 9.32　实例 3 电路原理图

解题分析：由于 80C51 没有 I²C 接口，故只能采用 I/O 口模拟方法与 AT24C01C 进行 I²C 通信。为了使 I²C 总线时序模拟得更加精准，AT24C01C 的通信最好由汇编语言（实时性优于 C51）实现。为此需要根据 I²C 总线时序编写若干个汇编子程序，并将它们有机组合在一起形成两个具有读/写功能的汇编子程序：

```
_WRITE_E2PROM(写 N 字节数据子程序)
_READ_E2PROM(读 N 字节数据子程序)
```

这两个子程序都各有 3 个传入参数，即 ROM 地址、RAM 地址和读/写字节数。所有汇编子程序保存在名为 e2prom.asm 的汇编文件中。

为了在 C51 中调用这两个汇编子程序，需要在 C51 中先声明两个自定义函数：

```
void read_e2prom(unsigned char rom_addr,unsigned char ram_addr,
    unsigned char size);              //读函数
void write_e2prom(unsigned char rom_addr,unsigned char ram_addr,
    unsigned char size);              //写函数
```

可见，这两个读/写函数都是无返回值型的有参函数，也都各有 3 个形式参数，分别代表 ROM 地址、RAM 地址和读/写字节数。显然，这些形参与汇编子程序的传入参数是一一对应的。主函数中调用这两个自定义函数时，可将 E²PROM 中拟访问的地址、C51 变量的地址和读/写字节数依次作为实参代入。

根据上述分析可知，本实例采用的是 C51 与汇编组成的混合编程方法。混合编程在单片机测控应用中使用非常广泛，可以充分发挥两种编程语言的长处。实例 3 中正是按照这一原则进行程序分工的，即实时性要求较高的 E²PROM 读/写操作任务由汇编语言完成，而实时性要求不高的数据处理、按键检测、显示刷新等任务由 C51 完成。

实例 3 的 C51 函数如下：

```
#include<reg51.H>                      //51 头文件
#define E2PROM_ADDR 0x12                //定义宏 E2PROM
void read_e2prom(unsigned char rom_addr, unsigned char ram_addr,
    unsigned char size);                //read_e2prom 函数声明
void write_e2prom(unsigned char rom_addr, unsigned char ram_addr,
    unsigned char size);                // write_e2prom 函数声明
sbit P3_7=P1^7;                         //定义计数器端口
unsigned char count=0;                  //定义计数器变量
unsigned char code table[]={0x3f,0x06,0x5b,0x4f,0x66,0x6d,0x7d,0x07,
                    0x7f,0x6f};//定义显示字模数组
void main(void)
{   read_e2prom(E2PROM_ADDR,(unsigned char)&count,1);
                                        //从 E²PROM 中读出保存的计数初值
    P0=table[count/10];                 //显示 count 的十位
    P2=table[count%10];                 //显示 count 的个位
    while(1)
        {if(P3_7==0)                    //检测按键是否压下
            {count++;                   //计数器增 1
                if(count==100) count=0;//判断循环是否超限
                P0=table[count/10];     //十位输出显示
                P2=table[count%10];     //个位输出显示
```

```
        write_e2prom(E2PROM_ADDR,(unsigned char)&count,1);
                                      //将计数值写入 E²PROM
        while(P3_7==0);               //等待按键抬起，防止连续计数
    }
  }
}
```

可以看出，计数值在 E²PROM 中的存放地址被指定为 0x12，开机时从 E²PROM 中读取 1 次计数值，以后每当按键值更新就立即将 E²PROM 中的保存值刷新。

由于本例汇编文件 e2prom.asm 的源代码较长，为节约篇幅突出重点，书中没有将其列出。该汇编程序文件具有一定通用性，读者在华信教育资源网 http://www.hxedu.com.cn 或我们单片机学习网站上 http://www.51mcu.cn/下载本实例仿真课件后，只要将该文件添加到自己的工程中，并按本例声明的读、写函数格式进行调用，即可在自己的编程中正常使用它们。

实例 3 的编程界面和运行效果分别如图 9.33 和图 9.34 所示。

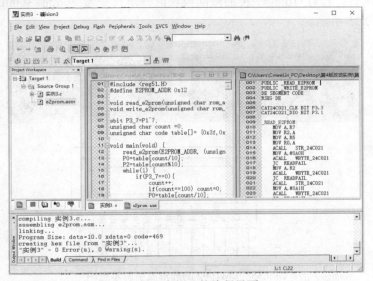

图 9.33 实例 3 的编程界面

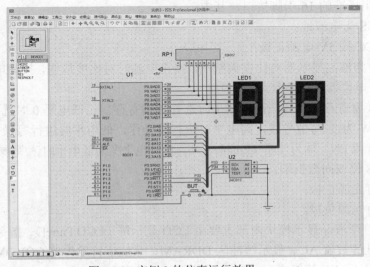

实例 3 仿真视频

图 9.34 实例 3 的仿真运行效果

• 225 •

程序运行表明，AT24C01 很好地实现了数据掉电存储功能：停止 Proteus 运行，然后重新开始，前次运行时的最终计数值就作为本次的初值了。这一功能在智能仪表掉电参数保存方面具有很大应用价值。

9.4.4 字符型液晶显示模块 LM1602 及应用

1. 原理简介

液晶显示模块已作为很多电子产品的通用器件，在计算器、万用表、电子表及家用电子产品中得到广泛应用，液晶显示器通过显示屏上的电极控制液晶分子状态来达到显示的目的，比相同显示面积的传统显示器要轻得多，功耗也低很多。

字符型液晶显示模块是一种专门用来显示字母、数字、符号等的点阵型液晶模块。它由若干个 5×7 或者 5×10 的点阵字符位组成，每个点阵字符位都可以显示一个字符，每位之间有一个点距（光标）的间隔，每行之间也有间隔，起到了字符间距和行间距的作用。其中 LM1602 是一款可以显示两行、每行 16 个字符的液晶模块，外形尺寸为 80mm×36mm×14mm，外形及引脚示意图如图 9.35 所示。

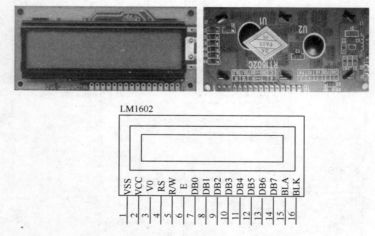

图 9.35　LM1602 的外形及引脚示意图

LM1602 采用标准的 16 引脚接口，其中：

第 1 脚：VSS 为电源地；

第 2 脚：VCC 接 5V 电源正极；

第 3 脚：V0 为液晶显示器对比度调整端，接正电源时对比度最弱，接地电源时对比度最高（通过一个 10kΩ 电位器可调整到适当值）；

第 4 脚：RS 为寄存器选择，高电平 1 时选择数据寄存器、低电平 0 时选择指令寄存器；

第 5 脚：R/W 为读/写信号线，高电平时进行读操作，低电平时进行写操作；

第 6 脚：E（或 EN）端为使能（Enable）端，由高电平变为低电平时读/写操作有效；第 7~14 脚：D0~D7 为 8 位双向数据端；

第 15 脚：背光源正极；

第 16 脚：背光源负极。

LM1602 字符型液晶显示模块内部主要由 LCD 显示屏（LCD Panel）、指令寄存器 IR、数据寄存器 DR、地址计数器 AC、显示缓冲区 DDRAM、系统字符发生器 CGROM、用户字符发生器 CGRAM 和忙标识 BF 等组成。

LM1602 的液晶屏有 16×2 个显示位,每个显示位对应于一个 RAM 单元(显示缓冲区),其地址为:上排对应于 00~0x0f,下排对应于 0x40~0x4f,向对应 RAM 地址写入显示代码便可显示相应的字符。实际上,地址 0x10~0x27 和 0x50~0x67 也属于显示缓冲区范围,但写入的显示代码需要运用移屏指令将其移到可显示区域才能正常显示。显示缓冲区地址分布如图 9.36 所示。

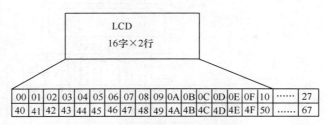

图 9.36 显示缓冲区的地址分布

为了区分对显示缓冲区的读、写两种操作,系统规定,写操作时的地址最高位必须为 1,读操作时为 0(实际上是将操作命令与操作地址合成为一条指令)。因此,第一行第一个字符的写指令应是 0x00+0x80=0x80。第二行第一个字符的读指令应是 0x40+0x00=0x40,而写指令应是 0x40+0x80=0xC0,其他以此类推。

LM1602 模块内部已经存储了 192 个点阵字符图形,具体包括:①常用键盘符号;②阿拉伯数字;③大小写英文字母;④日文假名等。每个字符都有一个固定的字符代码,其中代码 0x20~0x7f 对应于字符①~③(规则与标准 ASCII 码相同),代码 0xa0~0xff 对应于字符④(非 ASCII 码)。编程时可直接将字符代码写到显示缓冲区中,也可将字符串变量的内容写到显示缓冲区中(统称为写数据)。

为了管理 LM1602,系统内共设有 11 条操作指令,其中最常用的几条指令代码及其作用汇总如下:

0x38　　设置 16×2 显示,5×7 点阵字形,8 位数据接口
0x01　　清屏
0x0F　　开显示,显示光标,光标闪烁
0x08　　只开显示
0x0e　　开显示,显示光标,光标不闪烁
0x0c　　开显示,不显示光标
0x06　　地址加 1,当写入数据时光标右移
0x02　　光标复位回到地址原点,但缓冲区中内容不变
0x18　　光标和显示一起向左移动 1 位

显然,无论是待显示的数据还是指令代码,都需要写入 LM1602 后才能发挥作用,写数据和写指令操作时需要有 RS、R/W 和 E 这 3 个引脚的时序信号配合才能完成,具体关系说明见表 9.2。

表 9.2　RS、R/W 和 E 引脚的时序关系说明

E	RS	R/W	关系说明
1	0	0	将出现在 D0~D7 上的指令代码写入指令寄存器中
1→0	0	1	将状态标识 BF 和地址计数器内容读到 D7 和 D6~D0 中
1	1	0	将出现在 D0~D7 上的数据写入数据寄存器中
1→0	1	1	将数据寄存器内的数据读到 D0~D7 上

这表明，80C51 单片机在对 LM1602 进行读/写操作时，除需连接 D0~D7 的 8 根数据线外，还需 3 条 I/O 口线发出这些时序信号，其接口电路如图 9.37 所示。需要指出的是，目前 Proteus 版本中只有 LM016L 而没有 LM1602，但由于两者功能完全相同，只是 LM016L 没有背光正极和背光负极引脚（不影响仿真），因而可以作为 LM1602 的替代。

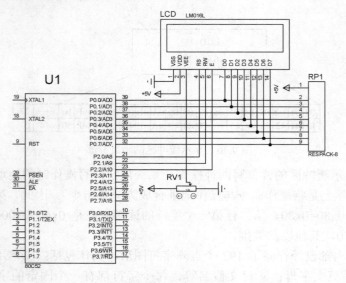

图 9.37　80C51 与 LM1602 的接口电路

LM1602 中还有许多较复杂的功能，如自定义点阵字符、定义其他显示模式和忙标识应用等，但从初学者角度考虑，本节仅介绍了其中最基本的功能，详细介绍请参见产品数据手册。

2. 应用举例

【实例 4】在图 9.37 所示电路的基础上，通过编程实现如下功能：从屏幕第一行第一列开始用模拟打字速度显示字符串"MicroController"，从第二行第一列开始显示"Proteus /Keil C"，随后光标返回到屏幕左上角处且呈闪烁状态。

【解】编程分析：根据题意要求，先确定所需的操作指令代码如下：

第一行第一列的写指令代码是 0x80，第二行第一列的写指令代码是 0xc0，设置 16×2 显示模式的指令代码是 0x38，开显示且光标闪烁的指令代码是 0x0f，写数据后光标右移 1 位的指令代码是 0x06，光标返回屏幕左上角的指令代码是 0x02。

为将这些指令代码分别送入指令寄存器，需要构建一个写指令函数：

```
void write_com(unsigned char com){         //写指令函数
    P0=com;                                //指令代码送入端口
    RS=0;RW=0;EN=1;                        //模拟写指令时序
    delay(200);
    EN=0;
}
```

可见，写指令函数的执行过程是：先将传入的指令代码 com 送入 D0~D7 口（本例是通过 P0 口），然后采用 RS=0; RW=0; EN=1;delay(200); EN=0;这 5 条语句模拟写指令的时序信号。如此一来，指令代码便可送入指令寄存器，进而完成指令的预期功能。

本例中待显示的字符都是 ASCII 码字符，因此只要先将其存放在一字符串数组中，使用时按顺序将其取出交给写数据函数发出即可，为此还需构建一个写数据函数：

```
        void write_dat(unsigned char dat){      //写数据函数
            P0=dat;                              //数据存入端口
            RS=1;RW=0;EN=1;                      //模拟写数据时序
            delay(200);
            EN=0;
        }
```

可见，写数据函数与写指令函数的结构是相同的，只是其时序信号是用 RS=1; RW=0; EN=1;delay(200); EN=0;这 5 条语句产生的。上述准备工作完成后，便可按如图 9.38 所示流程图思路编写实例 4 的程序了。

实例 4 的完整程序如图 9.39 所示，其中显示器的设置是通过初始化函数完成的，模拟打字速度的显示则是通过延时函数实现的。

图 9.38　实例 4 程序流程图　　　　　　　图 9.39　实例 4 的完整程序

实例 4 的仿真运行截图如图 9.40 所示。

仿真运行表明，本实例要求的功能都已实现，液晶显示器的确具有信息量输出较大的特点，且占用的单片机引脚数也比多位数码管显示器少很多，很适合作为单片机系统的人机交互界面。

9.4.5　串行日历时钟芯片 DS1302 及应用

1. 原理简介

DS1302 是美国 Dallas 公司推出的一种高性能、低功耗、带有 RAM 的实时日历时钟的电路，采用串行方式与单片机通信，根据产品手册其基本特性如图 9.41 所示。

· 229 ·

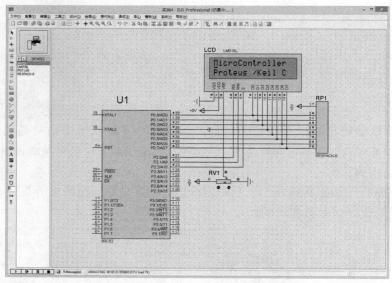

图 9.40　实例 4 的仿真运行截图

FEATURES

- Real time clock counts seconds, minutes, hours, date of the month, month, day of the week, and year with leap year compensation valid up to 2100
- 31 x 8 RAM for scratchpad data storage
- Serial I/O for minimum pin count
- 2.0–5.5 volt full operation
- Uses less than 300 nA at 2.0 volts
- Single–byte or multiple–byte (burst mode) data transfer for read or write of clock or RAM data
- 8–pin DIP or optional 8–pin SOICs for surface mount
- Simple 3–wire interface
- TTL–compatible (V_{CC} = 5V)
- Optional industrial temperature range –40°C to +85°C
- DS1202 compatible
- Added features over DS1202
    - Optional trickle charge capability to V_{CC1}
    - Dual power supply pins for primary and backup power supplies
    - Backup power supply pin can be used for battery or super cap input
    - Additional scratchpad memory (7 bytes)

图 9.41　DS1302 的基本特性

由此可知，DS1302 可对年、月、日、星期、时、分、秒进行实时计时，并具有闰年补偿功能。DS1302 内部有一个大小为 31 字节的 RAM 区，可用于存放临时性数据。它采用三线接口与 MCU 进行同步通信，此外也具有宽电压的工作特点。下面通过外部引脚和内部结构框图（见图 9.42）介绍其工作原理。

由图 9.42 并结合数据手册可以看出，DS1302 采用双电源供电，电源控制模块可实现 V_{CC1}（引脚 8）和 V_{CC2}（引脚 1）的供电与充电切换；X1 和 X2 是内部振荡源引脚 2 和引脚 3，与外部标准晶振元件（32.768kHz）一起为实时时钟模块 RTC（Real-time Clock）提供 1Hz 时基信号；RTC 和 RAM 中的数据经输入移位寄存器 ISR（Input Shift Registers）后实现双向串行传送（I/O 引脚 6），SCLK（引脚 7）负责提供串行移位时钟脉冲。DS1302 的单字节读/写操作时序如图 9.43 所示。

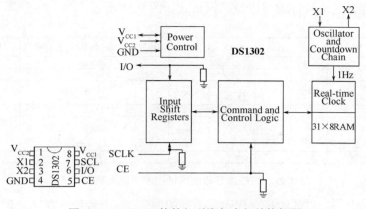

图 9.42　DS1302 的外部引脚与内部结构框图

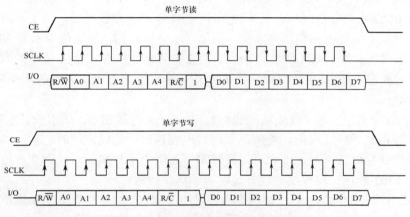

图 9.43　DS1302 的单字节读/写时序

根据时序要求，只有当复位引脚 CE 为高电平时，才允许对 DS1302 进行数据或命令传送；对 DS1302 的所有读/写操作都是由命令字节引导的，其后才是传送的数据字节。其中，移位脉冲的上升沿对应于命令和数据字节写操作的信号使能，而移位脉冲的下降沿则对应于数据字节读操作的信号使能。每次仅写入或读出 1 字节数据的操作称为单字节操作，单字节操作每次需要 16 个移位脉冲与之配合。

命令字节的格式如图 9.44 所示。

7	6	5	4	3	2	1	0
1	RAM/$\overline{CK}$	A4	A3	A2	A1	A0	RD/$\overline{WR}$

图 9.44　命令字节的格式

可见，命令字节由 8 位组成，其中：
D7（最高位）必须是逻辑 1，如果为 0，则控制字无效；
D6 如果为 0，表示要进行日历时钟操作，为 1 表示要进行 RAM 数据操作；
D5～D1 位是被操作单元的地址，可寻址 0～30 字节 RAM，或所有寄存器单元；
D0（最低位）如为 0 表示要进行写操作，为 1 表示进行读操作。
DS1302 中有 12 个寄存器，其中 7 个寄存器与 RTC 信息存储相关，5 个寄存器与控制、充电、时钟突发和 RAM 突发等工作有关。

RTC 相关寄存器的地址控制字以及数据格式如图 9.45 所示。

RTC Read	Write	Bit7	Bit6	Bit5	Bit4	Bit3	Bit2	Bit1	Bit0	Range
81h	80h	CH	\multicolumn{3}{c}{10Seconds}			\multicolumn{3}{c}{Seconds}		00~59
83h	82h			10 Minutes				Minutes		00~59
85h	84h	12/$\overline{24}$	0	10 AM/PM	Hour		Hour			1~12/0~23
87h	86h	0	0	10Date			Date			1~31
89h	88h	0	0	0	10 Month		Month			1~12
8Bh	8Ah	0	0	0	0			Day		1~7
8Dh	8Ch			10Year			Year			00~99

图 9.45　RTC 寄存器的地址控制字以及数据格式

图 9.45 表明，读、写 RTC 的指令代码是不同的，例如对于秒钟寄存器，读指令代码为 0x81，而写指令代码为 0x80，其他以此类推。此外，RTC 寄存器中的数据采用压缩 BCD 码形式存放，低 4 位是个位 BCD 码的存放区域，高 4 位是十位 BCD 码的存放区域。由于不同时钟信息的数值范围不同，故并不需要占用全部高 4 位。例如对于分寄存器，低 4 位表示 0~9，高 3 位表示 10~50。而对于日寄存器，低 4 位表示 0~9，高 2 位表示 10~30。高 4 位中的剩余位可以具有特殊定义（详见数据手册）。由此可知，从 RTC 中读出的字节数据需要拆成两个独立 BCD 值后才能分别进行显示。

DS1302 的时钟精度一般（只能精确到秒），但由于具有体积小、成本低、使用方便等优点，在数据记录方面得到了广泛应用，能实现数据与出现该数据的时间同时记录。传统的数据记录方式是隔时采样或定时采样，无法记录采样时刻。若采用单片机计时，则要占用大量机时或资源。显然，DS1302 能在一定程度上较好地解决了这个问题。

DS1302 芯片介绍到此为止，上述所选内容仅涉及 RTC 的单字节读/写功能，有关多字节读/写、工作寄存器、片内 RAM 和充电管理等内容请查阅产品数据手册。

2. 应用举例

【实例 5】在第 9 章实例 4 的基础上增加一块 DS1302 电路（见图 9.46），通过编程实现日历/时钟的计时显示功能。具体要求是，开机时使 DS1302 初始化为：14 年 07 月 17 日星期四 21 时 30 分 00 秒，以此为初值的实时信息显示在 LM1602 液晶屏上，其中第一行由左至右依次显示 "Time:"（时）":"（分）":"（秒），第二行依次为 "Date:"（日）"-"（月）"-"（年）。

【解】DS1302 与 51 单片机的接口关系较为简单，3 个引脚 CE（即第 5 引脚/RST）、SCLK 和 I/O 分别与 P3.5~P3.7 相连；X1 和 X2 脚与标准晶振元件相连；V_{CC2} 为工作电源+5V，V_{CC1} 为备用电源+3V。正常情况下，V_{CC2} 向系统供电，V_{CC1} 处于细流充电状态。当工作电源中断时，V_{CC1} 可立即投入供电，直到工作电源恢复才自动断开。

编程分析：根据图 9.43 可知，单字节读、写 DS1302 的时序差异仅在于移位脉冲使能时刻不同，前者为下降沿，而后者为上升沿。为此可采取如下程序段进行读/写操作。

写操作：

```
for(i=8;i>0;i--){                //ACC 装有待发字节数据
    DS1302_IO=ACC_0;             //ACC 的最低位串行输出
    ACC>>=1;                     //右移 1 位
    DS1302_SCLK=0;               //时钟线拉低
    DS1302_SCLK=1;               //时钟线拉高
}
```

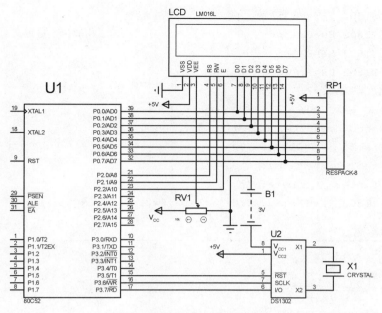

图 9.46 实例 5 电路原理图

读操作:

```
for(i=8;i>0;i--){
    ACC_7=DS1302_IO;              //位数据移入 ACC 的最高位
    ACC>>=1;                      //右移 1 位
    DS1302_SCLK=1;                //时钟线拉高
    DS1302_SCLK=0;                //时钟线拉低
}
```

上述程序段中，利用软件方式生成了所需的移位脉冲，利用 ACC 累加器的位寻址功能，将字节数据分解成位数据（写操作），或将位数据组装成字节数据（读操作）。

为了拆解从 RTC 寄存器中读出的 BCD 码数值并转换为十进制数的显示码，可以采用如下做法：

```
uchar table[] ="0123456789";           //定义数字显示字符
………
write_1602dat(table[(hour/16)]);       //显示十位小时值
write_1602dat(table[(hour%16)]);       //显示个位小时值
………
```

显然，上述语句中整除 16 可得到十进制数的十位值，模 16 可得到十进制数的个位值，用该值作为数组指针查找数组 table 中存放的字符，则可将该值转换为相应字符的 ASCII 码。

以上关键问题解决后，其余编程不难完成。整个程序的流程是：启动后先进行 DS1302 和 LM1602 的初始化，然后反复读取 RTC 中的 6 个相关寄存器，并将其送液晶显示器显示。实例 5 的完整程序如下：

```
#include<reg51.h>
#define uchar unsigned char
#define uint unsigned int
sbit DS1302_SCLK=P3^6;                  //1302 引脚位变量定义
sbit DS1302_IO=P3^7;
```

```c
    sbit DS1302_RST=P3^5;
    sbit LM1602_EN=P2^2;                        //1602引脚位变量定义
    sbit LM1602_RW=P2^1;
    sbit LM1602_RS=P2^0;
    sbit ACC_7=ACC^7;                           //ACC位变量定义
    sbit ACC_0=ACC^0;
    uchar second,minute,hour,week,day,month,year;
    uchar table [] ="0123456789";               //定义数字字符存放数组
    uchar table1 [] ="Time: ";
    uchar table2 [] ="Date: ";
    uchar t1302 [] ={0x14,0x7,0x17,0x04,0x21,0x30,0x00};
                                                //DS1302初值:年,月,日,星期,时,分,秒
//------------------------------------------------
void delay(uint x){                             //延时函数
  uint i;
  for(i=x;i>0;i--);
}
//------------------------------------------------
uchar read_ds1302(uchar addr){                  //DS1302读数据函数
  uchar i;
  DS1302_RST=0;
  DS1302_RST=1;                                 //开放1302使能
  ACC =addr;                                    //ACC中装入待发地址
  for(i=8;i>0;i--){
      DS1302_IO=ACC_0;                          //最低位数据由端口输出
      ACC>>=1;                                  //整体右移1位
      DS1302_SCLK=0;                            //时钟线拉低
      DS1302_SCLK=1;                            //时钟线拉高
  }
  for (i=8; i>0; i--){
      ACC_7=DS1302_IO;                          //位数据移入最高位
      ACC>>=1;                                  //整体右移1位
      DS1302_SCLK=1;                            //时钟线拉高
      DS1302_SCLK=0;                            //时钟线拉低
  }
  DS1302_RST=0;                                 //关闭1302使能
  return(ACC);
}
//------------------------------------------------
void write_ds1302(uchar addr, uchar dat){       //DS1302写数据函数
    uchar i;
    DS1302_RST=0;
    DS1302_RST=1;
    ACC=addr;                                   //ACC中装入待发地址
```

```c
    for(i=8;i>0;i--){                           //发送地址
        DS1302_IO=ACC_0;                        //最低位数据由端口输出
        ACC>>=1;                                //整体右移1位
        DS1302_SCLK=0;                          //时钟线拉低
        DS1302_SCLK=1;                          //时钟线拉高
    }
    ACC =dat;                                   //ACC中装入待发数据
    for(i=8;i>0;i--){
        DS1302_IO=ACC_0;                        //最低位数据由端口输出
        ACC>>=1;                                //整体右移1位
        DS1302_SCLK=0;                          //时钟线拉低
        DS1302_SCLK=1;                          //时钟线拉高
    }
    DS1302_RST=0;                               //关闭1302使能
}
//------------------------------------------------
void read_1302time(){                           //读取DS1302信息
    second=read_ds1302(0x81);                   //读秒寄存器
    minute=read_ds1302(0x83);                   //读分寄存器
    hour=read_ds1302(0x85);                     //读时寄存器
    //week=read_ds1302(0x8b);                   //读星期寄存器
    month=read_ds1302(0x89);                    //读月寄存器
    day=read_ds1302(0x87);                      //读日寄存器
    year=read_ds1302(0x8d);                     //读年寄存器

}
//------------------------------------------------
void write_1602com(uchar com){                  //LM1602写指令函数
    P0=com;                                     //送出指令
    LM1602_RS=0;LM1602_RW=0;LM1602_EN=1;        //写指令时序
    delay(100);
    LM1602_EN=0;
}
//------------------------------------------------
void write_1602dat(uchar dat){                  //LM1602读数据函数
    P0=dat;                                     //送出数据
    LM1602_RS=1;LM1602_RW=0;LM1602_EN=1;        //写数据时序
    delay(100);
    LM1602_EN=0;
}
//------------------------------------------------
void init_1302(){                               //DS1302的初始化
    write_ds1302(0x8e,0x00);                    //开写保护寄存器
    write_ds1302(0x8c,t1302[0]);                //年
```

```c
        write_ds1302(0x88,t1302[1]);            //月
        write_ds1302(0x86,t1302[2]);            //日
        write_ds1302(0x8a,t1302[3]);            //星期
        write_ds1302(0x84,t1302[4]);            //时
        write_ds1302(0x82,t1302[5]);            //分
        write_ds1302(0x80,t1302[6]);            //秒
        write_ds1302(0x8e,0x80);                //锁写保护寄存器
}
//------------------------------------------------------
void init_1602(){                               //1602 初始化
    write_1602com(0x38);                        //设置 16*2 显示，5*7 点阵
    write_1602com(0x0c);                        //开显示，但不显示光标
    write_1602com(0x06);                        //地址加 1，光标右移 1 位
}
//------------------------------------------------------
void display1602(void){                         //1602 显示函数
    uchar i;
    write_1602com(0x80);                        //第 1 行信息
    for(i=0;i<6;i++) write_1602dat(table1[i]);  //显示字符"Time:"
    write_1602dat(table[(hour/16)]);            //显示时、分、秒信息
    write_1602dat(table[(hour%16)]);
    write_1602dat(':');
    write_1602dat(table[minute/16]);
    write_1602dat(table[minute%16]);
    write_1602dat(':');
    write_1602dat(table[second/16]);
    write_1602dat(table[second%16]);

    write_1602com(0x80+0x40);                   //第 2 行信息
    for(i=0;i<6;i++) write_1602dat(table2[i]);  //显示字符"Date:"
    write_1602dat(table[day/16]);               //显示日、月、年信息
    write_1602dat(table[day%16]);
    write_1602dat('-');
    write_1602dat(table[month/16]);
    write_1602dat(table[month%16]);
    write_1602dat('-');
    write_1602dat(table[(year/16)]);
    write_1602dat(table[(year%16)]);
}
//------------------------------------------------------
int main(void){
    init_1302();                                //初始化 1302
    init_1602();                                //初始化 1602
    while (1){
```

```
        read_1302time();                    //读1302日历时钟信息
        display1602();                      //显示日历时钟信息
    }
}
```

实例 5 的程序编译界面和仿真运行效果分别如图 9.47 和图 9.48 所示。

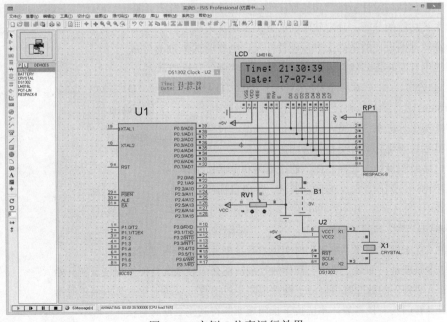

图 9.47 实例 5 的程序编译界面

图 9.48 实例 5 仿真运行效果

实例 5 仿真视频

仿真运行表明，DS1302 仿真控件已被初始化为指定内容，并以此作为计量初值开始工作；液晶显示结果与控件仿真结果相同，表明程序编写正确。

至此，我们介绍了几种常用串行扩展模块和字符型液晶显示器的典型用法，读者可以酌情将这些实例进行灵活组合，举一反三，设计出符合自己需要的单片机实用系统

本 章 小 结

单片机本身无开发能力，必须借助开发工具进行开发。单片机应用系统的典型组成包括单片机最小系统、前向通道、后向通道、人机交互通道及计算机相互通道等。单片机应用系统的研制过程包括总体设计、硬件设计、软件设计及仿真调试等几个阶段。研制单片机应用系统的特点是"软硬兼施"，硬件设计和软件设计必须综合考虑，才能组成高性价比的产品。通过本章最后介绍的基于单片机系统的智能仪器设计和单片机串行扩展单元，可以进一步学习和领会单片机应用系统的开发方法和技巧。

思考与练习题 9

9.1 单项选择题

（1）下列关于 80C51 单片机最小系统的描述中，_____是错误的。
　　A．它是由单片机、时钟电路、复位电路和电源构成的基本应用系统
　　B．它不具有定时中断功能
　　C．它不具有模数或数模转换功能
　　D．它不具有开关量功率驱动功能

（2）下列关于单片机应用系统一般开发过程的描述中，_____是正确的。
　　① 在进行可行性分析的基础上进行总体论证
　　② 在软件总体结构设计后进行功能程序模块化设计和分配系统资源
　　③ 进行系统功能的分配、确定软硬件的分工及相互关系
　　④ 在电路原理图设计的基础上进行硬件开发、电路调试和 PCB 制版
　　⑤ 采用通用开发装置或软件模拟开发系统进行软硬件联机调试
　　A．①③④②⑤　　B．①②③④⑤　　C．①④③②⑤　　D．③④①②⑤

（3）利用 Proteus 进行单片机系统开发的下列顺序描述中，_____是正确的。
　　① 制作真实单片机系统电路、进行运行、调试、直至成功
　　② 利用目标代码进行实时交互和协同仿真
　　③ 进行电路绘图设计、选择元件、连接电路和电器检测等
　　④ 源程序设计、编程、汇编编译、调试、生成目标代码文件
　　A．①③②④　　B．①②③④　　C．①④③②　　D．③④②①

（4）关于"看门狗"技术的下列描述中，_____是错误的。
　　A．其意义在于能在程序"跑飞"时实现自我诊断并使系统恢复运行
　　B．其基本原理是，如果"喂狗"规律被打破，便会引导系统复位使程序重新开始
　　C．用于"喂狗"的脉冲既可以源于硬件电路定时器也可以源于单片机内部定时器
　　D．使用"看门狗"技术后，系统抗干扰问题就能得到完全彻底解决

（5）根据本章智能仪器应用实例，下列关于硬件设计的描述中，_____是错误的。
　　A．采用了基于共阴极数码管动态显示原理的显示方案
　　B．采用了基于集电极开路门（OC）的数码管段码功率驱动方案

C．采用了基于串口扩展方式的按键接口方案

D．采用了基于通用 I/O 口方式的模数转换器接口方案

（6）根据本章智能仪器应用实例，下列关于软件设计的描述中，_____是错误的。

A．软件系统由两个主要功能模块组成——控制模块和菜单模块

B．让长耗时函数变为短耗时的思路是，将长耗时函数分解成众多短小的函数

C．按键闭合状态被分为"按键压下"和"按键抬起"两个阶段进行检测

D．串口输出功能采用汇编语言与 C51 语言混合编程

（7）串行 A/D 转换器 MAX1241 工作时序的下列描述中，_____是正确的。

① 先使片选信号 $\overline{CS}$ 使能，时钟端保持低电平即可启动 A/D 转换

② 连续送入 13 个移位脉冲即可将转换后的数据串行输出一遍

③ SCLK 引脚的移位脉冲下降沿对应于位数据出现在 DOUT 引脚上

④ A/D 转换结束后，引脚 DOUT 电平由低变高

A．①③②④ B．①②③④ C．①④③② D．③④①②

（8）下列关于本章实例 1 的编程要点描述中，_____是错误的。

A．时钟脉冲是下降沿有效，因而需至少 13 个脉冲才能完成 12 个位数据的移位

B．语句 result|=dout 的作用是将位数据拼装成并行数据

C．语句 pos=(pos>>1)|0x80 的作用是使动态显示数码管的段码循环刷新

D．本例 A/D 转换结束时刻是通过监测 DOUT 引脚电平继而调用中断函数实现的

（9）串行 D/A 转换器 LTC145X 工作时序的下列描述中，_____是正确的。

① 使片选端 $\overline{CS}$ /LD 拉低，DIN 端加载 MSB 位数据

② 连续发 12 个移位脉冲后待转换的 12bit 数据全部送入内部 DAC 寄存器

③ CLK 端发出一移位脉冲，上升沿时位数据被写入移位寄存器

④ D/A 转换结束后，使片选端 $\overline{CS}$ /LD 拉高，为下一轮转换做好准备

A．①③②④ B．①②③④ C．①④③② D．③①②④

（10）下列关于本章实例 2 的编程要点描述中，_____是错误的。

A．根据时序要求，只要位变量 CS 送出一个正脉冲后，D/A 转换过程便可结束了

B．语句 din=(v>>i)&0x01 的作用是将并行数据拆解成位数据

C．语句 value=2047+2047*sin((float)num/180*PI)中 float 的作用是对整型变量 num 进行浮点数转换，以满足正弦函数 sin( )的浮点数要求

D．待转换变量 v 应能存放 12 位数据，因而需要定义为 int 型

（11）根据本章图 9.29，I^2C 通信时序的下列描述中，_____是错误的。

A．在 SCL 为高电平期间，SDA 由高到低的跳变时序将启动通信过程

B．发送器每发送一字节后在 SCL 第 9 周期时将 SDA 拉低，由接收器反馈一应答信号

C．只有在 SCL 为高电平期间，SDA 的电平状态才允许变化

D．在 SCL 为高电平期间，SDA 由低到高的跳变时序将终止通信过程

（12）在一串行 E^2PROM 存储器的电路中，若已知 AT24CXX 的寻址信息 SLA=1010011xB，则该器件的片选地址 A2、A1、A0 应为_____。

A．1、0、1 B．0、1、1 C．1、0、0 D．0、0、1

（13）若已知 E^2PROM 存储器 AT24C01A 的器件类型识别符为 1010B，A0、A1、A2 引脚分别接 V_{CC}、V_{CC} 和 GND 时，则该器件的寻址信息 SLA 应为_____。

A．1101010xB B．1010011xB C．1010110xB D．0111010xB

(14) 下列关于本章实例 3 的编程要点描述中，_____是错误的。
    A. 80C51 没有 I^2C 接口，与 24C01 的通信使用了 I^2C 时序的软件模拟方法
    B. 本例的 I^2C 时序模拟采用了汇编语言编写，以便有更好的读/写实时性
    C. 根据电路原理图可知，24C01 器件的片地址为 111B
    D. 语句 write_e2prom(E2PROM_ADDR,(unsigned char)&count,1)中&count 的作用是读取计数值变量 count 的地址

(15) LM1602 的下列描述中，_____是错误的。
    A. 它是一款有 16×2 个显示位的字符型液晶显示模块
    B. 每个显示位都有一个 RAM 单元（显示缓冲区）与之对应
    C. 显示缓冲区具有只能写入不能读取的特点
    D. 指令写入寄存器与数据写入缓冲区的控制信号时序是不同的

(16) 下列关于本章实例 4 的编程要点描述中，_____是错误的。
    A. 初始化任务包括清屏、设置显示格式、显示光标且使之闪烁、光标轮番右移一位
    B. 显示器的管理是通过调用写指令函数将指令代码发送出去的
    C. 待显示字符是通过调用写数据函数将 ASCII 码数据发送出去的
    D. 写指令函数与写数据函数的结构是相同的，差异仅在于发送对象不同

(17) 串行日历时钟芯片 DS1302 的工作特性描述中，_____是错误的。
    A. 可对年、月、日、星期、时、分、秒进行实时计时，并具有闰年补偿功能
    B. 内部有一个 32 字节的 RAM 区用于存放临时数据
    C. 采用三线接口与单片机进行同步通信
    D. 具有 2.0～5.5V 宽电压工作范围

(18) 串行日历时钟芯片 DS1302 工作时序的下列描述中，_____是错误的。
    A. 复位引脚 CE 置为高电平时才允许数据或命令的传送
    B. 所有的读/写操作都是以命令字节为引导，其后才是数据字节
    C. 移位脉冲的上升沿对应于命令和数据字节写操作的信号使能
    D. 移位脉冲的下降沿对应于命令和地址字节读操作的信号使能

(19) 下列关于本章实例 5 的编程要点描述中，_____是错误的。
    A. 主函数的基本流程是反复读取 DS1302 的 RTC 寄存器中数据，并送到 LM1602 显示
    B. 读、写 DS1302 函数中的移位脉冲是利用软件方式生成的
    C. 待发送的字节数据是利用累加器的循环左移操作转变为位数据的
    D. 压缩 BCD 格式的日历数据是通过整除 16 和模 16 的运算拆分成十位和个位数据的

(20) 下列接口芯片中具有串入并出移位寄存器功能的是_____。
    A. MAX124X   B. LTC145X   C. AT24CXX   D. 74LS164

9.2 问答思考题

(1) 单片机典型应用系统包括哪些组成部分？各部分的功能是什么？
(2) 简述单片机应用系统的开发过程，着重指出各阶段应实现的目标。
(3) 单片机系统开发时，采用软件模拟开发和在线仿真器开发各有什么优缺点？
(4) 影响单片机系统可靠性的因素有哪些？软硬件设计时应注意哪些问题？
(5) 请仿照图 9.1 的做法将图 9.9（智能仪器的硬件电路原理图）用系统方框图表示出来。
(6) 并行结构编程思路的要点是什么？有什么好处？本章智能仪器应用实例的编程中在哪些环节使用了这一方案？

（7）图 9.10 所示的软件系统结构组成图对程序设计有什么作用？

（8）本章智能仪器应用实例中综合运用了教材各章节的许多内容，请认真小结一下。

（9）单片机串行扩展单元的优点是什么？采用串行方式的外围接口器件为何是当前发展的主流方向？本章的哪些内容与此相关？

（10）在一主多从结构的 I^2C 总线系统中，主器件怎样与特定的从器件进行通信？简述其工作过程。

（11）80C51 没有 I^2C 总线接口，怎样才能实现与 I^2C 总线器件的通信？

（12）字符型液晶显示模块的主要优点和应用范围是什么？怎样使 LM1602 在指定起始位置处显示出指定的字符串（编程原理）？

（13）串行日历时钟芯片的主要优点和应用范围是什么？怎样读取 DS1302 中的时钟信息（编程原理）？

附录 A 实验指导

实验 1 计数显示器

【实验目的】

熟悉 51 单片机的基本输入/输出应用,掌握 Proteus ISIS 模块的原理图绘图方法及单片机系统仿真运行方法。

【实验原理】

实验电路原理图如图 A.1 所示,图中含有如下 5 个分支电路:由共阴极数码管 LED1 和 LED2、P0 口、P2 口、上拉电阻 RP1 以及 V_{CC} 组成的输出电路;由按钮开关 BUT、P3.7 和接地点组成的输入电路;由 C1、C2、晶振 X1、引脚 XTAL1、XTAL2 与接地点组成的时钟电路;由 C3、R1、引脚 RST 和 V_{CC} 组成的上电复位电路;由 V_{CC} 和引脚 $\overline{EA}$ 组成的片内 ROM 选择电路(简称片选电路,下同)。

在编程软件的配合下,该电路可实现如下计数显示功能:可统计按钮 BUT 的按压次数,并将按压结果以十进制数形式显示出来;当显示值达到 99 后可自动从 1 开始,无限循环。

【实验内容】

(1) 观察 Proteus ISIS 模块的软件结构,熟悉菜单栏、工具栏、对话框等基本单元功能;

(2) 学会选择元件、画导线、画总线、修改属性等基本操作;

(3) 学会可执行文件加载及程序仿真运行方法;

(4) 验证计数显示器的功能。

【实验步骤】

(1) 提前阅读与实验 1 相关的阅读材料;

(2) 参考图 A.1 和表 A.1,在 ISIS 中完成电路原理图的绘制;

(3) 加载可执行文件,观察仿真结果,检验电路图绘制的正确性。

【实验要求】

提交实验报告并包括如下内容:电路原理图、电路原理分析、仿真运行截图及实验小结。

【参考图表】

表 A.1 实验 1 的元件清单

元件类别	电路符号	元件名称
Microprocessor ICs	U1	80C51
Miscellaneous	X1/12MHz	CRYSTAL
Capacitors	C1~C2/1nF	CAP
Capacitors	C3/22μF	CAP-ELEC
Resistors Packs	RP1/7-100Ω	RESPACK-7
Resistors	R1/100Ω	RES
Optoelectronics	LED1~LED2	7SEG-COM-CAT-GRN
Switches & Relays	BUT	BUTTON

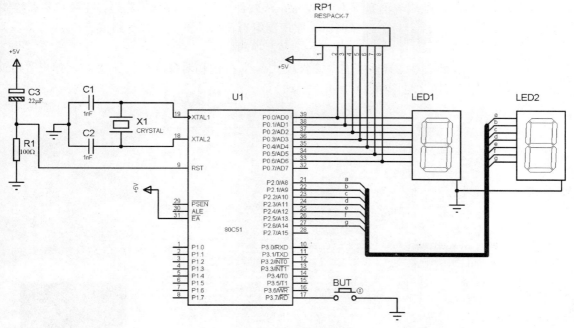

图 A.1 实验 1 电路原理图

【阅读材料 1】ISIS 模块的电路绘图与仿真运行方法

ISIS 模块具有原理图绘制、电路及单片机仿真等特色功能,是单片机原理学习与技术开发的重要软件工具。下面详细介绍以单片机为核心的电路绘图与仿真运行的基本方法。

1. 启动 ISIS 模块

从 Windows 的"开始"菜单中启动 Proteus ISIS 模块,可进入仿真软件的主界面,如图 A.2 所示。

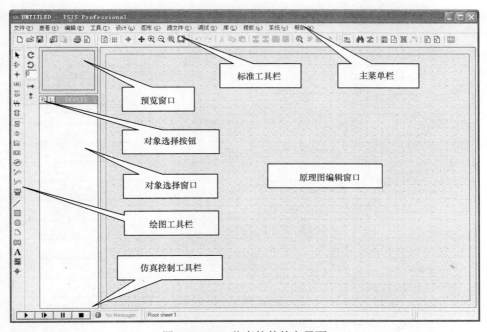

图 A.2 ISIS 仿真软件的主界面

可以看出，ISIS 的编辑界面是标准的 Windows 软件风格，由标准工具栏、主菜单栏、绘图工具栏、仿真控制工具栏、对象选择窗口、原理图编辑窗口和预览窗口等组成。

2. 选取元件

单击图 A.2 左侧绘图工具栏中的"元件模式 ⇒"按钮和对象选择按钮"P"，弹出"Pick Devices"元件选择窗口（见图 A.3）。

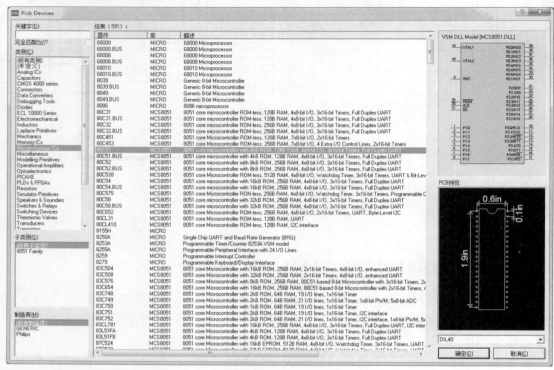

图 A.3　元件选择窗口

表 A.2 列出 ISIS 元件库的英文类别与中文元件类别的对应关系，可以据此查找所需元件。

表 A.2　ISIS 中的元件类别对应关系

元件库类别（Category）	中文元件类别
Analog ICs	三端稳压电源、时基电路、基准电源、运算放大器、V/F 转换器、比较器
Capacitors	电容、电解电容
CMOS 4000 series	4000 系列 CMOS 门电路
Connect	接插件
Data Converters	A/D 转换器、D/A 转换器、温度传感器、温度继电器
Diodes	二极管、稳压管
Electromechanical	直流电机、步进电机、伺服电机
Inductors	电感线圈、变压器
Memory ICs	数据存储器、程序存储器
Microprocessor ICs	微处理器、单片机
Miscellaneous	天线、电池、晶振、熔断器、交通信号灯
Operational Amplifiers	运算放大器
Optoelectronics	数码管、液晶显示器、发光二极管
Resistors	电阻、电阻排

续表

元件库类别（Category）	中文元件类别
Simulator Primitives	交流电源、直流电源、信号源、逻辑门电路
Speakers & Sounders	扬声器、蜂鸣器
Switches & Relays	按钮、开关、电磁继电器
Switching Devices	晶闸管
Thermionic Valves	压力变送器、热电偶
Transistors	三极管
TTL 74 series	74系列门电路

也可利用"关键字"检索框查找所需元件，例如输入"80C51"，系统会在元件库中搜索查找，并将搜索结果显示在"结果"栏中（见图A.4）。

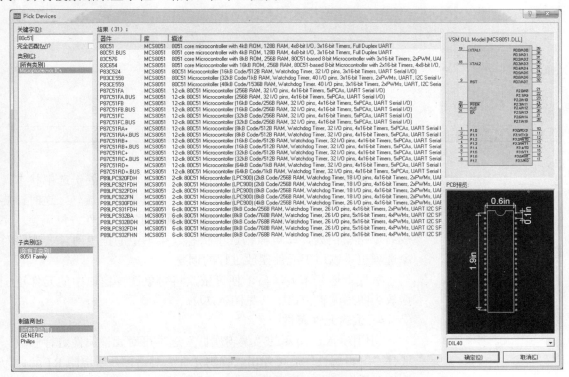

图 A.4　元件搜索结果

双击列出的元件名可将其放入对象选择列表窗口，连续双击其他元件名可连续选择元件。单击"确定"按钮，可关闭元件选择窗口，返回到主界面（见图A.5）。

右键单击在对象选择列表窗中列出的元件名，并在弹出菜单中选择"删除"命令，即可取消已选中的元件（不会真的删除元件）。

3. 摆放元件

以摆放80C51元件为例，单击对象选择列表中的80C51，预览窗口中出现的80C51图形。单击编辑窗口，80C51元件以红色轮廓图形出现（选中状态），拖动鼠标使元件轮廓移动到所需位置，再次单击可固定摆放位置，同时也撤销选中状态（变为黑色线条图形）。

若需调整元件摆放后的位置，可单击元件图形使其选中，按住鼠标左键并拖动该元件到合适位置后松开，在编辑窗口的空白处再次单击，即可撤销选中状态。

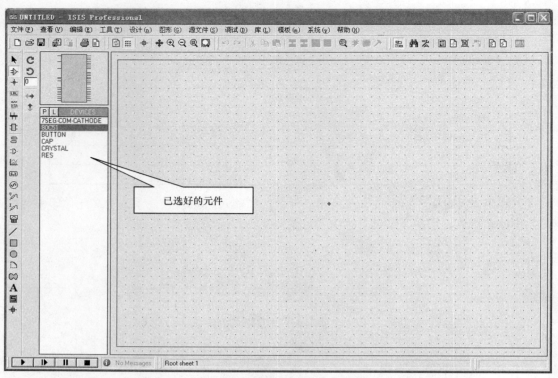

图 A.5　元件选择后返回主界面

图 A.6　元件编辑菜单

若需调整元件摆放方位,右击所需元件可使其处于选中状态,同时弹出"编辑菜单"(见图 A.6),其中包含顺时针旋转、逆时针旋转、180 度旋转、X-镜像、Y-镜像等选项,可用于元件方位调整。完成后单击空白处,即可撤销选中状态。菜单中的拖曳对象、删除对象选项也可以用于元件摆放过程的调整。

掌握上述基本方法后,便可依次将对象选择窗口中的元件逐一摆放到图形编辑窗口中(见图 A.7)。

4. 编辑元件属性

利用图 A.6 所示的"编辑属性"选项可对元件属性进行修改。选择"编辑属性"后可弹出"编辑元件"对话框,以电阻 R1 元件为例的对话框如图 A.8 所示。

对话框中列出的参数因元件不同可能有所差异,但表示元件在原理图中符号的"元件参考"选项总会存在。对话框中的选项都可根据用户需要进行更改,例如,可将"Resistance:"选项的默认值(如 10k)改为 100(Ω);勾选或撤销"隐藏"选项,可决定相应参数是否出现在电路原理图中。其他选项目前不用考虑,待使用时再做介绍。

5. 编辑元件文本属性

从图 A.7 可以看出,每个元器件下面都有一个"〈TEXT〉"字符,元件较多时会影响原理图的美观。为取消"〈TEXT〉"字符,需要对元件的文本属性进行设置。

双击"〈TEXT〉"字符可弹出"Edit Component Properties"(编辑元件属性)对话框,单击"Style"(风格)标签可弹出如图 A.9 所示对话框。

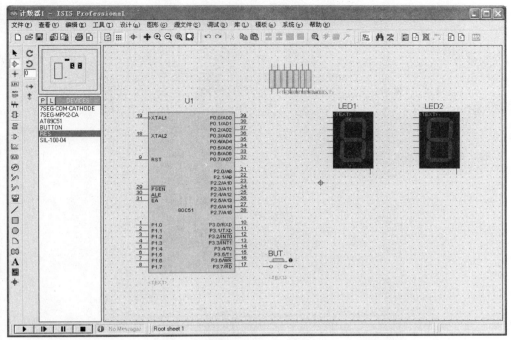

图 A.7 元件摆放结果

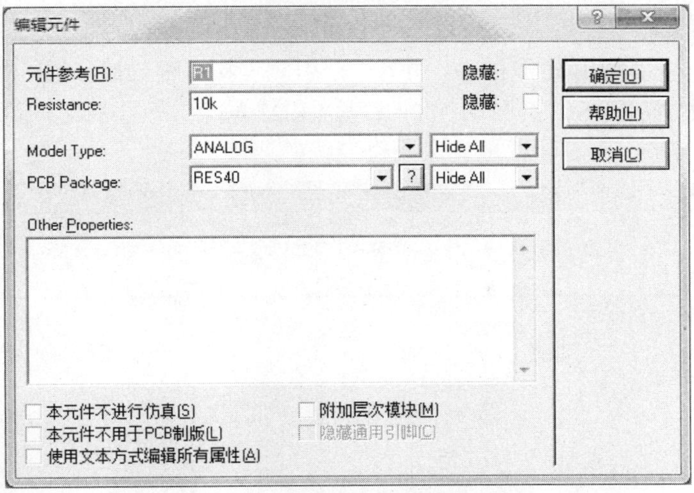

图 A.8 电阻 R1 的编辑对话框

将"Visible?"选项默认的"Follow Global"勾选状态撤销,"Visible?"选项将由灰色变为黑色。将其默认的勾选状态撤销,"〈TEXT〉"字符便可在原理图中隐藏起来。

另外,单击 Proteus 菜单栏的"模板(M)"项中"设计设置默认值"后,可弹出"设计设置默认值"对话框。去掉对话框左下角"显示隐藏文本"中的勾形符,可将当前电路图中所有"〈TEXT〉"全部取消。

6. 原理图布线

(1) 画导线

两个元件的连线非常简单,只需直接单击两个元件的连接点,ISIS 即可自动定出走线的路径并完成两连接点的连线操作。单击"工具"菜单栏里的"自动连线"选项,可使走线方式在自动或手动之间切换。

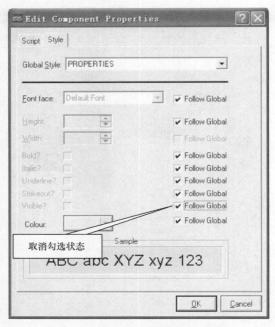

图 A.9 元件的文本属性编辑对话框

ISIS 具有重复画线功能。例如,要画出 80C51 的 P0 口与 LED1 之间的 7 条导线(见图 A.10),可以采取如下步骤:

从 P0 口的第一个引脚出发向 LED1 的第一个引脚连接一根导线,双击 P0 口的第二个引脚,重复画线功能就会被激活,ISIS 会自动在 P0 口与 LED1 的第二个引脚之间画出一条平行于前次画出的导线。其余类推,可以轻松地完成同类导线的连接。

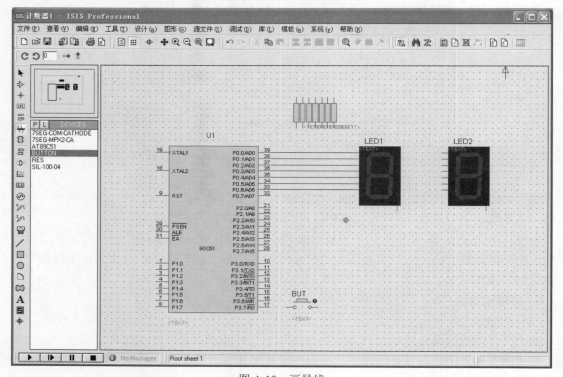

图 A.10 画导线

（2）画总线

为了简化原理图，可以用一条粗蓝色导线代表数条并行的导线，这就是所谓的总线。单击工具栏里的总线按钮 ，可在编辑窗口中画总线(见图 A.11)。

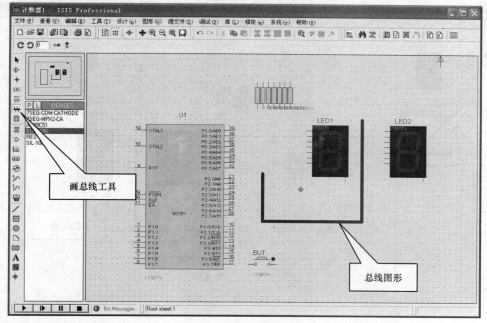

图 A.11　画总线

总线分支线是连接总线和元件引脚的导线，为增加美观效果，通常采用与总线倾斜相连的方式。画分支线时，只要在拐点处单击，随后移动光标时导线便可随意倾斜，到达合适位置后再次单击即可结束画线（仅在自动连线状态时有此功能。手动状态时，在拐点处需按住 **Ctrl** 键才可使导线倾斜），分支线如图 A.12 所示。

分支线画好后，还需要添加总线标签(如图 A.12 中的标号 a,b,c,…)，具体做法是：

从绘图工具栏中选择"总线模式"图标 ，在欲放置总线标签的导线上单击，可出现如图 A.13 所示的"Edit Wire Label"编辑标签对话框。

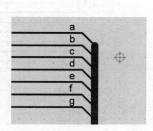

图 A.12　总线分支线

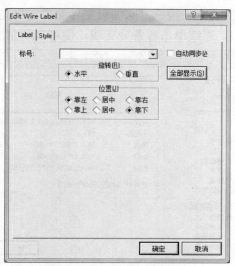

图 A.13　编辑标签对话框

在"标号"下拉框内可输入自行命名的总线标签名，也可直接选择已经命名过的或系统默认的标签名（打开下拉框），还可指定总线标签的旋转方位（水平或垂直）和位置方式（靠左、居中等选项）。单击"确定"按钮后关闭对话框，总线标签便可出现在被标注导线旁边（见图A.14）。

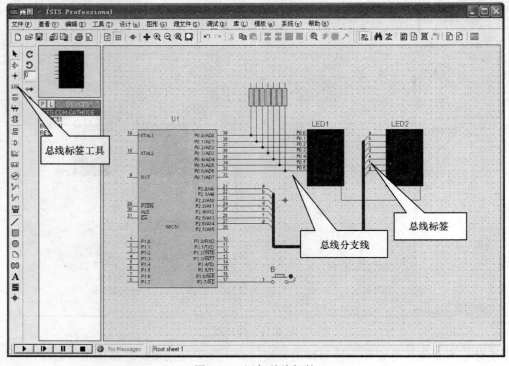

图A.14　添加总线标签

注意：总线标签字母是不区分大小写的。此外，总线标签总是成对使用的，因此在其分支线的另一端也要有相同标注的总线标签。

下面介绍一种总线标签自动生成的方法，具体做法如下：

单击菜单"工具"→"属性设置工具"选项，弹出"属性分配工具"对话框，在"字符串"文本框内输入"net =P2.#"（见图A.15）。

单击"确定"按钮返回编辑主界面后，将光标移到待标注总线标签的一组分支线上（变为手形光标），连续单击各条分支线，便可自动生成一组连续标签（见图A.16）。

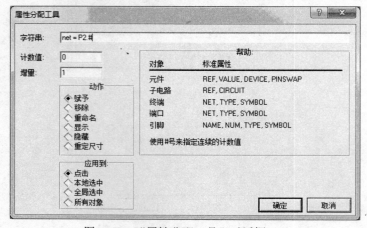

图A.15　"属性分配工具"对话框

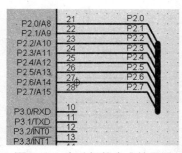

图A.16　自动标签生成效果图

对比图 A.15 中的字符串命令"net =P2.#"可知，字符串中"#"与"="之间的字符为自动标签里的固定字符，"#"则由对话框"计数值"和"增量"选项决定的数列代替。自动标注完成后，需要再次打开图 A.15 对话框，并单击"取消"按钮方可结束自动标签功能。

（3）画电源端

单击绘图工具栏的"终端模式"图标，主界面对象选择窗口里将出现多种终端列表（见图 A.17），其中 POWER 为电源（正极），GROUND 为接地。对 POWER 和 GROUND 进行添加、移动、编辑属性等操作与对元件的操作方法相同。此外，对 POWER 或 GROUND 也可添加或修改标签名，只是只能通过双击 POWER 或 GROUND 图标，在弹出的编辑标签对话框（同图 A.13）里进行添加或修改。

至此，计数显示器的电路原理图便绘制完成了（见图 A.17）。单击"保存"图标，可保存为.DSN 文件。

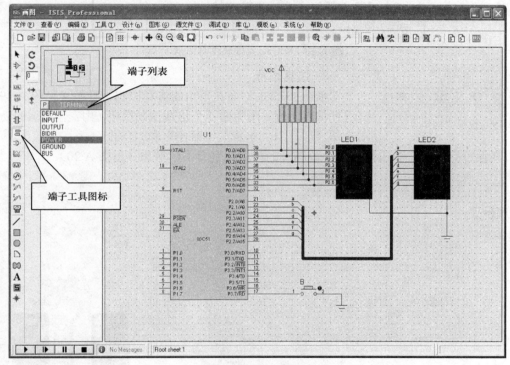

图 A.17　添加电源端

需要强调一点，ISIS 主界面里的对象选择窗口是绘图工具栏的公共列表区，换言之，不同的绘图命令将使对象选择窗口中的内容也有所不同。例如，在"元件模式"时，在对象选择窗口中列表的是从元件库中选择出来的元件名，而在"终端模式"时，在对象选择窗口中列表的是各种终端名，其他依此类推。初学者常常因忽视这一点而存在使用困惑。

7. 添加.hex 仿真文件

原理图绘好后，需要加载可执行文件*.hex 才能进行仿真运行，下面以加载"实验 1.hex"文件为例说明如下：双击原理图中 80C51 可弹出元件属性对话框，如图 A.18 所示。

单击"Program File"下拉框中的文件夹按钮，在文件夹中找到经过程序编译后形成的可执行文件实验 1.hex，单击"OK"按钮可结束加载过程。

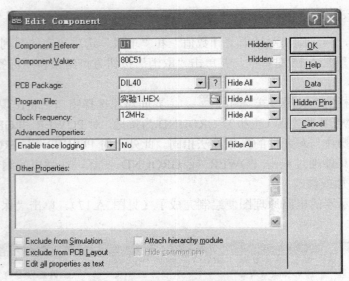

图 A.18　80C51 元件属性对话框

8. 仿真运行

单击 ISIS 主界面左下角的仿真控制工具栏（见图 A.19）可进行仿真运行。图中的 4 个仿真控制按钮（由左至右）的功能依次是"运行"、"单步"、"暂停"和"停止"。

图 A.19　模拟"调试"按钮

仿真运行启动后，单击按钮后，数码管的显示数字会不断增加（见图 A.20）。

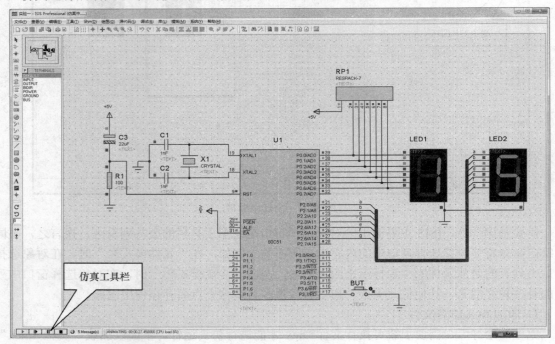

图 A.20　仿真运行效果

以上就是 ISIS 电路绘图和仿真运行的基本方法，需要反复练习才能真正做到融会贯通。

实验 2 指示灯/开关控制器

【实验目的】
学习 51 单片机 I/O 口基本输入/输出功能，掌握汇编语言的编程与调试方法。

【实验原理】
实验电路原理图如图 A.21 所示，图中输入电路由外接在 P3 口的 8 只拨动开关组成；输出电路由外接在 P2 口的 8 只低电平驱动的发光二极管组成。此外，还包括时钟电路、复位电路和片选电路。

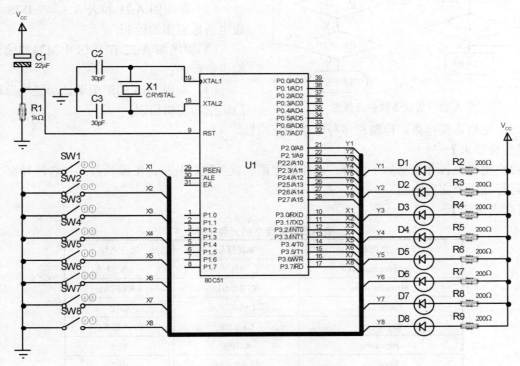

图 A.21 实验 2 电路原理图

在编程软件的配合下，要求实现如下指示灯/开关控制功能：程序启动后，8 只发光二极管先整体闪烁 3 次（即亮→暗→亮→暗→亮→暗，间隔时间以肉眼可观察到为准），然后根据开关状态控制对应发光二极管的亮灯状态，即开关闭合相应灯亮，开关断开相应灯灭，直至停止程序运行。软件编程原理为：

（1）8 只发光二极管整体闪烁 3 次

亮灯：向 P2 口送入数值 0；

灭灯：向 P2 口送入数值 0FFH；

闪烁 3 次：循环 3 次；

闪烁快慢：由软件延时时间决定。

（2）根据开关状态控制灯亮或灯灭

开关控制灯：将 P3 口（即开关状态）内容送入 P2 口；

无限持续：无条件循环。

程序流程图如图 A.22 所示。

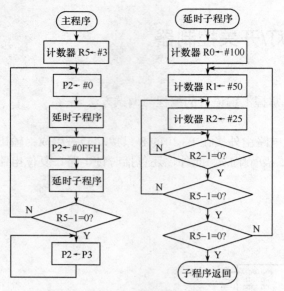

图 A.22 实验 2 软件流程图

【实验内容】

(1) 熟悉 ISIS 模块的汇编程序编辑、编译与调试过程;

(2) 完成实验 2 的汇编语言程序的设计与编译;

(3) 练习 ISIS 汇编程序调试方法,并最终实现实验 2 的预期功能。

【实验步骤】

(1) 提前阅读与实验 2 相关的阅读材料;

(2) 参考图 A.21 和表 A.3,在 ISIS 中完成电路原理图的绘制;

(3) 参考图 A.22 在 ISIS 中编写和编译汇编语言程序;

(4) 利用 ISIS 的汇编调试功能检查程序的语法和逻辑错误;

(5) 观察仿真结果,检验程序与电路的正确性。

【实验要求】

提交实验报告并包括如下内容:电路原理图、软件流程分析、汇编源程序(含注释部分)、仿真运行截图及实验小结。

【参考图表】

表 A.3 实验 2 的元件清单

元件类别	电路符号	元件名称
Microprocessor ICs	U1	80C51
Miscellaneous	X1/12MHz	CRYSTAL
Capacitors	C2~C3/30pF	CAP
Capacitors	C1/22μF	CAP-ELEC
Resistors	R1/10k	RES
Resistors	R2~R9/200	RES
Optoelectronics	D1~D8	LED-RED
Switches & Relays	SW1~SW8	SWITCH

【阅读材料 2】ISIS 模块的汇编程序创建与调试方法

ISIS 模块内嵌有文本编辑器、汇编编译器、动态调试器等软件模块。在启动 ISIS 模块后,可以采用如下步骤创建汇编程序。

1. 建立新的程序文件

单击菜单栏"源代码"→"添加/删除源文件"选项,弹出"添加/移除源代码"对话框,如图 A.23 所示。

在"代码生成工具"下拉框内选择"ASEM51"选项。单击"新建"按钮,在适当文件目录下输入待建立程序的文件名(如 test),核实文件类型为*.ASM。单击"打开"按钮,回应创建新文件提示后,系统弹出确认对话框,如图 A.24 所示。

图 A.23 "添加/移除源代码"对话框　　　　图 A.24 "添加/移除源代码"确认对话框

单击"确定"按钮,在菜单"源代码"下可以看到类似"1.test.ASM"的文件名,单击该文件名后可打开一个空白的文本文件(见图 A.25)。

图 A.25　建立的空白文件

Proteus 允许将外部文本编辑器作为程序编辑器,故也可以将 Windows 下的记事本(notepad.exe)指定为程序编辑器。设置方法是:单击"源代码"→"设置外部文本编辑器"选项,在对话框中指定 Windows 目录下的 notepad.exe 为可执行文件,单击"确定"按钮即可使用。

在打开的空白文件中输入汇编语言的源程序,保存后即可作为程序文件使用。

2. 打开已有程序文件

如需对已保存的程序文件进行处理,可单击图 A.23 对话框的"源代码文件名"下拉框,找到已存在的程序文件名,单击"确定"按钮便可打开使用。

3. 编译源程序

程序文件录入或编辑后,单击菜单"源文件"→"全部编译"选项,待后台编译结束后,可弹出编译结果对话框。如果有语法错误,提示框会指出错误存在的原因(见图 A.26)。

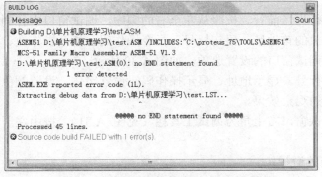

图 A.26　编译出错提示

如果没有语法错误，提示框将报告编译通过（见图 A.27），并形成 test.hex 可执行文件。

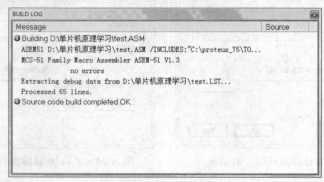

图 A.27　编译通过提示

4. 调试可执行文件

先采用阅读材料 1 中加载可执行文件的做法（见图 A.18），将可执行文件 test.hex 加载到单片机模块中。

ISIS 模块中包含有多种调试工具，单击"调试"菜单栏会看到这些选项，如图 A.28 所示。

单击菜单"调试"→"开始/重新启动调试"选项，可弹出源代码调试窗口，如图 A.29 所示。

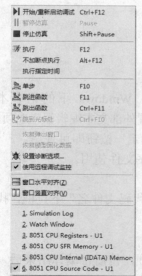
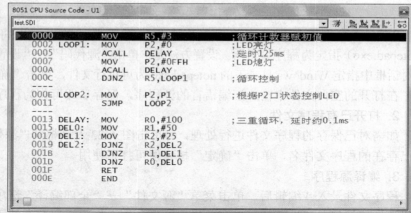

图 A.28　"调试"菜单选项　　　　　　　图 A.29　源代码调试窗口

图中深色的语句行为当前行。按照从左至右的顺序，调试窗口中各列的意义分别为：机器码指令在 ROM 中存放的首地址、语句标号、指令操作码、指令操作数、注释语句。右键单击窗口空白处，可弹出调试窗口的设置选项，如图 A.30 所示。

利用其中的显示行号、显示地址、显示操作码、设置字体、设置颜色等选项，可以较好地改变源代码调试窗口的观察效果。

另外，源代码调试窗口右上角为调试工具栏（见图 A.31），按由左至右顺序，各工具按钮的作用依次是：

● 运行仿真：连续运行；

● 单步越过命令行：遇到子程序时会将其作为一行命令对待；

图 A.30 调试窗口的设置选项

图 A.31 调试工具栏

● 单步进入命令行：遇到子程序会单步进入其内部；

● 单步跳出命令行：用"单步进入命令行"方式进入子程序时，使用它会立即跳出该子程序，进入上级子程序；

● 运行到命令行：运行到光标所在行时暂停运行；

● 切换断点：运行到断点所在命令行时暂停运行。

此外，图 A.28 的"调试"菜单选项中还有其他选项，比较常用的有：

"8051 CPU Registers"选项，单击后可弹出 51 单片机的主要寄存器窗口（见图 A.32），从中可观察到这些寄存器的当前值。

"8051 CPU SFR Memery"选项，单击后可弹出 51 单片机的 SFR 字节地址窗口（见图 A.33），从中可观察到 SFR 的当前值。

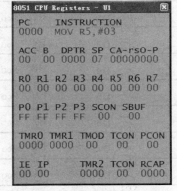

图 A.32 寄存器窗口

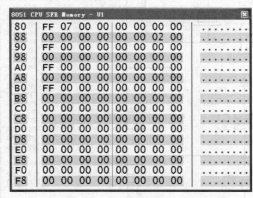

图 A.33 SFR 字节地址窗口

总之，充分利用上述调试工具，可以加快源程序中逻辑性错误的查找，应当尽力掌握这些调试技能。

实验 3　指示灯循环控制

【实验目的】

熟悉 μVision3 编译软件，掌握 C51 编程与调试方法。

【实验原理】

实验电路原理图如图 A.34 所示，图中 8 只 LED 指示灯接于 P0 口，且都接有上拉电阻。时钟电路、复位电路、片选电路与前面的实验电路相同。

在编程软件的配合下，要求实现如下功能：8 只发光二极管做循环点亮控制，且亮灯顺序为 D1→D2→D3→…→D8→D7→…→D1，无限循环，两次亮灯的时间间隔约为 0.5s。软件编程原理为：

首先使 P0.0←1，其余端口←0，这样可使 D1 灯亮，其余灯灭；软件延时 0.5s 后，使 P0 口整体左移 1 位，得到 P0.1←1，其余端口←0，这样可使 D2 灯亮其余灯灭；照此思路 P0 整体左移 7 次，再右移 7 次，如此无限往复即可实现上述功能。

【实验内容】
（1）熟悉 μVision3 编译软件，了解软件结构与功能；
（2）完成实验 3 的 C51 语言编程；
（3）掌握在 μVision3 中进行 C51 程序开发的方法。

【实验步骤】
（1）提前阅读与实验 3 相关的阅读材料；
（2）参考图 A.34 和表 A.4，在 ISIS 中完成电路原理图的绘制；
（3）在 μVision3 中编写和编译 C51 程序，并生成可执行文件；
（4）在 ISIS 中加载可执行文件，通过仿真运行检验编程的正确性。

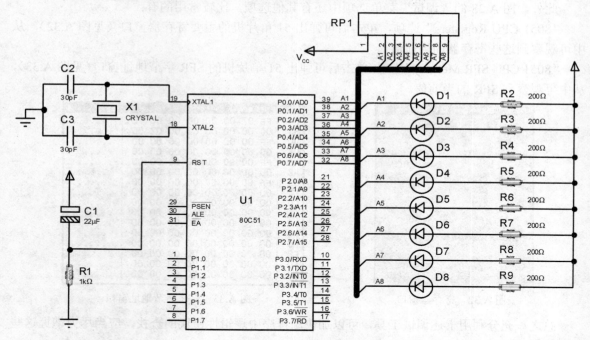

图 A.34　实验 3 的电路原理图

【实验要求】
提交实验报告并包括如下内容：电路原理图、软件流程分析、C51 源程序（含注释语句）、仿真运行截图及实验小结。

【参考图表】

表 A.4 实验 3 的元件清单

元件类别	电路符号	元件名称
Microprocessor ICs	U1	80C51
Miscellaneous	X1	CRYSTAL
Capacitors	C2~C3/30pF	CAP
Capacitors	C1/22μF	CAP-ELEC
Resistors	RP1/100	RESPACK-8
Resistors	R10~R18/100	RES
Optoelectronics	D1~D8	LED-YELLOW

【阅读材料 3】在 μVision3 中创建 C51 程序的方法

Keil μVision3 为标准的 Windows 风格，软件界面由 4 部分组成，即菜单工具栏、工程管理窗口、文件窗口和输出窗口，如图 A.35 所示。

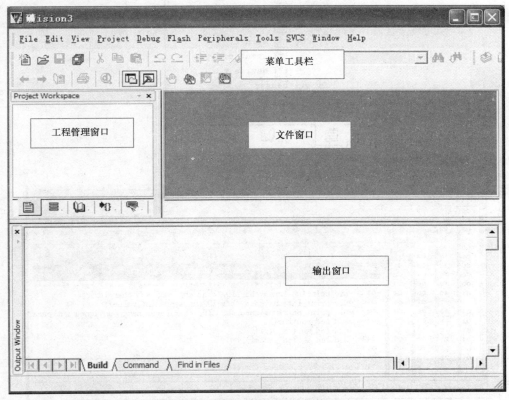

图 A.35 Keil μVision3 的软件界面

菜单工具栏：由菜单和工具栏组成。Keil μVision3 共有 11 个下拉菜单，工具栏的位置和数量可以通过设置选定和移动（见图 A.36）。

工程管理窗口：用于管理工程文件目录，它由 5 个子窗口组成，可以通过子窗口下方的标签（见图 A.37）进行切换，它们分别是：文件窗口、寄存器窗口、帮助窗口、函数窗口和模板窗口。

文件窗口：用于展示打开的程序文件，多个文件可以通过窗口下方的文件标签进行切换（见图 A.38）。

图 A.36 菜单工具栏

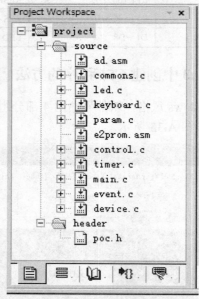

图 A.37 工程管理窗口

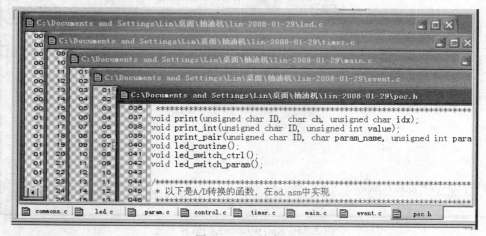

图 A.38 文件窗口

输出窗口：用于编译过程中的信息交互作用，由 3 个子窗口组成，可以通过子窗口下方的标签（见图 A.39）进行切换，它们分别是：编译窗口、命令窗口和搜寻窗口。

Keil μVision3 软件内嵌有文本编辑器、A51 编译器与 C51 编译器、动态调试器等软件模块。在启动 Keil μVision3 软件后，可以采用如下步骤创建 C51 程序。

1. 建立工程文件

单击菜单"Project"→"New Project"选项，可弹出如图 A.40 所示的"Create New Project"（创建新工程文件）窗口。

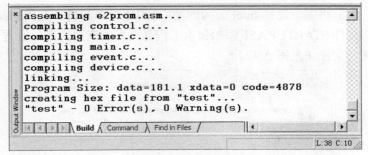

图 A.39 输出窗口

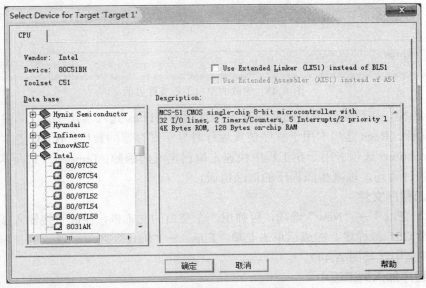

图 A.40 创建新工程文件窗口

在此窗口中选择适当存盘目录和工程文件名（如 exam1，无须扩展名），保存后的文件扩展名为：uv2，以后可以直接双击此文件以打开该工程文件。为便于管理，最好能为每个单片机应用实例建立一个单独的文件夹，用于存放 Keil 的工程文件、程序源文件、可执行文件、ISIS 原理图文件等。本例建立的工程文件夹为 D:\MyProject。

2. 选择单片机

工程文件保存后，将弹出如图 A.41 所示的"Select Device for 'Target1'"（目标 1 器件选择）窗口，即单片机选择窗口。

图 A.41 单片机器件选择窗口

为方便起见，本书将统一选择 Intel 公司的 80C51BH 型单片机。完成选择后，系统会弹出一个"是否将启动文件 STARTUP.A51 添加到本工程界面"的询问，此处通常选择"否"，即一般用户无须使用这一文件（见图 A.42）。

图 A.42　询问窗口

创建一个新工程后，在工程管理窗口就会自动生成一个默认的目标（Target1）和文件组（Source Group1），如图 A.43 所示。

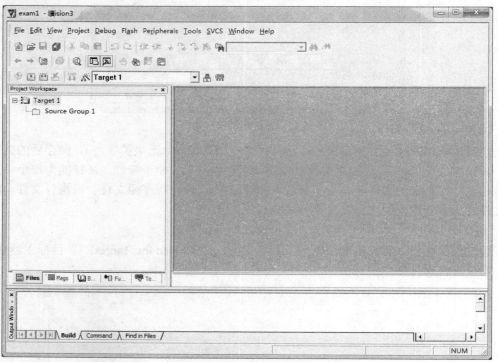

图 A.43　生成的空白工程文件界面

在图 A.43 中，工程管理窗口的底部有 5 个选项卡：Files 选项卡用于在工程中快速定位、添加、移除文件；Regs 选项卡用于程序仿真运行时显示寄存器的数值；Books 选项卡用于打开帮助文件；Functions 选项卡用于在工程中快速定位已定义的函数；Templates 选项卡用于快速输入 C 语言的各种语句，以减少源程序的语法错误。

3. 编辑源程序文件

单击菜单"File"→"New"选项，可弹出一个空白的文本框，在此直接输入或用剪切板粘贴文本形式的 C51 源程序。完成后单击菜单"File"→"Save"选项，以.c 为扩展名将文件保存至工程文件夹中（见图 A.44）。

4. 将源程序加入到工程中

右键单击工程管理窗口的"Source Group1"选项，可弹出一个下拉菜单，如图 A.45 所示。

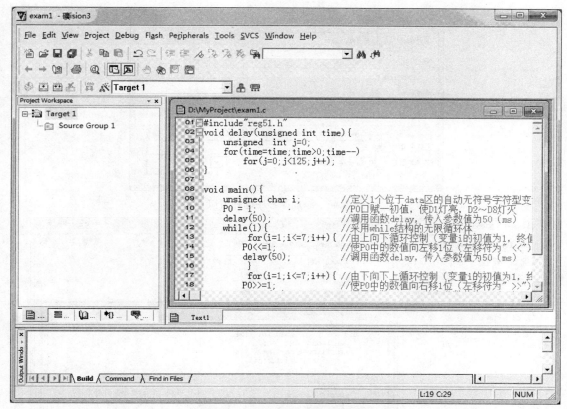

图 A.44　以 .c 为扩展名保存源程序

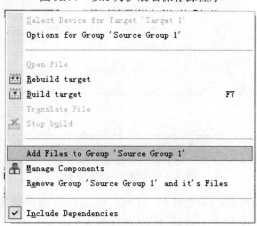

图 A.45　添加源程序菜单栏

单击"Add Files to Group 'Source Group1'"选项后，将出现图 A.46 所示的对话框，要求寻找源文件。

选择列出的 exam1.c 文件，单击"Add"按钮将此文件加入工程中。注意：添加文件后，如图 A.46 所示对话框不会自动关闭，需要单击"Close"按钮后才能关闭。此时可以看到，工程管理窗口的"Source Group1"目录下已出现了 exam1.c 文件（见图 A.47），表明源程序添加成功。

5. 设置工程配置选项

工程建立好以后，还要对工程配置进行一些设置，做法如下。

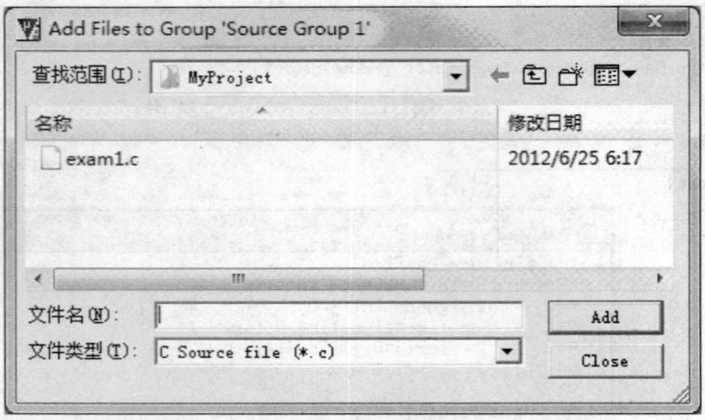

图 A.46 添加源程序选择窗口

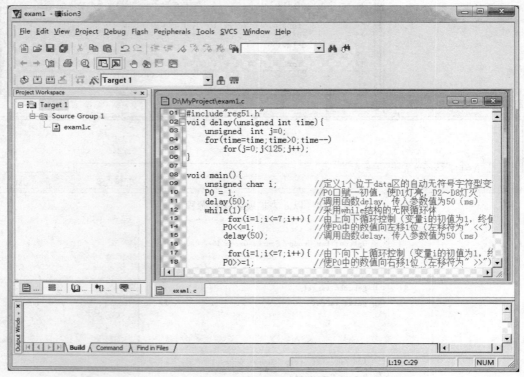

图 A.47 源程序添加完成

右键单击工程管理窗口中的"Target 1"目录，在出现的选择菜单中单击"Option for Target 'Target 1'"选项，弹出如图 A.48 所示的工程配置设置窗口。

工程配置设置窗口中共包含 10 个选项卡，初学者只需设置以下两项即可。

输出文件设置：为保证编译后形成可执行文件，需要对输出文件进行设置。单击"Output"选项卡，弹出如图 A.49 所示的对话框。

只有在已勾选了"Create HEX File"复选框的情况下，编译后才能形成同名的 hex 文件。因此，在建立新工程文件后需要特别核实该选项情况。

存储模式设置：如本书 4.2.1 节所述，C51 编译器可以区分 3 种编译模式，即 Small 模式、Large 模式和 Compact 模式，不同编译模式时的默认存储类型不同。因此，Keil μVision3 也必须知道用户的这一选择，这就需要进行存储模式设置。单击"Target"选项卡，可弹出图 A.50 所示的对话框。

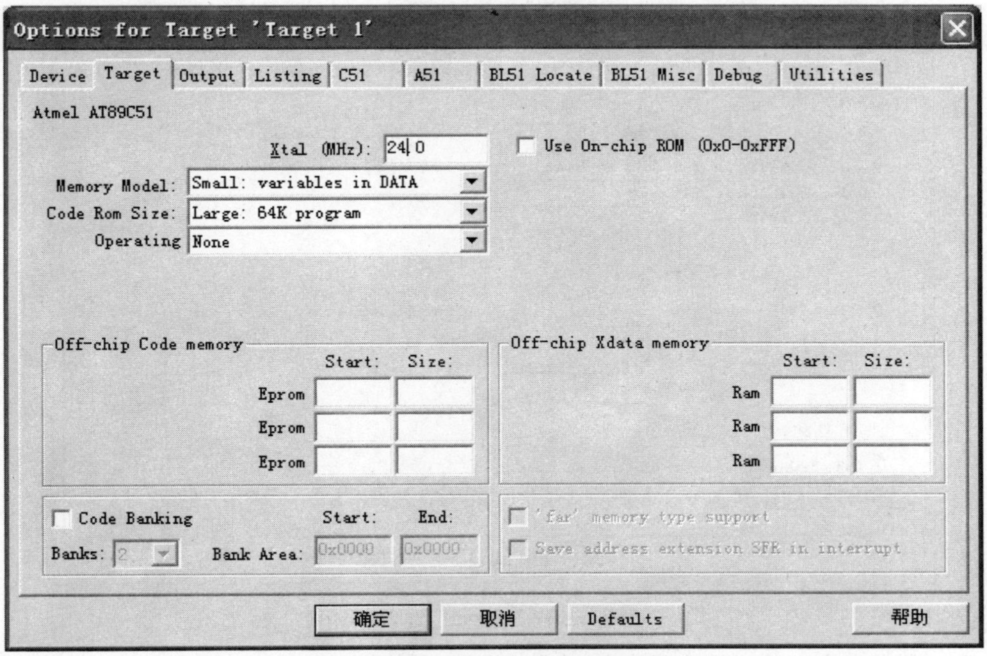

图 A.48　工程配置设置窗口

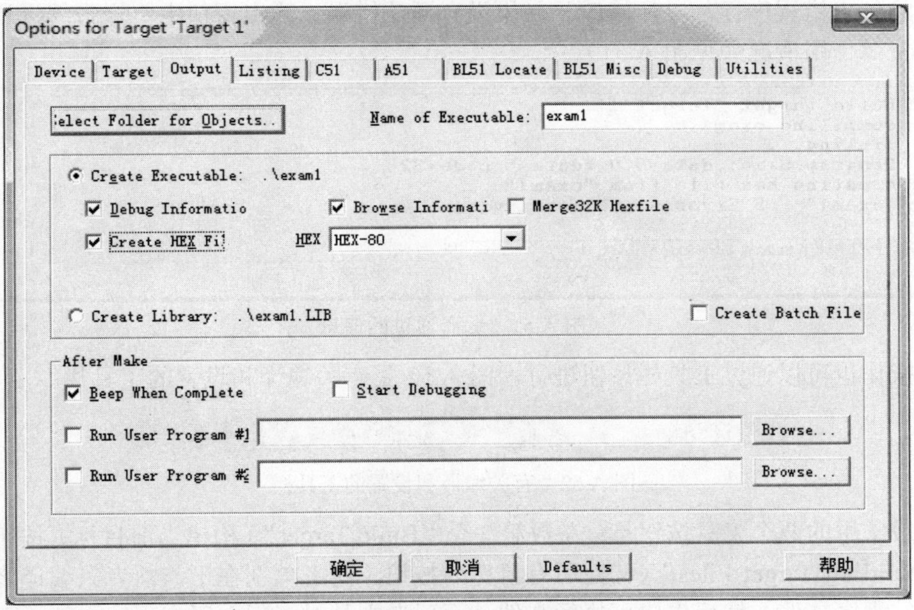

图 A.49　"Output"选项卡

"Target"选项卡中的"Memory Model"下拉框中包含上述 3 种存储模式，可根据需要进行选择（一般都选择 Small 模式，默认的存储类型为 data）。

设置完成后单击"确定"按钮返回主界面，工程配置完成。

6. 生成可执行文件

完成工程配置选项的基本设定之后，就可以对当前新建工程进行整体构建（Build Target）。单击菜单"Project"→"Build Target"选项，Keil μVision3 将自动完成当前工程中所有源程序模块文件的编译、链接，并在 Keil μVision3 的输出窗口中显示编译、链接提示信息。

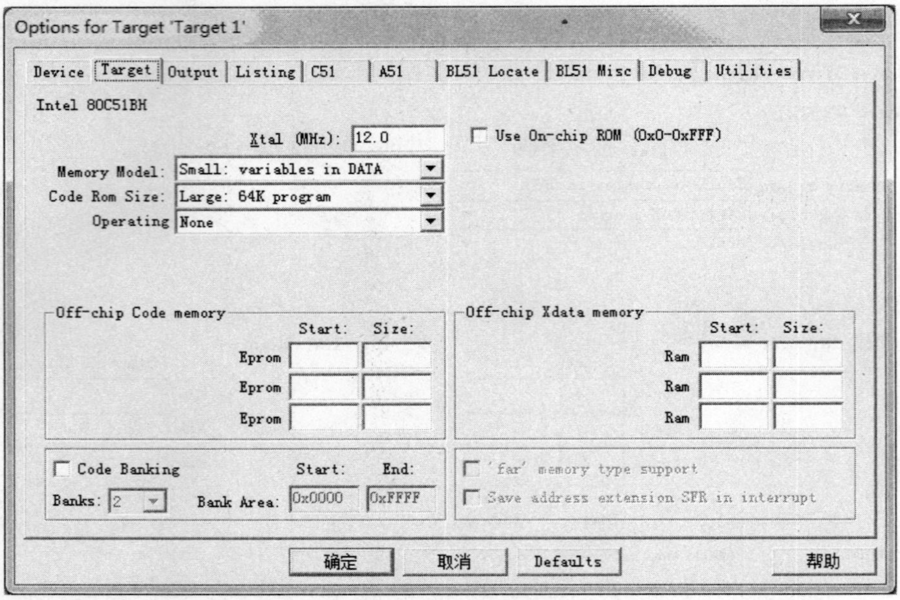

图 A.50 "Target"选项卡

如果源程序中有语法错误，输出窗口中将报告错误原因和出错行号。双击该出错行，光标可以自动跳到出错程序行，以便修改。如果没有语法错误，输出窗口中将报告编译通过，同时给出系统资源使用情况（见图 A.51）。

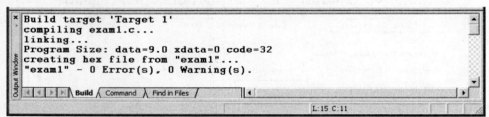

图 A.51 编译通过的信息

编译操作也可以通过工具栏按钮进行，图 A.52 是有关编译和设置的工具栏。

图 A.52 有关编译和设置的工具栏

图中最常用的两个工具按钮是：左数第 2 个"Build Target"（构建当前目标）按钮和左数第 3 个"Rebuild all Target Files"（构建所有目标）按钮。两者差别在于，前者只编译修改过的或新加进来的程序文件，然后生成可执行文件；而后者则是对工程中所有程序文件，无论是否被修改过，都重新进行编译然后再链接。左数第 1 个"Translate Current Files"（编译当前文件）按钮，只编译当前源程序文件，但并不链接生成可执行文件。使用时可以根据情况灵活选择。

7. 仿真运行程序

编译、链接完成后，将形成的 hex 可执行文件加载到 ISIS 原理图的单片机模块上，按照 ISIS 仿真运行规则运行即可。

至此，我们完成了建立一个 Keil μVision3 C51 程序的全过程。初学者在学习时，还应注意以下两点：

① C51 源程序含有汉字注释内容时，删除、插入汉字时有可能出现乱码，因此最好先将源

程序在其他文本编辑软件下完成后,再复制到 Keil μVision3 中;

② 在工程管理窗口中右键单击某个源程序文件,从弹出的快捷菜单中选择"Remove File"选项,可从工程中移除该文件,但并不是从磁盘中删除该文件。

实验 4　指示灯/数码管的中断控制

【实验目的】

掌握外部中断原理,学习中断编程与程序调试方法。

【实验原理】

实验电路原理图如图 A.53 所示,图中按键 K1 和 K2 分别接于 P3.2 和 P3.3,发光二极管 D1 接于 P0.4,共阴极数码管 LED1 接于 P2 口。时钟电路、复位电路、片选电路忽略。

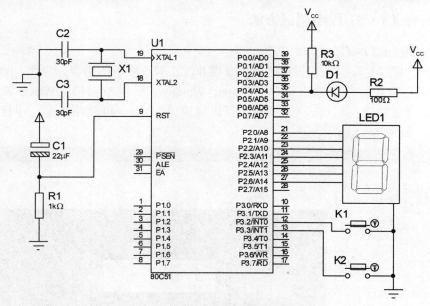

图 A.53　实验 4 的电路原理图

在编程软件的配合下,要求实现如下功能:程序启动后,D1 处于熄灯、LED1 处于黑屏状态;单击 K1,可使 D1 亮灯状态反转一次;单击 K2,可使 LED1 显示值加 1,并按十六进制数显示,达到 F 后重新从 1 开始。

软件编程原理为:K1 和 K2 的按键动作分别作为 $\overline{INT0}$ 和 $\overline{INT1}$ 的中断请求,在中断函数中进行指示灯与数码管的信息处理。初始化后,主函数处于无限循环状态,等待中断请求。

【实验内容】

(1) 熟悉 μVision3 的软件调试方法;

(2) 完成实验 4 的 C51 语言编程;

(3) 练习 μVision3 与 ISIS 的联机仿真方法。

【实验步骤】

(1) 提前阅读与实验 4 相关的阅读材料;

(2) 参考图 A.53 和表 A.5,在 ISIS 中完成电路原理图的绘制;

(3) 在 Keil μVision3 中编写和编译 C51 程序,生成可执行文件;

(4) 在 μVision3 中启动 ISIS 的仿真运行,并进行联机调试。

【实验要求】

提交实验报告并包括如下内容：电路原理图、C51 源程序（含注释语句）、软件调试分析、仿真运行截图及实验小结。

【参考图表】

表 A.5　实验 4 的元器件清单

元件类别	电路符号	元件名称
Microprocessor ICs	U1	80C51
Optoelectronics	D1	LED-GREEN
Switches & Relays	K1～K2	BUTTON
Resistors	R1～R2/100	RES
Optoelectronics	LED	7SEG-COM-CAT-GRN

【阅读材料 4】C51 程序调试方法

1. 基于 μVision3 的 C51 调试方法

程序调试的目的是跟踪程序执行过程，发现并改正源程序中的错误。为此，μVision3 中设有许多调试信息窗口，包括输出窗口（Output Windows）、观察窗口（Watch & Call Statck Windows）、存储器窗口（Memory Window）、反汇编窗口（Dissambly Window）、串行窗口（Serial Window）等，如图 A.54 所示。

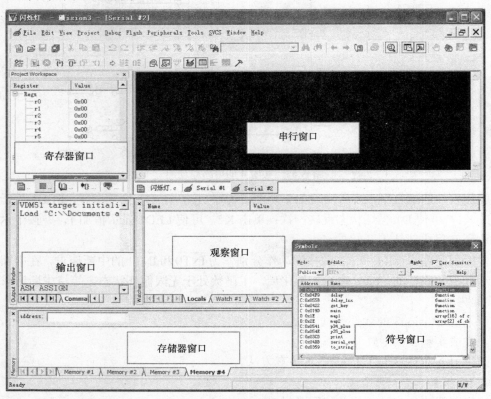

图 A.54　调试程序的信息窗口

为了能够直观地了解单片机的定时器、中断、并行端口、串行端口的工作状态，μVision3 还提供一些接口对话框（见图 A.55），它们对于提高程序调试效率是非常有益的。

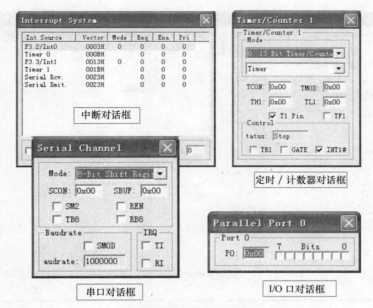

图 A.55　接口对话框

μVision3 中自带的 Simulation 模块可模拟程序执行过程，可以在没有硬件的情况下进行程序调试。进入调试状态后，界面与编辑状态相比有明显的变化，Debug 菜单项中一些原来呈灰色的选项现在已可以使用了，且工具栏中会多出一个用于运行和调试的工具条，如图 A.56 所示。

图 A.56　运行和调试的工具条

Debug 菜单上的大部分命令可以在此找到对应的快捷按钮，从左到右依次是：复位、运行、暂停、单步、过程单步、执行完当前子程序、运行到当前行、下一状态、打开跟踪、观察跟踪、反汇编窗口、观察窗口、代码作用范围分析、1#串行窗口、内存窗口、性能分析、工具按钮等。

学习程序调试，必须明确两个重要的概念，即单步执行与全速运行。全速执行是指一行程序执行完以后紧接着执行下一行程序，中间不停止，这样程序执行的速度很快，并可以看到该段程序执行的总体效果。但如果程序有错，则难以确认错误出现在哪些程序行。单步执行是每次执行一行程序，执行完该行程序以后即停止，等待命令执行下一行程序，此时可以观察该行程序执行完以后得到的结果，是否与我们编写该程序所想要得到的结果相同，借此可以找到程序中问题所在。在程序调试中，这两种运行方式都要用到。

使用菜单 STEP 或相应的命令按钮或使用功能键 F11 可以单步执行程序，使用菜单 STEP OVER 或功能键 F10 可以以过程单步形式执行命令。所谓过程单步，是指将汇编语言中的子程序或高级语言中的函数作为一个语句来全速执行。

按 F11 键，可以看到源程序窗口的左边出现了一个黄色调试箭头，指向源程序的第一行，如图 A.57 所示。

每按一次 F11 键，即执行该箭头所指程序行，然后箭头指向下一行。不断按 F11 键，即可逐步执行延时子程序。

通过单步执行程序，可以找出一些问题之所在，但是仅依靠单步执行来查错有时是困难的，或虽能查出错误但效率很低，为此必须辅之以其他方法。

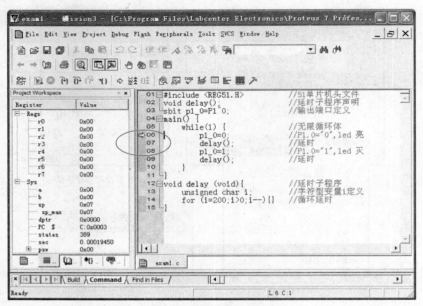

图 A.57 源程序调试窗口

方法1：在源程序的任一行单击，把光标定位于该行，然后单击菜单"Debug"→"Run to Cursor line"（运行到光标所在行）选项，即可全速执行完黄色箭头与光标之间的程序行。

方法2：单击菜单"Debug"→"Step Out of Current Function"（单步执行到该函数外）选项，即可全速执行完调试光标所在的函数，黄色箭头指向调用函数的下一行语句。

方法3：执行到调用函数时，按F10键，调试光标不进入函数内，而是全速执行完该函数，然后黄色箭头直接指向主函数中的下一行。

方法4：利用断点调试。在程序运行前，事先在某一程序行处设置断点。在随后的全速运行过程中，一旦执行到该程序行即停止，便可在此观察有关变量值，以确定问题之所在。在程序行设置/移除断点的方法是：将光标定位于需要设置断点的程序行，单击菜单"Debug"→"Insert/Remove BreakPoint"选项，可设置或移除断点（也可在该行双击实现同样的功能）；单击菜单"Debug"→"Enable/Disable Breakpoint"选项，可开启或暂停光标所在行的断点功能；单击菜单"Debug"→"Disable All Breakpoint"选项，可暂停所有断点；单击菜单"Debug"→"Kill All BreakPoint"选项，可清除所有的断点设置。这些功能也可以用工具条上的快捷按钮进行设置。

通过灵活应用上述调试方法，可以大大提高查错的效率。

2. 在 ISIS 中实现 C51 源码级调试的方法

如前所述，ISIS 具有汇编源码级调试能力，即 ISIS 编译生成的 hex 可执行文件，在 ISIS 中运行时可提供源码查看、设置断点、单步运行等调试手段，其"调试"菜单如图 A.58 所示。

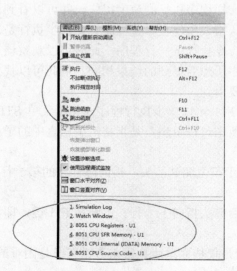

图 A.58 ISIS 生成的 hex 文件的"调试"菜单

由图 A.58 可见，这种 hex 文件可以提供多种调试信息，特别是第 6 项"8051 CPU Source Code-U1"

（源代码）信息，对动态调试非常重要，本书第 3 章例 3.17 的调试窗口如图 A.59 所示。

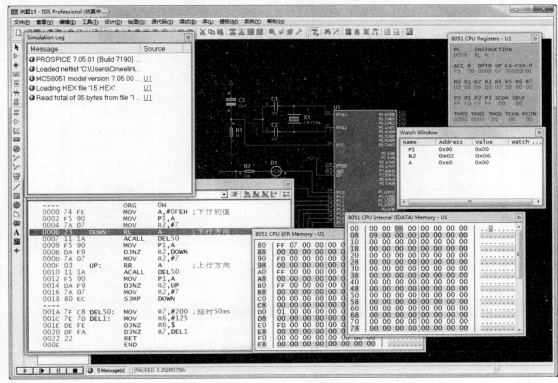

图 A.59　例 3.17 的调试窗口

图中打开了全部 6 项调试窗口，因而可以很方便地进行动态调试。然而，若将 μVision3 形成的 hex 可执行文件加载到 ISIS 中（如第 4 章实例 1），发现其源代码窗口并不存在，很多调试功能也都不能使用（"调试"菜单如图 A.60 所示）。

这说明，由 μVision3 生成的 C51 hex 文件缺乏在 ISIS 中进行动态调试的信息。从 Proteus 6.9 版本之后，ISIS 开始支持一种由 μVision3 生成的 ofm51 格式文件，即绝对目标文件（absolute object module format files）。

生成 ofm51 格式文件与 hex 格式文件的设置方法基本相同，都要用到"Output"选项卡（见图 A.49），但 ofm51 格式文件要使"Create HEX Files"选项框为空，还要将"Name of Executable"文本框中的可执行文件的扩展名为.omf，如图 A.61 所示。

单击"确定"按钮退出设置，随后按一般 C51 程序的编译操作即可生成.omf 格式的可执行文件。进行 ISIS

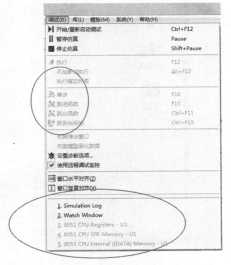

图 A.60　μVision3 生成的 hex 文件的"调试"菜单

仿真前，也需要像加载 hex 文件那样加载 omf 文件，只是要将加载时用的"选择文件名"对话框中的"文件类型"由默认的"Intel Hex Files"改为"OMF51 Files"，如图 A.62 所示。

加载完成后就可以在 ISIS 中启动 C51 程序了。可以发现，omf 文件不仅可以提供源代码信息，也支持许多其他调试方法（"调试"菜单如图 A.63 所示）。

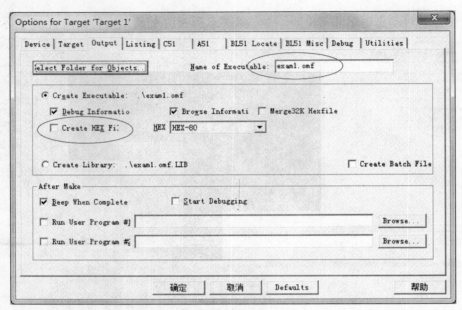

图 A.61　设置输出 ofm51 格式文件

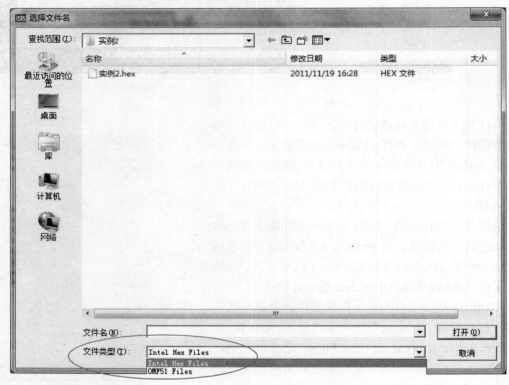

图 A.62　加载 .omf 文件

因而，利用 omf 格式可执行文件，可在 ISIS 中直接进行 C51 源码级调试，本书第 6 章实例 5 的调试窗口如图 A.64 所示。

图中源代码窗口里的蓝色语句行表示光标所在行，红色箭头表示当前命令行。片内 RAM 窗口里的黄底红色字符表示为当前存储数据。除此之外，还可以打开更多调试窗口。显然，利用 omf 可执行文件，可使 C51 程序在 ISIS 中的调试如同汇编程序调试一样简明。

图 A.63 μVision3 生成的 omf 文件的"调试"菜单

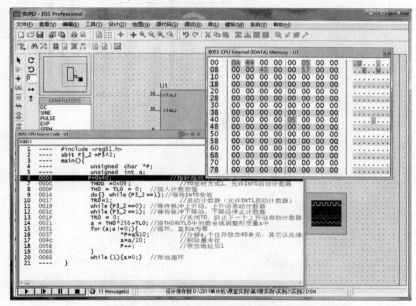

图 A.64 ISIS 中的 C51 程序调试窗口

实验 5　电子秒表显示器

【实验目的】

掌握中断和定时/计数器工作原理,熟悉 C51 编程与调试方法。

【实验原理】

实验电路原理图如图 A.65 所示,该电路与实验 1 基本相同,不再赘述。

在编程软件配合下,要求实现如下功能:数码管的初始显示值为"00";当 1s 产生时,秒计数器加 1;秒计数到 60 时清 0,并从"00"重新开始,如此周而复始进行。

软件编程原理为：采用 T0 定时方式 1 中断法编程，其中 1s 定时采用 20 次 50ms 定时中断的方案实现，编程流程图如图 A.66 所示。

【实验内容】

（1）理解定时器的工作原理，完成定时中断程序的编写与调试；

（2）练习 μVision3 与 ISIS 的联机仿真方法。

【实验步骤】

（1）提前阅读与实验 5 相关的阅读材料；

（2）参考图 A.65 和表 A.6，在 ISIS 中完成电路原理图的绘制；

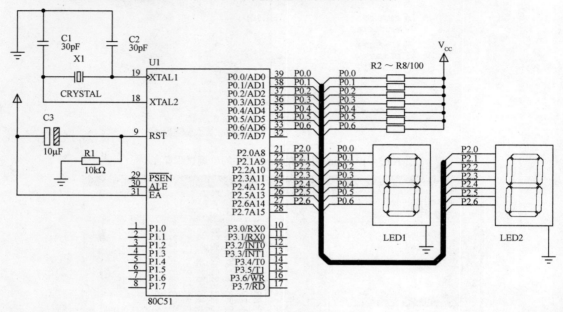

图 A.65　实验 5 的电路原理图

（3）参考图 A.66 在 μVision3 中编写和编译 C51 程序，生成可执行文件；

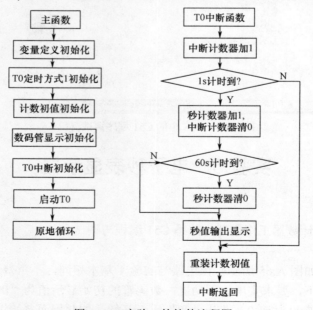

图 A.66　实验 5 的软件流程图

(4) 在 μVision3 中启动 ISIS 的仿真运行, 并进行联机调试。

【实验要求】

提交实验报告并包括如下内容: 电路原理图、定时中断原理分析、C51 源程序(含注释语句)、软件调试分析、仿真运行截图及实验小结。

【参考图表】

表 A.6 实验 5 的元件清单

元件类别	电路符号	元件名称
Microprocessor ICs	U1	80C51
Miscellaneous	X1/12MHz	CRYSTAL
Capacitors	C1~C2/1nF	CAP
Capacitors	C3/22μF	CAP-ELEC
Resistors Packs	R2~R8/1k	RES
Resistors	R1/100Ω	RES
Optoelectronics	LED1~LED2	7SEG-COM-CAT-GRN

【阅读材料 5】μVision3 与 ISIS 的联合仿真

Proteus ISIS 可以仿真单片机 CPU 的工作情况, 也能仿真单片机外围电路或没有单片机参与的其他电路的工作情况。在仿真和程序调试时, 关心的不再是某些语句执行时单片机寄存器和存储器内容的改变, 而是从工程的角度直接看程序运行和电路工作的过程和结果。Keil μVision3 是目前世界上最好的 51 单片机汇编和 C51 语言的集成开发环境, 支持汇编与 C 的混合编程, 同时具备强大的软件仿真和硬件仿真(用 mon51 协议, 需要硬件支持)功能。

Proteus ISIS 能方便地和 Keil μVision3 整合起来, 实现电路仿真功能与高级编程功能的完美结合, 使单片机的软/硬件调试变得十分有效。联合仿真的实现方法如下。

1. 准备工作

首先应保证成功安装 Proteus 和 Keil μVision3 两个软件, 确保在 μVision3 下安装动态链接库 VDM51.dll 并进行正确配置(请参阅其他相关书籍)。

2. 检查联机配置情况

在 μVision3 中建立一个新工程后, 还需要检查联机配置是否有效, 具体做法是:

打开如图 A.48 所示的工程配置设置窗口, 单击"Debug"选项卡, 打开的默认界面如图 A.67 所示。

单击窗口右侧的"Use"选项, 并单击下拉框选择将 Proteus 作为模拟器(下拉框中的具体显示内容取决于配置 VDM51.dll 时修改 TOOLS.INI 文件的文本行), 如图 A.68 所示。

此外, 还应打开 ISIS 模块, 查看并确保已经勾选了菜单"调试"→"使用远程调试监控"选项(见图 A.69)。

至此, 我们已建立起 ISIS 与 μVision3 的软件关联性, 可以进行联合仿真了。

3. μVision3 与 ISIS 的联合仿真

联合仿真的具体做法如下:

(1) 分别打开 ISIS 下的原理图文件和 μVision3 下的工程文件, 如图 A.70 所示。

(2) 单击 μVision3 菜单"Debug"→"Start/Stop Debug Session"选项(或按 Ctrl+F5 键), 将可执行文件下载到 ISIS 中。

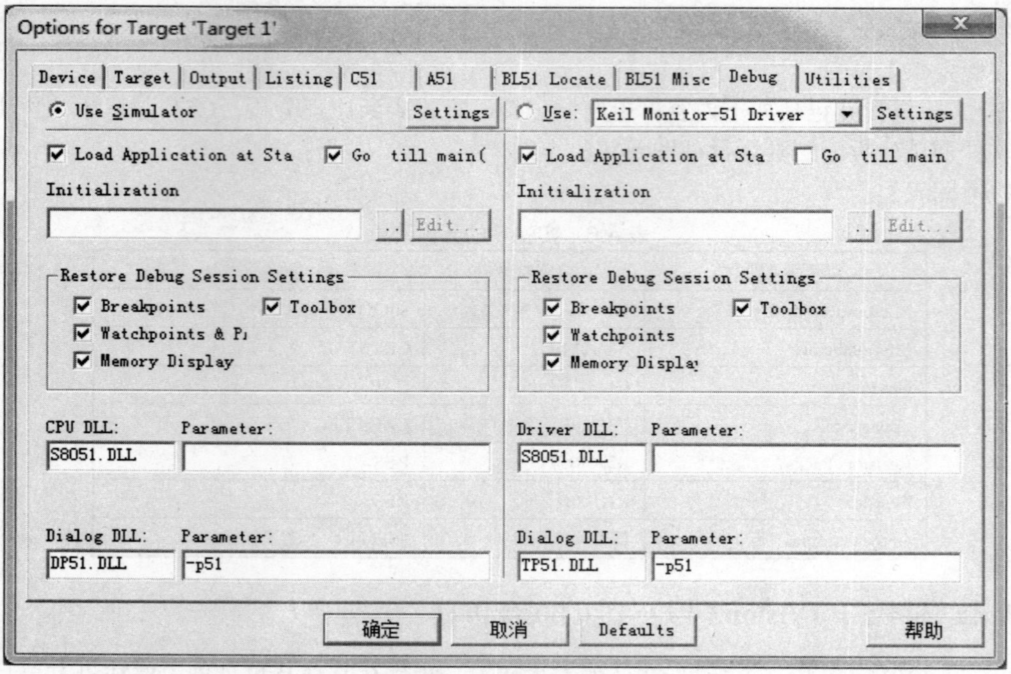

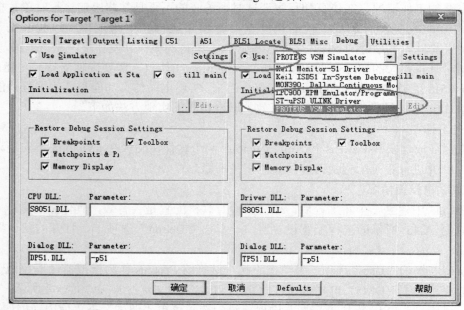

图 A.67 "Debug" 选项卡

图 A.68 在"Debug"选项卡中选择将 Proteus 作为模拟器

（3）单击 μVision3 菜单"Debug"→"GO"选项（或按 F5 键），可启动 ISIS 中的连续仿真运行。此时，ISIS 出现运行画面，而 μVision3 则为寄存器窗口+反汇编窗口，如图 A.71 所示。

（4）如欲进行程序动态调试，可使用图 A.56 所示的"运行和调试工具条"（或 Debug 菜单选项）进行 μVision3 下的相关操作。

（5）单击 μVision3 的菜单"Debug"→"Stop Running"选项，可终止仿真过程。

注意：联合仿真时不能从 ISIS 中停止程序运行，否则会引起系统出错提示。

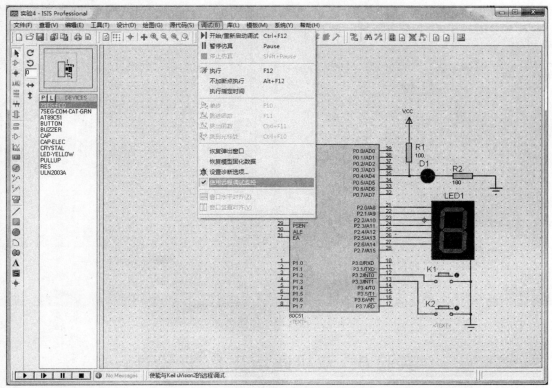

图 A.69 允许使用远程调试监控

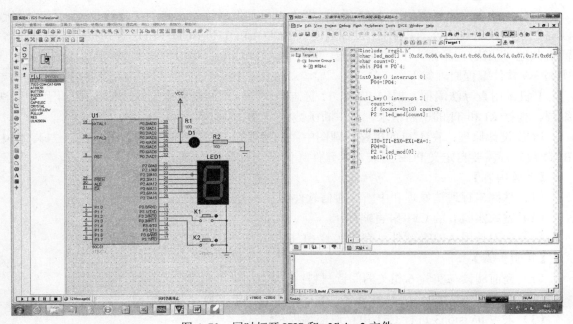

图 A.70 同时打开 ISIS 和 μVision3 文件

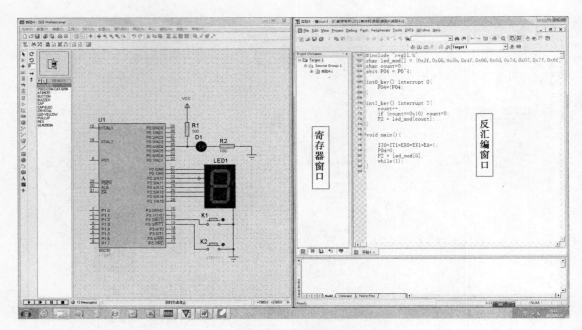

图 A.71　ISIS 中的连续仿真运行

实验 6　双机通信及 PCB 设计

【实验目的】

掌握串行口通信工作原理，熟悉单片机电路的 PCB 设计过程。

【实验原理】

实验 6 的电路原理图如图 A.72 所示，图中 1#机的发送线与 2#机的接收线相连，1#机的接收线与 2#机的发送线相连，共阴极 BCD 数码管 BCD_LED1 和 BCD_LED2 分别接各机的 P2 口，两机共地（默认），晶振为 11.0592MHz，波特率为 2400bps，串口方式 1。实现功能参见第 7 章实例 3，软件编程原理如下：

1#机采用查寻法编程，根据 RI 和 TI 标志的软件查询结果完成收发过程；2#机采用中断法编程，根据 RI 和 TI 的中断请求，在中断函数中完成收发过程。

PCB 设计原理：在 1#机的电路原理图中添加接线端，并定义电源端口（见图 A.73）。图中 BCD 数码管需要自定义 PCB 封装，其元件具体尺寸如图 A.74 所示。

【实验内容】

（1）掌握串行通信原理和中断法通信软件编程；

（2）完成实验 6 的 C51 语言编程；

（3）学习使用 ARES 软件，完成实验 61#机电路（见图 A.73）PCB 设计。

【实验步骤】

（1）提前阅读与实验 6 相关的阅读材料；

（2）参考图 A.72～A.74 及表 A.7，在 ISIS 中完成电路原理图的绘制；

（3）采用 μVision3 进行 C51 串行通信编程和调试；

（4）对 1#机的电路进行 PCB 设计，生成 Gerber 输出文件。

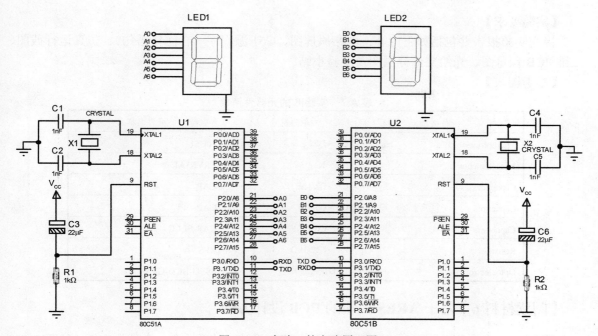

图 A.72　实验 6 的电路原理图

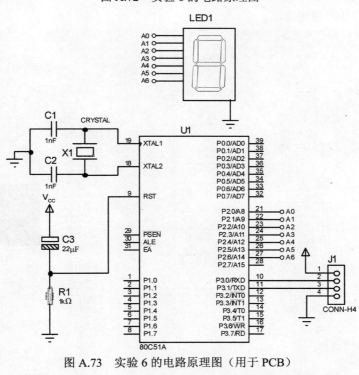

图 A.73　实验 6 的电路原理图（用于 PCB）

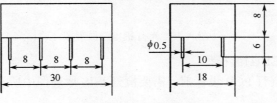

图 A.74　BCD_LED 尺寸图

【实验要求】

提交实验报告并包括如下内容：电路原理图、C51 源程序（含注释语句）、仿真运行截图、三维 PCB 预览图、光绘文件分层图及实验小结。

【参考图表】

表 A.7　实验 6 的元器件清单

元件类别	电路符号	元件名称
Microprocessor ICs	U1～U2	80C51
Miscellaneous	X1～X2	CRYSTAL
Capacitors	C1～C2/1nF	CAP
Capacitors	C4～C5/1nF	CAP
Capacitors	C3、C6/22μF	CAP-ELEC
Resistors	R1～"R2/1kΩ	RES
Optoelectronics	LED1～LED2	7SEG-BCD-GRN

【阅读材料 6】基于 ARES 模块的 PCB 设计方法

在 ISIS 完成的原理图基础上可以直接进行 PCB 设计，以下结合一个具体实例（见图 A.75）介绍 ARES 模块的基本使用方法。

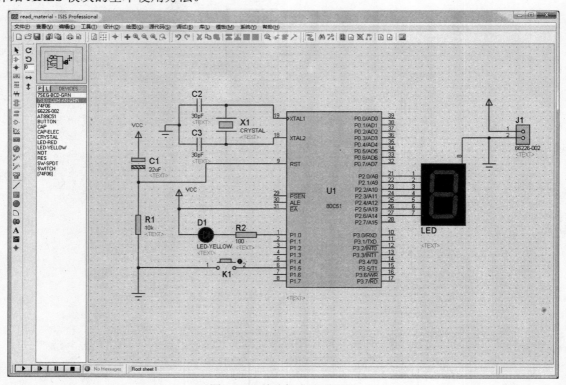

图 A.75　单片机电路原理图

1. 核实元器件的 PCB 封装模型

在利用 ARES 模块进行 PCB 设计前，需要检查 ISIS 原理图中所有元器件是否都有 PCB 封装模型。具体方法是：

打开 ISIS 原理图文件，右键单击查看每个元件的属性对话框，发光二极管 D1 的属性对话框如图 A.76 所示。

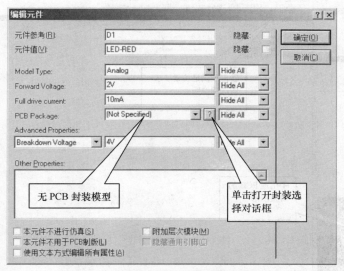

图 A.76　D1 元件的属性对话框

可以看出，此时在"PCB Package"下拉框中显示"Not Specified"，表明尚未指定 PCB 封装模型。单击该参数框后面的"?"按钮，可弹出 PCB 封装选择对话框，如图 A.77 所示。

图 A.77　PCB 封装选择对话框

若已知 PCB 封装库中有名为"LED"的元件，且外形及尺寸符合 D1 的要求，则可在"关键字"文本框中输入检索字符"LED"。对话框窗口里将出现 LED 的封装图形和选项说明，如图 A.78 所示。

单击"确定"按钮关闭选择对话框，D1 的属性对话框中就会出现 LED 封装名（见图 A.79）。

· 281 ·

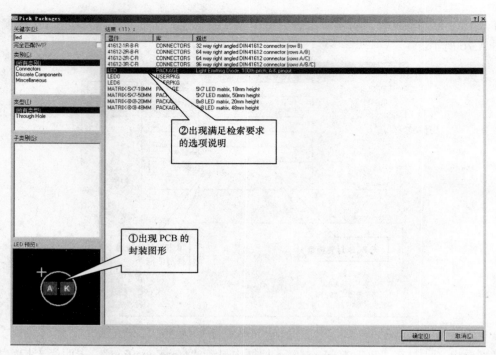

图 A.78 查找 LED 的 PCB 封装

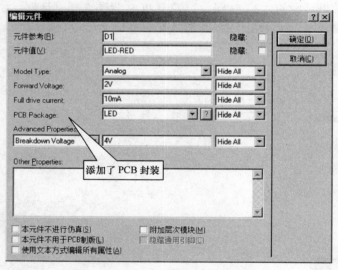

图 A.79 发光二极管 D1 的属性窗口

单击"确定"按钮结束 D1 的 PCB 封装设置。这种方法可将库中已有的 PCB 封装模型指定为无 PCB 封装模型的元件。

右键单击查看 K1 按钮元件的属性对话框,其属性窗口如图 A.80 所示。可见,K1 的属性对话框中没有"PCB Package"选项框,为借用封装库中适当的 PCB 模型,需要撤销默认勾选的"本元件不用于 PCB 制版"选项,勾选"使用文本方式编辑所有属性"选项,单击"确定"按钮出现如图 A.81 所示的窗口。

若封装库中名为 XTAL30 的晶振元件的 PCB 封装可满足 K1 的外形及尺寸要求,则可在"All Properties"文本框内添加一行命令"{PACKAGE=XTAL30}"(将该晶振的 PCB 封装指定用于 K1),单击"确定"按钮结束 K1 的 PCB 封装设置。

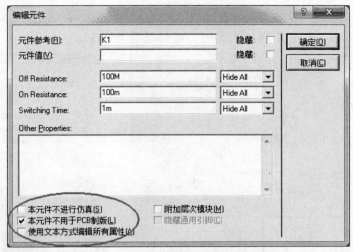

图 A.80　按钮元件的属性窗口

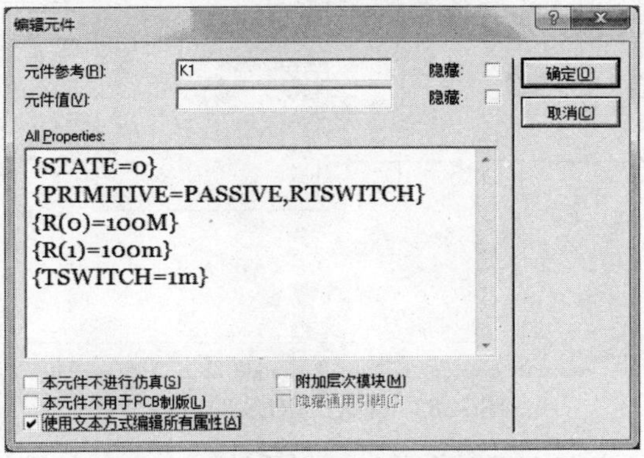

图 A.81　使用文本方式编辑所有属性

如果封装库中模型都不适用（如图 A.75 中的共阴极数码管 LED），则用户需要根据元件的实际外形与引脚自定义 PCB 封装模型。

2. 自定义 PCB 封装模型

假设已知图 A.75 数码管的引脚及外形尺寸如图 A.82 所示，则自定义 PCB 封装的过程如下。

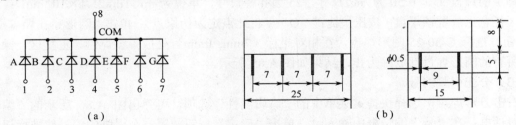

图 A.82　LED 数码管的引脚定义与外形尺寸图

由图 A.82（a）可知，该数码管的 8 脚为公共端，1～7 脚为字段 A～G。图 A.82（b）则表明，该数码管采用双列直插式结构，纵向引脚间距为 7mm，横向间距为 9mm，引脚直径为 0.5mm，最大外形尺寸为 25mm×15mm×8mm。

自定义 PCB 封装的工作需要在 ARES 和 ISIS 两个模块中交替进行。

（1）打开 ARES 模块

打开 ARES 模块可以有 3 种方法：①单击 ISIS 界面"工具"→"网表到 ARES"菜单选项；

②单击 ISIS 界面右上角的"生成网表并传输到 ARES"工具按钮 ▦（见图 A.83）；③从 Windows 启动菜单中打开 ARES（自定义 PCB 封装时，建议采用方法 3）。

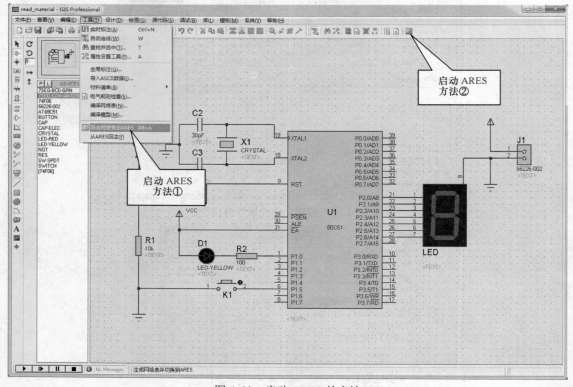

图 A.83　启动 ARES 的方法

打开的 ARES 工作界面如图 A.84 所示。可以看出，ARES 的编辑界面也是 Windows 软件风格，除菜单栏和命令工具栏外，还包括预览窗口、编辑工作区、列表窗口、选择工具栏、图层选择栏、编辑工具栏和状态栏。

（2）摆放焊盘

在 ARES 编辑窗口左侧的"选择工具栏"中单击"方形穿孔焊盘模式" ▪ 按钮，选择 S-50-25 为引脚 1 的焊盘（其中 50 为方边尺寸，25 为孔径尺寸，单位为 th，$1\text{th}=25.4\times10^{-3}\text{mm}$）；单击编辑区任意点放置该焊盘（按压快捷键"O"可将此点定为伪原点）；单击"圆形穿孔焊盘模式" ● 按钮，选择 C-50-25 圆形焊盘，在相对坐标（7mm, 0mm）处放置该焊盘。重复这一操作直到将所有的圆形焊盘都放好为止，结果如图 A.85 所示。

（3）分配引脚编号

右击方形焊盘，选择快捷键菜单中的"编辑属性"选项，可弹出图 A.86 所示的"编辑引脚"对话框；在"号"编辑框中输入 1，单击"确定"按钮，第一个引脚的编号便被标记在方形焊盘上。按照同样方法可为其他引脚分配编号，分配编号后局部放大的焊盘如图 A.87 所示。

（4）添加元件边框

单击编辑窗口左下角的"选择当前板层"下拉菜单框，选中丝印层（Top Silk）；单击左侧工具栏中"2D Graphics 框体模式"按钮，围绕焊盘阵列，以对角线方式画出元件边框（最大外形尺寸），结果如图 A.88 所示。

（5）元件封装保存

按住右键拖动鼠标，选中焊盘阵列及其外框；选择"库"→"创建封装"菜单项，可弹出

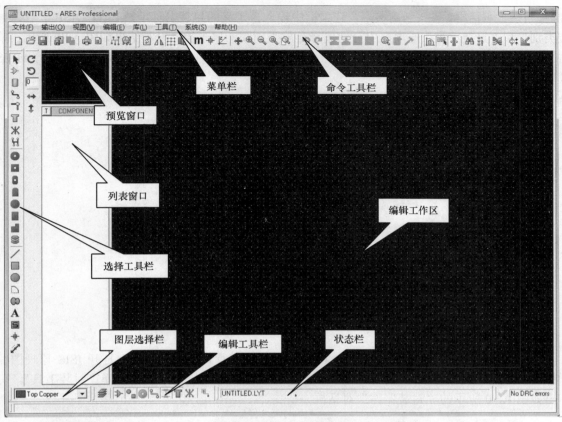

图 A.84　ARES 工作界面

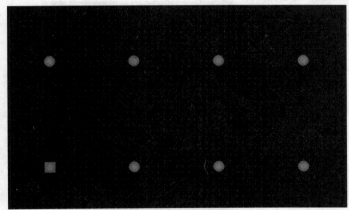

图 A.85　焊盘放置结果

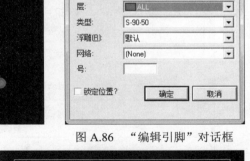

图 A.86　"编辑引脚"对话框

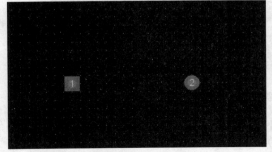

图 A.87　分配引脚编号后的放大焊盘

图 A.88　添加元件边框

"制作封装"对话框。在"新封装名"选项框中输入自定义的封装名称（如 LED_DISP），在"封装类别"和"封装子类"选项框中分别选择存放类别和所属子类，设置结果如图 A.89 所示。单击"确定"按钮，结束在 ARES 模块中的封装工作。单击"文件"→"退出"菜单项，关闭 ARES 模块。

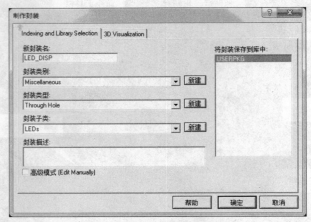

图 A.89 "制作封装"对话框

（6）自定义封装引脚关联

为了使用该自定义的封装，还需在 ISIS 原理图中进行封装引脚关联。打开 ISIS 原理图编辑界面（见图 A.75），右击已绘好的 LED 数码管，在弹出的快捷菜单中选择"封装工具"，可弹出如图 A.90 所示的"封装器件"对话框。

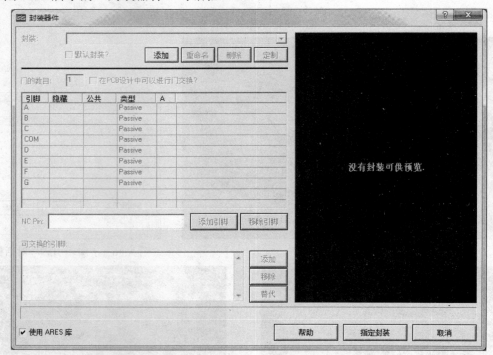

图 A.90 "封装器件"对话框

单击"添加"按钮，在弹出的"Pick Packages"对话框中，根据类别、类型等条件找到在 ARES 中自定义的封装名 LED_DISP（见图 A.91）。

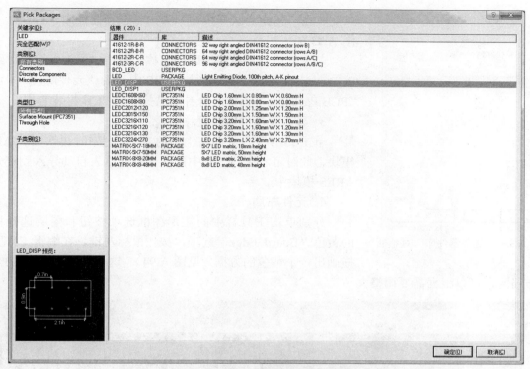

图 A.91 "Pick Packages"对话框

单击"确定"按钮关闭"Pick Packages"对话框,返回"封装器件"对话框。按图 A.82(a)所示的引脚要求,定义 PCB 封装的引脚编号(见图 A.92)。

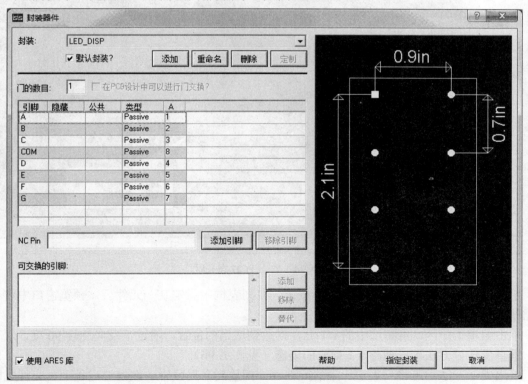

图 A.92 "封装器件"对话框

图 A.93 "选择器件库"对话框

单击"指定封装"按钮,弹出"选择器件库"对话框(见图 A.93)。

若无须更改封装器件库的名称,单击"保存"按钮可结束 PCB 封装的关联过程。此时在 ISIS 中查看该元件属性,即可在"PCB Package:"选择框内看到已关联的 PCB 封装名称。

3. 导入元器件网络表

单击 ISIS 工作界面右上角的 ■ 工具按钮,再次启动 ARES 模块,此时可将图 A.75 中的元器件网络表自动导入到打开的 ARES 模块中。

4. 元件布局

分别单击工具栏中的矩形图框选项按钮和图层选择栏中的黄色"Board Edge"选项,按住鼠标左键,在编辑工作区上拖画出一个黄色的方框(见图 A.94)。这个方框是 PCB 的元器件布局区,可以根据需要调整大小。

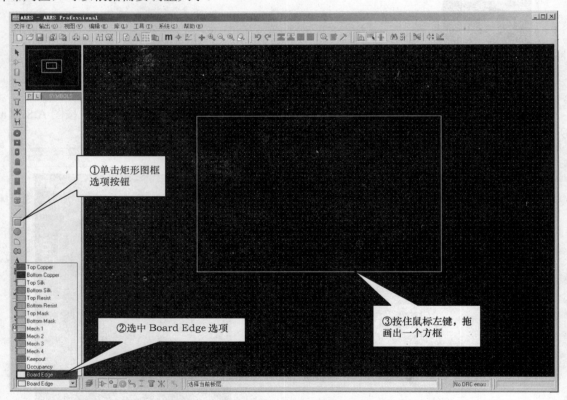

图 A.94 建立 PCB 布局区

单击选择工具栏中的"元件模式"按钮,在列表框中指定某一元件后,预览窗口中将显示该元件的封装图形(见图 A.95)。

单击编辑工作区,可将选中的 U1 元件摆放到适当的位置。通过正反向旋转 90 度、水平反转、垂直反转等方法可以调整 U1 摆放的姿态(见图 A.96)。

采用类似方法,可将列表窗口中的元件逐一摆放到布局区中。在摆放过程中,元件之间会自动产生"飞线"(见图 A.97)。

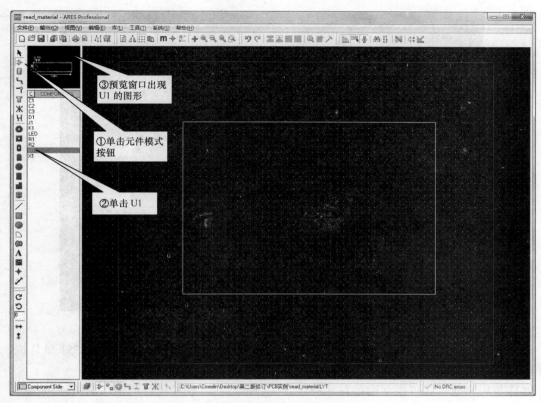

图 A.95　元件预览

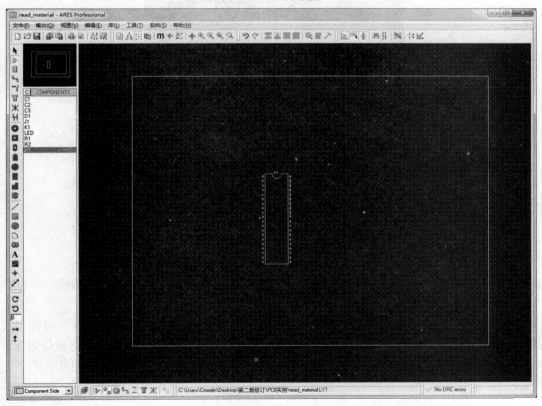

图 A.96　元件手工布局

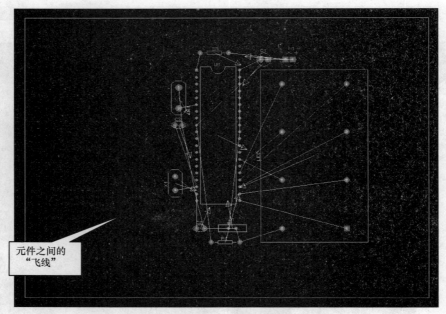

图 A.97 采用手动方式摆放元件

注意：元件手工方式布局时，最好先放置大型或重要元件，如本例中的 80C51 单片机。元件布局也可采用自动方式进行，但由于效果不很理想，故一般不太使用。

元件布局完成后，可根据需要对元件摆放区边框形状及尺寸进行调整（见图 A.98）。

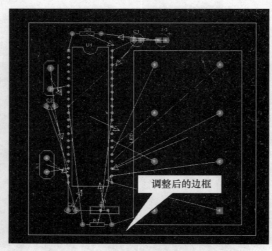

图 A.98 调整布局边框形状及尺寸

5. 元件布线

单击菜单"工具"→"自动布线"选项，或单击工具栏中的"自动布线"按钮，可以弹出自动布线设置窗口（见图 A.99）。

如果无须更改设置，单击"自动布线"按钮即可开始自动布线，此时"飞线"将被正式的引线所取代（见图 A.100）。自动布线后也可利用手动方式进行局部调整，以获得最佳效果。

注意：为保证自动布线功能的顺利进行，用于 PCB 设计的 ISIS 原理图的文件名中不要出现中文。

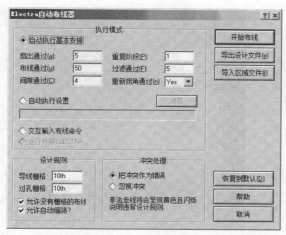
图 A.99 自动布线设置窗口

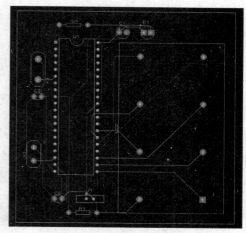
图 A.100 自动布线的效果图

6. 覆铜

覆铜是指将布线之间的空白区域进行铜箔填充，其意义在于增大线路各处的对地电容，减小地线阻抗，降低压降，提高抗干扰能力。

单击选择工具栏中"覆铜模式"按钮，光标变为笔形状，按住鼠标左键在黄色边框线内拖曳出一块矩形覆铜区。松开鼠标后，可弹出"编辑覆铜"对话框（见图 A.101）。

单击"确定"按钮可对顶层先进行覆铜操作，顶部覆铜效果如图 A.102 所示。

图 A.101 "编辑覆铜"对话框

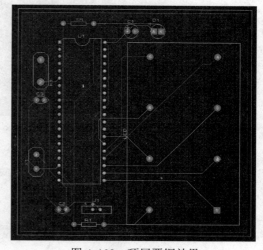
图 A.102 顶层覆铜效果

按住鼠标左键，在靠近黄色边框线附近再拖曳出一块矩形覆铜区。松开鼠标后，"编辑覆铜"对话框（见图 A.103）可再次弹出。

单击"层/颜色"下拉框，选择"Bottom Copper"对底层进行覆铜操作。底层覆铜效果如图 A.104 所示。

7. 预览 PCB 效果

单击菜单"输出"→"3D 预览"选项，可启动三维预览功能，鼠标拖动操作可以从不同角度观察 PCB 的设计效果（见图 A.105）。

8. 输出 PCB 文件

单击菜单"输出"→"Gerber 输出"选项，可弹出光绘文件设置窗口（见图 A.106）。

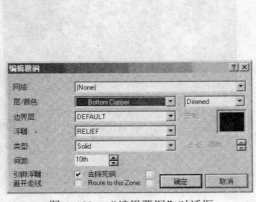

图 A.103 "编辑覆铜"对话框

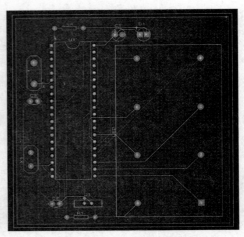

图 A.104 底层覆铜效果

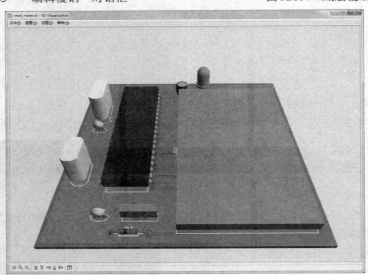

图 A.105 三维预览效果

图 A.106 光绘文件设置窗口

· 292 ·

图中的勾选项为 PCB 制作的常用图层：顶部铜箔层、底部铜箔层、顶部丝印层、顶部阻焊层、底部阻焊层、钻孔。确定存盘路径并单击"确定"按钮后，可形成一组.txt 格式的 Gerber 光绘文件。单击菜单"输出"→"输出位图文件"选项，可弹出"输出位图"对话框（见图 A.107），勾选相应图形选项，单击可生成如图 A.108 所示的光绘文件分层图形。

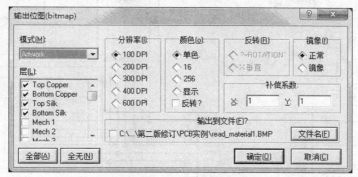

图 A.107　"输出位图"对话框

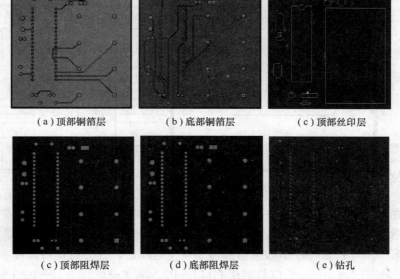

（a）顶部铜箔层　　　（b）底部铜箔层　　　（c）顶部丝印层

（c）顶部阻焊层　　　（d）底部阻焊层　　　（e）钻孔

图 A.108　光绘文件分层图形

PCB 设计到此结束，此后还需经过印刷线路板加工→元器件焊接→可执行文件下载→实验测试等后续环节的工作，若正确无误才算完成一个电子产品的设计开发。可以看出，利用功能强大的 Proteus 设计工具，可以实现从概念到产品的完整设计过程。

实验 7　直流数字电压表设计

【实验目的】

掌握 LED 动态显示和 A/D 转换接口设计方法。

【实验内容】

实验电路原理图如图 A.109 所示，图中 4 联共阴极数码管以 I/O 口方式连接单片机，其中段码 A～G 和 DP 接 P0.0～P0.7 口（需上拉电阻），位码 1～4（$4^{\#}$为最低位数码管，依次类推）接 P2.0～P2.3 口；ADC0808 采用 I/O 口方式接线，其中被测模拟量由 $0^{\#}$通道接入，位地址引脚

· 293 ·

ADDA、ADDB、ADDC 均接地，START 和 ALE 并联接 P2.5，EOC 接 P2.6，OE 接 P2.7，CLOCK 接 P2.4。

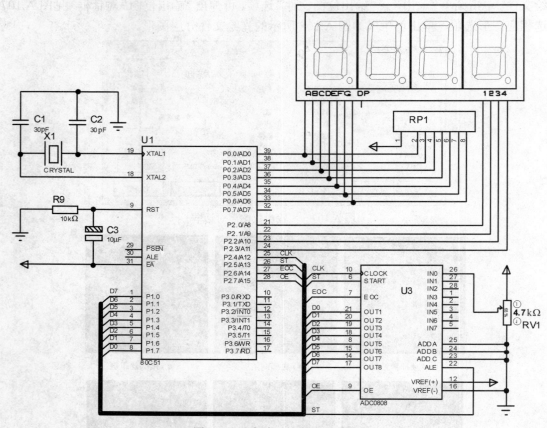

图 A.109　实验 7 的电路原理图

在编程软件配合下，要求实现如下功能：调解电位器 RV1 可使其输出电压在 0～5V 之间变化。经 A/D 转换后，数码管以十进制数形式动态显示电位器的调节电压。

动态显示编程原理：将待显示数据拆解为 3 位十进制数，并分时地将其在相应数码管上显示。一次完整的输出过程为：最低位数据送 P0 口→P2.3 清零→软件延时→P2.3 置 1→中间位数据送 P0 口→P2.2 清零→软件延时→P2.2 置 1→最高位数据送 P0 口→P2.1 清零→软件延时→P2.1 置 1，如此无限循环。

A/D 转换编程原理：启动信号与输出使能信号（START、ALE、OE）均由软件方式的正脉冲提供；结束信号（EOC）由 P2.6 的高电平提供。A/D 转换时钟信号由 T0 定时方式 2 中断提供（设系统晶振频率为 12MHz）。一次完整的 A/D 转换过程为：发出启动信号→查询 EOC 标志→发出 OE 置 1 信号→读取 A/D 结果→发出 OE 清零信号。如此无限循环。

【实验内容】

（1）数码管动态显示编程；

（2）A/D 转换查询法编程；

（3）考察延时量对动态显示效果的影响。

【实验步骤】

（1）提前阅读与实验 7 相关的阅读材料；

（2）参考图 A.109 及表 A.8，在 ISIS 中完成电路原理图的绘制；

（3）采用 μVision3 进行 C51 动态显示和 A/D 转换的编程及调试。

【实验要求】

提交实验报告并包括如下内容：电路原理图、A/D 转换原理分析（通用 I/O 口方式与总线方式在电路与编程方面的差异）、C51 源程序（含注释语句）、仿真运行截图及实验小结。

【参考图表】

表 A.8　实验 7 的元件清单

元件类别	电路符号	元件名称
Microprocessor ICs	U1	80C51
Data Converter	U3	ADC0808
Miscellaneous	X1	CRYSTAL
Capacitors	C1～C2	CAP
Capacitors	C3	CAP-ELEC
Resistors	RP1	RESPACK_7
Resistors	R9/10k	RES
Resistors	RV1/4.7k	POT-HG
Optoelectronics	LED	7SEG-MPX4-CC-BLUE

【阅读材料 7】ISIS 中的虚拟信号发生器

ISIS 中包含多种虚拟信号发生器，在电路仿真时可用来产生各种激励信号。在 ISIS 工作界面中单击信号发生器图标，即可以看到信号发生器列表（见图 A.110）。

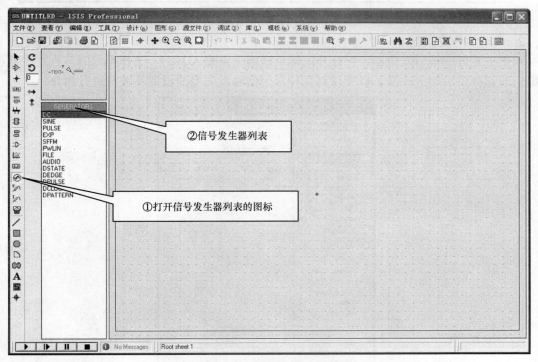

图 A.110　ISIS 中的信号发生器列表

学习并掌握虚拟信号发生器的用法，对单片机应用系统的设计和调试可提供极大的便利。以下简单介绍虚拟信号发生器的使用方法。

1. 放置信号发生器

选中信号发生器列表框中的任意信号发生器后,可将其放置在工作编辑区。如果该信号发生器没有连接到任何已有元器件时,系统会以"?"号为其命名。如果该信号发生器和已有网络连接,则系统会自动以该网络名称对其命名(见图 A.111)。

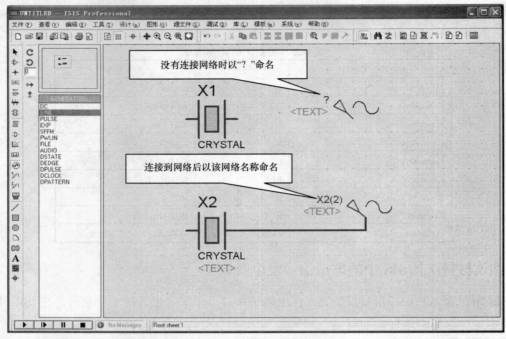

图 A.111 放置信号发生器

2. 编辑信号发生器

双击放置好的信号发生器,可打开编辑对话框(见图 A.112),选择不同的信号发生器可使该编辑对话框发生相应改变。以下仅对几种常用信号发生器的设置及波形进行简介。

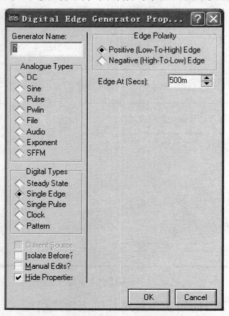

图 A.112 信号发生器编辑对话框

3. DC 信号发生器

DC 信号发生器即直流信号发生器，该信号发生器可输出直流电压或直流电流（勾选 Current Source 选项时）。图 A.113 为 15V 直流电压输出信号的设置及波形情况。

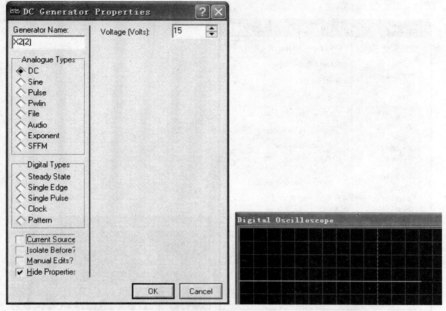

图 A.113　DC 信号发生器的编辑对话框及其波形

4. Sine 信号发生器

Sine 信号发生器即正弦信号发生器，该发生器可产生幅值、频率和相位可调的正弦信号。图 A.114 为偏移量 1.0V，幅值为 2.5V，频率为 10kHz，初始相位角 0 的输出正弦波信号设置及波形情况。

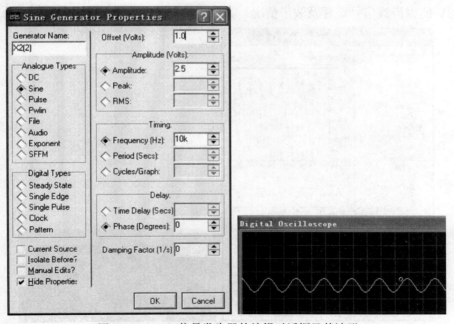

图 A.114　Sine 信号发生器的编辑对话框及其波形

5. Pulse 信号发生器

Pulse 信号发生器即脉冲信号发生器，该发生器可产生幅值、周期和脉冲上升/下降时间都可调的脉冲信号。图 A.115 为幅值 5V，频率为 1Hz，高电平占空比为 70%，上升/下降沿均为 1μs 的脉冲信号设置及波形情况。

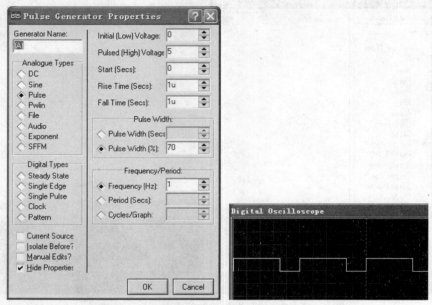

图 A.115　Pulse 信号发生器的编辑对话框及其波形

6. Pwlin 信号发生器

Pwlin 信号发生器即分段线性信号发生器，用来产生复杂波形的模拟信号。该信号发生器的编辑对话框中包含一个图形编辑器，单击放置数据点，按住左键不放可以拖动数值点到其他位置，右击清除数值，按住 Ctrl 键的同时右击，则清除编辑器中的所有数值点。图 A.116 所示为幅值为 3V 的锯齿波信号设置及波形情况。

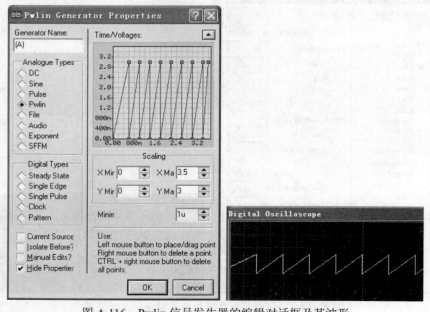

图 A.116　Pwlin 信号发生器的编辑对话框及其波形

7. File 信号发生器

File 信号发生器即文件信号发生器,可以通过 ASCII 文件产生输出信号,ASCII 文件为一系列的时间和数据对。文件信号发生器与分段线性信号发生器类似,只是 ASCII 文件是外部引用文件,而不是直接通过元器件属性设置的。图 A.117 为某三角波的设置及波形情况。

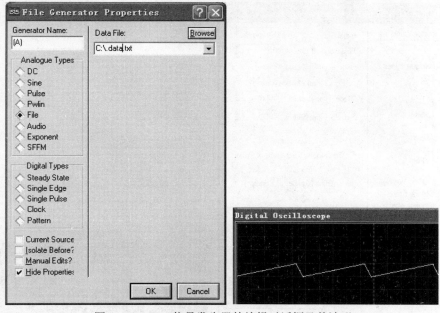

图 A.117　File 信号发生器的编辑对话框及其波形

8. DClock 信号发生器

DClock 信号发生器即时钟信号发生器,可以产生 Low-High-Low 类型的时钟序列信号,也可以产生 High-Low-High 类型的时钟序列信号。图 A.118 为频率 10Hz,幅度为 3V,Low-High-Low 类型时钟信号的设置情况。

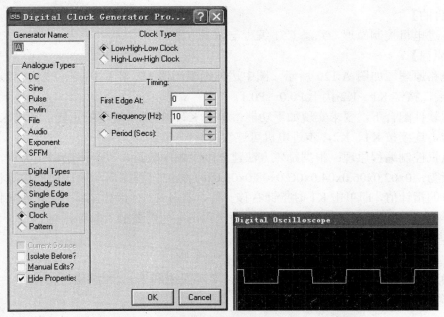

图 A.118　DClock 信号发生器的编辑对话框及其波形

9. DPattern 信号发生器

DPattern 信号发生器即数字模式信号发生器,可以产生任意形式的逻辑电平序列,可以产生上述所有数字信号。图 A.119 为高电平宽 500ms,低电平宽为 100ms,共计 8 个输出脉冲信号的设置情况。

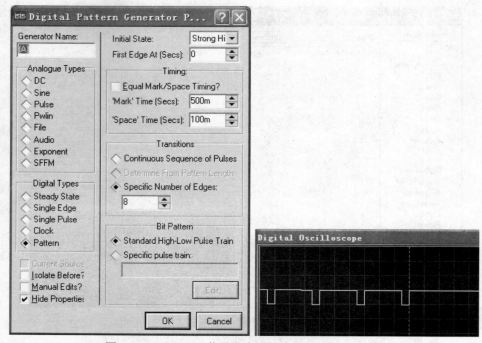

图 A.119 DPattern 信号发生器的编辑对话框及其波形

实验 8 步进电机控制设计

【实验目的】

掌握步进电机控制原理,熟悉 C51 编程与调试方法。

【实验原理】

实验电路原理图如图 A.120 所示,图中达林顿驱动器 U2 接于 P1.0～P1.3,步进电机接在 U2 的输出端,按键 K1～K2 接于 P0.0～P0.1。

在编程软件配合下,要求实现如下功能:单击 K1,控制步进电机正转;单击 K2,控制步进电机反转,连续按 K1、K2,步进电机可连续旋转。

步进电机控制编程原理:根据励磁方法建立励磁顺序数组,以半步励磁法为例,励磁顺序数组的元素为:0x02,0x06,0x04,0x0C,0x08,0x09,0x01,0x03。程序启动后,根据按键状态修改励磁顺序数组的指针值,即单击 K1 时指针右移一位,单击 K2 时指针左移一位,随后将数组当前值由 P2 口输出,如此循环。注意,在 P2 口两次输出之间需要插入软件延时。

【实验内容】

(1) 学习单片机对步进电机的速度与方向控制原理;

(2) 编写 3 种励磁方案程序,即 1 相励磁、2 相励磁和 1～2 相励磁;

(3) 比较不同励磁方案时的步进电机仿真效果。

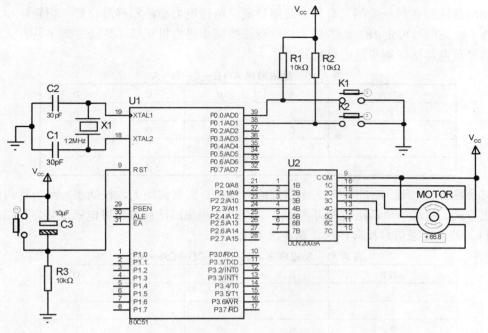

图 A.120　实验 8 的电路原理图

【实验步骤】

（1）提前阅读与实验 8 相关的阅读材料；

（2）参考图 A.120 及表 A.9，在 ISIS 中完成电路原理图的绘制；

（3）采用 μVision3 进行 C51 步进电机控制的编程及调试。

表 A.9　实验 8 的元器件清单

元件类别	电路符号	元件名称
Microprocessor ICs	U1	80C51
Analog ICs	U2	ULN2003A
Switches & Relays	K0~K2	BUTTON
Electromechanical	M1	MOTOR-STEPPER
Capacitors	C1/10μF	CAP-ELEC
Miscellaneous	X1/12MHz	CRYSTAL
Capacitors	C2~C3/2pF	CAP
Resistors	R1~R4	RES

【实验要求】

提交实验报告并包括如下内容：电路原理图、步进电机控制原理分析、C51 源程序（含注释语句）、仿真运行截图及实验小结。

【阅读材料 8】步进电机控制方法

步进电机有三线式、五线式、六线式 3 种，但其控制方式均相同，都必须以脉冲电流来驱动。若每转一圈以 20 个励磁信号来计算，则每个励磁信号前进 18°，其旋转角度与脉冲数成正比，正反转可由脉冲顺序来控制。

步进电机的励磁方式可分为全部励磁及半步励磁，其中全部励磁又有 1 相励磁及 2 相励磁之分，而半步励磁又称为 1~2 相励磁。

1 相励磁法：在每一瞬间只有一个线圈导通。消耗电力小，精确度良好，但转矩小，振动较大，每一励磁信号可走 18°。若以 1 相励磁法控制步进电机正转，其励磁顺序见表 A.10。若以励磁信号反向传送，则步进电机反转。

表 A.10　励磁顺序 A→B→C→D→A

STEP	A	B	C	D
1	1	0	0	0
2	0	1	0	0
3	0	0	1	0
4	0	0	0	1

2 相励磁法：在每一瞬间会有 2 个线圈同时导通。因其转矩大，振动小，故为目前使用最多的励磁方式，每送一个励磁信号可走 18°。若以 2 相励磁法控制步进电机正转，其励磁顺序见表 A.11。若以励磁信号反向传送，则步进电机反转。

表 A.11　励磁顺序 AB→BC→CD→DA→AB

STEP	A	B	C	D
1	1	1	0	0
2	0	1	1	0
3	0	0	1	1
4	1	0	0	1

1～2 相励磁法：为 1～2 相交替导通。因分辨率提高，且运转平顺，每送一励磁信号可走 9°，故也被广泛采用。若以 1 相励磁法控制步进电机正转，其励磁顺序见表 A.12。若以励磁信号反向传送，则步进电机反转。

表 A.12　励磁顺序 A→AB→B→BC→C→CD→D→DA→A

STEP	A	B	C	D
1	1	0	0	0
2	1	1	0	0
3	0	1	0	0
4	0	1	1	0
5	0	0	1	0
6	0	0	1	1
7	0	0	0	1
8	1	0	0	1

步进电机的负载转矩与速度成反比，速度越快负载转矩越小，但速度快至极限时，步进电机将不再运转。所以每走一步后，程序必须延时一段时间。

参 考 文 献

[1] 张齐，朱宁西. 单片机应用系统设计技术. 北京：电子工业出版社，2009.
[2] 李学礼. 基于 Proteus 的 8051 单片机实例教程. 北京：电子工业出版社，2008.
[3] 黄惟公，邓成中，王艳. 单片机原理与应用技术. 西安：西安电子科技大学出版社，2007.
[4] 张道德，杨光友. 单片机接口技术（C51 版）. 北京：中国水利水电出版社，2007.
[5] 沙占有，孟志永，王彦朋. 单片机外围电路设计. 北京：电子工业出版社，2007.
[6] 徐爱钧，彭秀华. 单片机高级语言编程与 μVision2 应用实践. 北京：电子工业出版社，2008.
[7] 周润景等. Proteus 入门实用教程. 北京：机械工业出版社，2007.
[8] 丁明亮，唐前辉. 51 单片机应用设计与仿真. 北京：北京航空航天大学出版社，2009.
[9] 贾好来. MCS-51 单片机原理及应用. 北京：机械工业出版社，2007.
[10] 王静霞. 单片机应用技术（C 语言版）（第 3 版）. 北京：电子工业出版社，2015.

反侵权盗版声明

电子工业出版社依法对本作品享有专有出版权。任何未经权利人书面许可，复制、销售或通过信息网络传播本作品的行为；歪曲、篡改、剽窃本作品的行为，均违反《中华人民共和国著作权法》，其行为人应承担相应的民事责任和行政责任，构成犯罪的，将被依法追究刑事责任。

为了维护市场秩序，保护权利人的合法权益，我社将依法查处和打击侵权盗版的单位和个人。欢迎社会各界人士积极举报侵权盗版行为，本社将奖励举报有功人员，并保证举报人的信息不被泄露。

举报电话：（010）88254396；（010）88258888
传　　真：（010）88254397
E-mail：　dbqq@phei.com.cn
通信地址：北京市万寿路173信箱
　　　　　电子工业出版社总编办公室
邮　　编：100036